碳核算理论与实践

马翠梅 等 著

U0252141

中国环境出版集团·北京

图书在版编目（CIP）数据

碳核算理论与实践 / 马翠梅等著. —北京：中国环境出版集团，2022.9
（2024.1 重印）
ISBN 978-7-5111-5283-1

Ⅰ.①碳⋯　Ⅱ.①马⋯　Ⅲ.①二氧化碳—排气—经济核算—研究—中国
Ⅳ.①X511

中国版本图书馆 CIP 数据核字（2022）第 161083 号

出 版 人　武德凯
责任编辑　易　萌
封面设计　彭　杉

出版发行　中国环境出版集团
　　　　　（100062　北京市东城区广渠门内大街 16 号）
　　　　　网　　址：http://www.cesp.com.cn
　　　　　电子邮箱：bjgl@cesp.com.cn
　　　　　联系电话：010-67112765（编辑管理部）
　　　　　发行热线：010-67125803，010-67113405（传真）
印　　刷　北京鑫益晖印刷有限公司
经　　销　各地新华书店
版　　次　2022 年 9 月第 1 版
印　　次　2024 年 1 月第 3 次印刷
开　　本　787×960　1/16
印　　张　21.5
字　　数　500 千字
定　　价　88.00 元

【版权所有。未经许可，请勿翻印、转载，违者必究。】
如有缺页、破损、倒装等印装质量问题，请寄回本集团更换

中国环境出版集团郑重承诺：
中国环境出版集团合作的印刷单位、材料单位均具有中国环境标志产品认证。

前　言|

　　工业革命以来的人类活动，导致大气中温室气体浓度显著增加，加剧了气候变化可能带来的重大风险，对全球生态系统安全及社会经济发展构成了巨大威胁，气候变化成为全人类的共同挑战。应对气候变化事关中华民族永续发展，关乎人类前途命运。我国高度重视应对气候变化工作，2009 年国务院常务会议决定，到 2020 年我国单位国内生产总值二氧化碳排放比 2005 年下降 40%～45%，并要求将碳排放强度降低目标作为约束性指标纳入国民经济和社会发展规划，制定相应的国内统计、监测和考核办法。2015 年我国政府提交给联合国的"国家自主贡献"文件提出，2030 年前后二氧化碳排放达到峰值并争取尽早达峰，单位国内生产总值二氧化碳排放比 2005 年下降 60%～65%。2020 年 9 月 22 日，国家主席习近平在第七十五届联合国大会一般性辩论上郑重宣示：中国将提高国家自主贡献力度，采取更加有力的政策和措施，二氧化碳排放力争于 2030 年前达到峰值，努力争取 2060 年前实现碳中和。2021 年 10 月，中央层面出台了顶层设计文件《中共中央 国务院关于完整准确全面贯彻新发展理念做好碳达峰碳中和工作的意见》，紧随其后，国务院发布了《2030 年前碳达峰行动方案》，能源、工业、城乡建设、交通运输、农业农村等领域以及具体行业的"碳达峰"实施方案也陆续发布。

　　数据是一切决策的基础。碳核算为科学制定国家应对气候变化政策、评估考核工作进展、参与国际谈判履约等提供必要的数据依据，是应对气候变化的一项重要基础性工作。为满足国际履约要求，支撑实现我国提出的控制温室气体排放目标，我国在国家、地区、企业、项目和产品碳排放统计核算层面开展了大量的工作，并取得了积极成效。在国内外新形势下，国内"双碳"和其他应对气候变化工作对碳排放统计核算数据的准确性、及时性、一致性、可比性和透明性等提出更高需求，《巴黎协定》下强化的透明度框架对发展中国家提出强化要求，以欧盟碳边境调节机制为代表的碳关税对出口行业碳核算提出紧迫要求，大型跨国公司从供应链及生命周期角度对产品碳核算产生倒逼效应，国际碳数据库影响力扩大对我国官方数据形成更大压力，原有的碳核算体系面临多重挑战，亟须坚持问题导向，尽快健全完善。为贯彻落实党中央、国务院关于碳核算工作的部署，2022 年 4 月，国家发展改革委、国家统计局、生态环境部联合印发了《关于加快建立统一规范的碳排放统计核算体系实施方案》，系统部署了"十四五"时期碳核算的重点任务。

本书作者团队长期从事《联合国气候变化框架公约》下透明度相关议题谈判、发达国家温室气体清单审评、履约报告编写及国际磋商和分析，国家和省级温室气体清单编制，全国和地区碳排放强度控制目标进展评估、考核、形势分析，企业温室气体排放核算方法和报告制度制定，以及减排项目温室气体减排量核算等方面的研究和支撑工作。本书是作者团队多年开展上述工作的集成，希望可对下一步完善我国碳核算体系提供有益借鉴。全书共分 12 章。第 1 章 碳核算背景和意义，阐述了"碳"的起源和含义，定义了广义和狭义的"碳核算"概念，概括了碳核算在国际履约以及国内各级政府部门、利益相关方工作中的重要意义。第 2 章 碳核算方法原理，归纳了碳核算的核算对象，总结了直接温室气体排放和吸收的量化方法，并对排放和吸收的责任划分方法进行归类。第 3 章 国际透明度规则和核算指南要求，详细介绍了气候公约下"透明度"发展历程和相关决议，以及国际通行的国家温室气体排放核算指南原则、方法和不同版本指南的发展演变。第 4 章到第 9 章梳理了国家、省级、城市、企业、减排项目和产品层面碳核算的国际经验和国内实践，对比分析出我国在相关方面的进一步完善之处。第 10 章 电网排放因子核算，针对多个层级碳核算均会涉及电力消费隐含间接排放的一个重要参数开展详细分析，提出电网排放因子未来发展方向。第 11 章 国际典型碳数据库分析，分析了国际上持续发布、引用率高、影响力大的几个典型碳数据库的性质、定位、数据边界、计算方法和基础参数来源，以期可供不同用户更加科学地参考引用。第 12 章 碳核算发展趋势及展望，汇总了我国在应对气候变化背景下，区域、企业、项目和产品碳核算层面开展的大量碳核算工作和取得的进展，基于国内外不同层级碳核算理论与实践的分析，结合未来国内"双碳"工作的数据需求、国际履约要求、国际贸易在低碳领域的发展趋势等，提出了目前我国碳核算体系存在的不足，最后展望了构建统一规范的碳核算体系的实现路径。

全书由马翠梅整体策划，各章牵头作者如下：第 1 章为王田，第 2 章为马翠梅，第 3 章为王田和马翠梅，第 4 章为徐丹卉，第 5 章为寿欢涛，第 6 章为高敏惠，第 7 章为李湘，第 8 章为苗伟杰和张曦，第 9 章为张曦，第 10 章为褚振华，第 11 章和第 12 章为马翠梅，马翠梅对各章节进行了统稿和修改。在本书的研究和撰写过程中，我们得到了国家应对气候变化战略研究和国际合作中心徐华清主任和苏明山副主任的悉心指导，还得到了生态环境部气候司、国家统计局能源司、行业协会、地方应对气候变化主管部门、科研机构和企业的大力支持与帮助。在此，对上述机构的领导、专家和工作人员表示衷心的感谢！由于作者水平有限，书中难免出现不当和错漏之处，敬请广大读者批评指正。

马翠梅

2022 年 8 月 15 日于北京

目 录

第1章 碳核算背景和意义

数据是一切决策的基础。碳核算为科学制定国家应对气候变化政策、评估考核工作进展、参与国际谈判履约等提供必要的数据依据，是应对气候变化的一项重要的基础性工作。本章介绍了"碳"的起源和含义、碳核算与其他核算的异同，以及开展区域、企业、项目和产品碳核算的重要意义。

1.1 "碳"的起源和含义

"碳"是对某一类或几类温室气体的泛指或简称。温室气体指的是大气层中自然存在的和人类活动产生的，能够吸收和散发由地球表面、大气层和云层所产生的、波长在红外光谱内的辐射的气态成分（国家市场监督管理总局等，2015），可以使地球表面温度升高，类似于温室截留太阳辐射，并加热温室内空气，造成温室效应。大气中主要的温室气体包括水汽（H_2O）、二氧化碳（CO_2）、臭氧（O_3）、甲烷（CH_4）、氧化亚氮（N_2O）、氟化烃（CFCs，HFCs，HCFCs）、全氟化碳（PFCs）、六氟化硫（SF_6）及三氟化氮（NF_3）等。

温室效应造成的全球气候变化影响是多尺度、全方位、多层次的，在不同地区造成的正面和负面影响不同。为科学评估气候变化及其影响，1988年由世界气象组织（WMO）和联合国环境规划署（UNEP）联合建立的联合国政府间气候变化专门委员会（IPCC）组织各国专家学者定期对气候变化及其影响、减缓和适应气候变化相关政策行动进行评估。2021年发布的IPCC第六次评估报告第一工作组报告《气候变化2021：自然科学基础》明确提出，大概自1750年以来，温室气体浓度的增加主要是由人类活动造成的。至少在过去的 2 000 年中，全球地表温度自 1970 年以来的上升速度比任何其他 50 年期间都要快。气候系统的许多变化与日益加剧的全球变暖直接相关，包括极端高温事件、海洋热浪以及强降水的频率和强度增加，部分地区出现农业和生态干旱情况，强热带气旋的比例增加，以及北极海冰、积雪和多年冻土减少。目前全球地表平均温度较工业化前水平高出约 1 ℃，从未来 20 年的平均温度变化预测来看，全球温度升高预计将达到或超过 1.5 ℃（IPCC，2021）。

因此，为有效应对气候变化，需要控制温室气体尤其是人为温室气体的排放，努力增加温室气体的吸收，其中最基础的一项工作就是量化温室气体排放和吸收量，为各项控制政策和措施提供数据依据。国际上关于量化温室气体排放和吸收的词汇包括"estimation""calculation""measurement""accounting""monitoring"等，自"碳达峰碳中和"目标提出以来，国内官方文件中较多使用"核算"一词。因此，本书中的"碳核算"是指通过对人为活动导致的温室气体排放和吸收的相关参数开展计算或直接测量等方式，量化一种或几种温室气体排放和吸收量的过程。在不同政策框架和语境下，碳核算涵盖的温室气体种类不尽相同。广义的碳核算包括对所有温室气体排放和吸收的量化，狭义的碳核算只包括对 CO_2 排放的量化。

1.2 碳核算的意义

温室气体排放导致的气候变化是全球性问题，任何一个国家的排放都会对大气中温室气体浓度造成影响，因此需要全球共同治理。1992 年，联合国大会通过《联合国气候变化框架公约》（以下简称《公约》），其目标是将大气温室气体浓度维持在一个稳定的水平，在该水平上人类活动不会对气候系统产生危险或干扰；1997 年，《公约》第 3 次缔约方大会通过了《京都议定书》，首次以国际性法规的形式限制温室气体排放；2015 年，《公约》第 21 次缔约方大会通过了《巴黎协定》，对 2020 年后全球应对气候变化行动作出统一安排，开启了全球气候治理"自下而上"自主贡献承诺模式的新阶段。因此，与污染物排放量、能源消费量等其他指标的核算不同，碳核算既是国内开展相关控制温室气体排放的工作基础，同时也要符合气候公约的国际履约要求，核算结果受到国内各界和国际社会的广泛关注。

在国际上，无论是《公约》还是《巴黎协定》，其根本目标都是控制人为温室气体排放和有效应对已发生的气候变化。由于气候变化本身的长期性和复杂性，减缓及适应气候变化都面临全球和地区层面的决策风险。因此，获得及时、有效的温室气体排放信息对于政府和私营部门作出正确的决策意义重大。《公约》明确规定各国应定期提交温室气体清单，报告其国内人为温室气体排放源和吸收汇的情况。《巴黎协定》更是建立了强化透明度框架，要求各方提供更透明的排放和吸收核算信息。由于《巴黎协定》对各国确定的目标不做强制性要求，各国对提供透明、完整、准确、可信度高的信息就有更多的期待，毕竟在"自下而上"和自我激励式的气候制度下，一个强大的透明度框架是建立各国集体行动信心的关键因素（Ausubel et al.，1992），甚至有些国家坚持认为提升透明度可以间接提升控制力度，因为披露信息代表着面临更大的舆论压力（Grant et al.，2005）。另外，国际社会普遍认为，通过报告温室气体减排量、展示各国在应对气候变化方面的行动成效，可强化"支持—行动—支持"的正反馈关系，撬动更广泛的气候资金支持（Mitchell，2011）。这也是为何在气候谈判中，透明度议题总与资金议题相挂钩。

对于国内来说，碳排放量对于各级政府和利益相关者都是不可或缺的基础信息，尤其在我国"碳达峰碳中和"政策目标提出后，国家、地方、行业、企业均需要开展碳核算工作。在国家层面编制温室气体清单，也即开展气候公约要求定期提交的全口径温室气体排放和吸收核算，有助于"摸清家底"，全方位地了解重点部门、重点行业不同种类温室气体排放源和吸收汇的现状和年际变化趋势，进行全方位的数据分析，以及对未来年份的温室气体排放和吸收进行更准确的预测，支撑政府有针对性地制定温室气体管控目标和政策行动。

国家和地区层面狭义的碳核算只包括 CO_2 排放的核算，这对于我国来说有更现实的指导意义。早在 2009 年，我国就向国际社会宣布，到 2020 年单位国内生产总值 CO_2 排放（以下简称"碳强度"）比 2005 年下降 40%～45%。2015 年，我国提交给联合国的中国国家自主贡献文件中，确定了到 2030 年的自主行动目标：CO_2 排放 2030 年前后达到峰值并争取尽早达峰，碳强度比 2005 年下降 60%～65%。2020 年，我国进一步提出 CO_2 排放力争于 2030 年前达到峰值，2030 年碳强度比 2005 年下降 65%以上。碳排放控制目标既是中国政府对全体人民的承诺，也是对全世界的宣示。为落实国家目标，"十二五"时期，碳强度降低率成为我国规划纲要中的一项约束性指标，同时分解落实到省级人民政府（国务院，2011），明确提出要加强对各省（自治区、直辖市）碳强度降低目标完成情况的评估和考核工作。因此，碳核算结果为国家自主贡献报告更新，国家和地方碳强度控制目标进展评估、考核、形势分析等工作提供重要保障。

除区域层面的全经济范围碳核算外，企业、减排项目以及产品等层面碳核算对支撑微观主体减排决策、引导私营部门投资和消费者低碳消费等具有非常重要的意义。企业碳核算和报告是企业参与碳排放交易必不可少的环节，高质量的碳排放数据是交易机制有效设计和健康运行的基础，企业碳排放数据也是制定其他控制温室气体排放政策措施，如碳税、碳排放影响评价、碳排放标准等的基础，此外企业碳核算还是区域碳核算体系的重要组成部分，可为国家和地方碳核算提供重要的本地化特征参数等基础数据，因此无论是否开展碳排放交易，目前欧盟、美国、加拿大、澳大利亚、新西兰、韩国、日本等均建立了强制性的企业层级碳排放报告制度。减排项目碳核算是指对减排项目的温室气体减排效果进行核算，核算的是减排项目实施前后的碳排量差值，开展减排项目碳核算主要服务于各类碳抵消机制，通过将量化的项目碳减排结果用于完成国家减排目标，企业碳市场履约以及抵消企业、活动或个人的碳排放等，来实现其对减缓气候变化的贡献。随着公众对气候变化问题的关注程度日益增高，产品碳核算的需求也愈加迫切，一些大型企业，诸如"宝马"公司和"沃尔玛"连锁超市等，也纷纷要求其供货商提供其产品或服务所蕴含的碳排放量。产品碳核算可以为消费者提供自己购买产品或服务的产品碳足迹信息，使消费者快速识别低碳产品，进行低碳消费，也可以帮助企业发现高碳排放的生产环节，从而相应地进行调整和改进，同时还可以倒逼上游商家采用更加严格的减碳标准和要求，从而带动整条产业链的低碳化发展，此外还有助于产品在碳边境调节机制中占得先机、突破贸易壁垒。

总之，碳核算是一项重要的基础性工作，为不同主体科学决策提供必要的数据依据，其对统筹支撑"双碳"战略制定和实施、有效控制温室气体排放、积极应对气候变化，以及更好地参与国际谈判履约和应对国际低碳贸易壁垒等具有重要意义。

参 考 文 献

巢清尘，2021. "碳达峰和碳中和"的科学内涵及我国的政策措施[J]. 环境与可持续发展，（2）：14-19.

国务院，2011. 国务院关于印发"十二五"控制温室气体排放工作方案的通知[EB/OL]. 2011-12-01. http://www.gov.cn/zwgk/2012-01/13/content_2043645.html.

张若玉，何金海，张华，2001. 温室气体全球增温潜能的研究进展[J]. 安徽农业科学，39（28）：17416-17419，17422.

中华人民共和国国家质量监督检验检疫总局，中国国家标准化管理委员会，2015. GB/T 32150—2015 工业企业温室气体排放核算和报告通则[S]. 北京：中国标准出版社.

Ausubel J，Victor D G，1992. Verification of international environmental agreements[J]. Annual Review of Energy and the Environment，17（1）：2-3.

Grant R，Keohane R，2005. Accountability and abuses of power in world politics[J]. American Political Science Review，99（1）：41-42.

IPCC，1990. Climate change：the IPCC scientific assessment[M]. Cambridge：Cambridge University Press.

IPCC，1996. Climate change 1995：the science of climate change[M]. Cambridge：Cambridge University Press.

IPCC，2001. Climate change：the scientific basis[M]. Cambridge：Cambridge University Press.

IPCC，2007.Climate Change：the physical science basis[M]. Cambridge：Cambridge University Press.

IPCC，2013.Climate Change 2013：the physical science basis[M]. Cambridge：Cambridge University Press.

IPCC，2021.Climate Change 2021：the physical science basis[M/OL].[2021-11-15]. https://www.ipcc.ch/report/ar6/wg1/downloads/report/IPCC_AR6_WGI_Full_Report.pdf.

Mitchell R B，2011. Transparency for governance：the mechanisms and effectiveness of disclosure-based and education-based transparency policies[J]. Ecological Economics，70（11）：1882-1890.

UNFCCC，2002. Decision 17/CP.8. Guidelines for the preparation of national communications from Parties not included in Annex I to the convention. FCCC/CP/2002/7/Add.2 [EB/OL]. [2019-04-29]. https://unfccc.int/sites/default/files/resource/docs/cop8/07a02.pdf.

第 2 章　碳核算方法原理

　　碳核算是一个相对较新、目前还处于不断发展之中的领域，碳核算方法也没有系统性的论述。结合《公约》推荐的国家温室气体清单编制方法学，国际和地区组织［如国际标准化组织（ISO）、英国标准协会（BSI）以及世界资源研究所（WRI）等］发布的温室气体核算指南标准，以及国内外广泛开展的碳核算实践，本章归纳了碳核算的核算对象、核算范围和内容、核算气体等，总结了各排放源和吸收汇温室气体直接排放和吸收量的量化方法，并对常见的排放责任划分方法进行了归类。

2.1　碳核算对象

　　目前国内外常见的碳核算对象可分为 4 个类别，分别为区域级、企业（组织）级、项目级和产品级。区域碳核算根据核算边界不同又进一步划分为国家级和次国家级行政区域，如省、州、领地以及地市和县等，核算一定时间一定行政区域内温室气体排放和吸收量。企业（组织）碳核算是指对一定时间内不同行业企业或社会组织、机构等生产和经营活动产生的温室气体排放和吸收进行核算，与区域碳核算相比，企业（组织）核算的是微观主体的碳排放和吸收。另外，欧盟和我国等地区和国家的碳排放权交易市场下纳入配额管控的一般为设施排放，如火电企业的发电机组排放、水泥企业的水泥熟料生产线排放等，上述设施排放一般为企业排放的一部分，是企业中的主要排放环节，可以理解为企业（组织）级核算范畴，但与一般的企业碳核算相比，碳排放权交易市场下的设施排放数据监测、报告和质量控制要求更高。区域和企业碳核算结果一般以年度为单位进行报告。产品碳核算通常核算的是产品或服务所蕴含的碳排放量，包括从原材料获取、生产、使用、运输到废弃或回收利用等多个阶段产生的碳排放，通常也被称为产品的碳足迹，核算的是产品整个生命周期的碳排放。不同于上述 3 个类别的碳核算，项目碳核算核算的是温室气体减排项目的碳减排量，即对因为开发了这个项目（如新建一个风电站、为一条硝酸生产线安装 N_2O 催化销毁装置等）而导致的温室气体排放量的变化情况进行量化。减排项目的碳核算不仅需要核算项目运行后本身的碳排放，还需要计算没有开展减排项目时基准线情景下的碳排放和因为开展减排项目导致的碳泄漏情况。将项目的碳排放情况与基准线情景下的碳排放情况进行比较，结合项目的碳泄漏情况，最终计算并确定减排项目的碳减排量。此外，在绿色金融等领域还涉及投资业务的碳排放量或碳减排量核算（饶淑玲，2022），此类核算实质上是将上述企业、设施、项目的排放量或碳减排量按投资额度比例等分摊到不同投资主体，是对绿色金融投资覆盖的排放量或碳减排量的核算，类似于节能、循环经济以及减污政策等实施过程协同产生的碳减排量评估，是对 4 个类别碳核算的进一步应用。

从核算内容来看，由于工业革命以来大气中温室气体浓度上升主要是人为活动造成的，以及国际气候公约及国内控制温室气体排放管控的均为人为活动导致的排放，因此相应地，目前国内外碳核算也仅包括人为活动导致的温室气体排放和吸收，不包括自然过程如火山爆发、太阳黑子活动等带来的排放变化。人为活动导致的排放和吸收主要来自能源生产和消费领域，如燃料燃烧、煤炭开采和矿后活动、油气系统等逃逸产生的温室气体排放；工业生产过程和产品使用领域，如水泥生产过程熟料煅烧、含氟气体生产和使用过程逸散的温室气体排放；农业活动领域，如水稻种植以及畜牧业的动物肠道发酵、粪便管理过程产生的温室气体排放；土地利用、土地利用变化和林业领域，如森林种植和森林养护、林地转化为建设用地等产生的温室气体排放和吸收；废弃物处理领域，如生活垃圾填埋、生活污水和工业废水厌氧处理等产生的温室气体排放。对于不同的核算对象，根据其实际特点，核算内容可能是上述一类、几类或全部排放源或吸收汇，如水泥企业核算内容一般为燃料燃烧和熟料煅烧过程排放的温室气体，无须计算农林以及废弃物处理领域温室气体排放和吸收，而对于国家级碳核算，上述的能源活动，一般都会涉及工业生产过程和产品使用，农业活动，土地利用、土地利用变化和林业以及废弃物处理领域。

从核算气体来看，碳核算一般包括《京都议定书》规定的人为活动导致的CO_2、CH_4、N_2O、HFCs、PFCs 和 SF_6，以及《京都议定书多哈修正案》新纳入的 NF_3 7 个种类温室气体的排放和吸收。地球大气中重要温室气体还包括 H_2O 和 O_3 等，H_2O 是大气中最丰富的温室气体，但大多数科学家认为，由人类活动直接产生的水汽对大气中水汽的数量贡献很小，因此未被纳入《公约》控制范围（EIA，2022）；O_3 在大气中的高度不同表现出不同的环境效益，一般认为，高空平流层 O_3 可防止紫外线伤害地球表面的动植物，因此其保护作用远大于温室效应。低空对流层 O_3 对人体有害，是一种二次生成物，一氧化碳（CO）、氮氧化物（NO_x）、非甲烷挥发性有机化合物（NMVOCs）以及二氧化硫（SO_2）等在阳光下会促进 O_3 在对流层中的形成，因此上述 CO 等气体被称为温室气体前体物，虽然不属于直接温室气体排放，但会间接影响全球变暖。根据《公约》相关决议要求（UNFCCC，2011，2002），目前发展中国家履约报告中必须要报告的是 CO_2、CH_4 和 N_2O 3 种温室气体，鼓励报告其他几类温室气体，发达国家履约报告中必须要报告的是 CO_2、CH_4、N_2O、HFCs、PFCs、SF_6、NF_3，鼓励报告温室气体前体物 CO、NO_x、SO_2 和 NMVOCs 等。根据数据的可获得性，我国除初始国家信息通报核算和报告了 CO_2、CH_4 和 N_2O 3 种温室气体外，第二、第三次国家信息通报以及第一次和第二次两年更新报告均核算和报告了 CO_2、CH_4、N_2O、HFCs、PFCs 和 SF_6 6 种（类）温室气体。发达国家目前除报告 CO_2、CH_4、N_2O、HFCs、PFCs、SF_6 和 NF_3 外，还核算和报告了 4 种温室气体前体物 CO、NO_x、SO_2 和 NMVOCs。

此外，非二氧化碳温室气体在最终的结果表述中通常按照各自气体 100 年时间尺度下全球增温潜势（GWP）转换为二氧化碳当量。GWP 是指瞬时向大气中脉冲排放某种温室气体，在一定时间范围内产生的辐射强迫的积分与同一时间范围内瞬时脉冲排放同质量 CO_2 产生的辐射强迫积分的比值，可简单理解为某种温室气体在未来某个时间点造成的全球平均地表温度的变化与参照气体 CO_2 所造成相应变化的比值，如 IPCC《第二次评估报告》中给出的温室气体 GWP 值中，SF_6 的 100 年 GWP 值为 23 900（IPCC，1995），这表明，脉冲排放 1 kg SF_6 在未来 100 年产生的增温效应是等量 CO_2 所能产生增温效应的 23 900 倍，或者说，在 100 年的时间范围内，脉冲排放 1 kg SF_6 产生的温室气体效应与脉冲排放 23 900 kg CO_2 产生的温室气体效应相当（巢清尘，2021；张若玉等，2011）。表 2-1 给出了截至目前 6 次 IPCC 评估报告中常见的温室气体大气寿命和 GWP 值（IPCC，2021，2013，2007，2001，1995，1990）。可以看出，即使对于同一种温室气体，随着科学认知的发展，大气温室气体寿命和 GWP 值也有一定的差异。根据《公约》相关决议要求，目前发达国家向联合国提交履约报告时，要求采用的 GWP 值为 IPCC《第四次评估报告》中100 年时间尺度下的数值，如 CH_4 为 25，N_2O 为 298（UNFCCC，2013）；发展中国家采用的 GWP 值为 IPCC《第二次评估报告》中 100 年时间尺度下的数值，如 CH_4 为 21，N_2O 为 310（UNFCCC，2002）。为与国家履约报告相一致，我国国内行业企业等温室气体核算标准以及指南规范等也大多推荐 IPCC《第二次评估报告》中的 GWP 值。随着科学认知的发展以及《公约》下透明度议题谈判的进展，GWP 的数值以及推荐采用值也将不断更新，如《巴黎协定》中"强化的透明度框架"下的新指南明确自 2024 年起各缔约方应使用IPCC《第五次评估报告》中的 100 年时间尺度 GWP 值，或《巴黎协定》缔约方会议采纳的后续 IPCC 评估报告中的 100 年时间尺度 GWP 值来报告温室气体的总排放量和吸收量，以 CO_2 当量表示（UNFCCC，2018）（表 2-1）。

2.2　碳核算方法

2.2.1　排放和吸收量的核算方法

根据目前国内外的实践，排放源和吸收汇产生的温室气体直接排放或吸收的量化方法分为计算法和监测法两大类（表 2-2）。计算法进一步细分为排放因子法和质量平衡法，排放因子法按照排放因子的来源和精细程度不同又可划分为不同层级，其中层级 1 和层级 2 方法的计算原理相同，均基于活动水平（如化石能源燃烧量）和排放因子（单位活动水平的排放量）的乘积计算：

$$Em=AD\times EF \tag{2-1}$$

式中，Em——排放源的排放量；

　　　AD——活动水平；

　　　EF——排放因子。

表2-1 IPCC 6次评估报告给出的常见温室气体大气寿命及不同尺度下的GWP值

气体	大气寿命						不同时间尺度下的GWP值																	
							20年						100年						500年					
	第一	第二	第三	第四	第五	第六	第一	第二	第三	第四	第五	第六	第一	第二	第三	第四	第五	第六	第一	第二	第三	第四	第五	第六
CO₂	120	—	—	<1 000	—	—	1	1	1	1	1	1	1	1	1	1	1	1	1	1	1	1	—	1
CH₄	10	12±3	12	12	12.4	11.8	63	56	62	72	84	81.2	21	21	23	25	28	27.9	9	6.5	7	7.6	—	7.95
N₂O	150	120	114	114	121.0	109	270	280	275	289	264	273	290	310	296	298	265	273	190	170	156	153	—	130
HFC-23	—	264	260	270	222.0	228	—	9 100	9 400	12 000	10 800	12 400	—	11 700	12 000	14 800	12 400	14 600	—	9 800	10 000	12 200	—	10 500
HFC-32	—	5.6	5	4.9	5.2	5.4	—	2 100	1 800	2 330	2 430	2 690	—	650	550	675	677	771	—	200	170	205	—	220
HFC-41	—	3.7	2.6	—	2.8	2.8	—	490	330	—	427	485	—	150	97	92	116	135	—	45	30	—	—	38.6
HFC-125	28	32.6	29	29	28.2	30	4 700	4 600	5 900	6 350	6 090	6 740	2 500	2 800	3 400	3 500	3 170	3 740	860	920	1 100	1 100	—	1 110
HFC-134	—	10.6	9.6	—	9.7	10	—	2 900	3 200	—	3 580	3 900	—	1 000	1 100	—	1 120	1 260	—	310	330	—	—	361
HFC-134a	16	14.6	13.8	14	13.4	14	3 200	3 400	3 300	3 830	3 710	4 140	1 200	1 300	1 300	1 430	1 300	1 530	420	420	400	435	—	436
HFC-143	—	3.8	3.4	—	3.5	3.6	—	1 000	1 100	—	1 200	1 300	—	300	330	—	328	364	—	94	100	—	—	104
HFC-143a	41	48.3	52	52	47.1	51	4 500	5 000	5 500	5 890	6 940	7 840	2 900	3 800	4 300	4 470	4 800	5 810	1 000	1 400	1 600	1 590	—	1 940
HFC-152	—	—	0.5	—	0.4	0.471	—	140	140	—	60	77.6	—	—	43	—	16	21.5	—	—	13	—	—	6.14
HFC-152a	17	1.5	1.4	1.4	1.5	1.6	510	460	410	437	506	591	140	140	120	124	138	164	47	42	37	38	—	46.8
HFC-227ea	—	36.5	33	34.2	38.9	36	—	4 300	5 600	5 310	5 360	5 850	—	2 900	3 500	3 220	3 350	3 600	—	950	1 100	1 040	—	1 100
HFC-236cb	—	—	13.2	—	13.1	13.4	—	—	3 300	—	3 480	3 750	—	—	1 300	1 340	1 210	1 350	—	—	390	—	—	387
HFC-236ea	—	—	10	—	11.0	11.4	—	—	3 600	—	4 110	4 420	—	—	1 200	1 370	1 330	1 500	—	—	390	—	—	428
HFC-236fa	—	209	220	240	242.0	213	—	5 100	7 500	8 100	6 940	7 450	—	6 300	9 400	9 810	8 060	8 690	—	4 700	7 100	7 660	—	6 040
HFC-245ca	—	6.6	5.9	—	6.5	6.6	—	1 800	2 100	—	2 510	2 680	—	560	640	693	716	787	—	170	200	—	—	225
HFC-245fa	—	—	7.2	7.6	7.7	7.9	—	—	3 000	3 380	2 920	3 170	—	—	950	1 030	858	962	—	—	300	314	—	274
CF₄	—	50 000	50 000	50 000	50 000.0	50 000	—	4 400	3 900	5 210	4 880	5 300	—	6 500	5 700	7 390	6 630	7 380	—	10 000	8 900	11 200	—	10 600
C₂F₆	—	10 000	10 000	10 000	1 000.0	10 000	—	6 200	8 000	8 630	8 210	8 940	—	9 200	11 900	12 200	11 100	12 400	—	14 000	18 000	18 200	—	17 500

续表

气体	大气寿命						不同时间尺度下的 GWP 值																	
							20 年						100 年						500 年					
	第一	第二	第三	第四	第五	第六	第一	第二	第三	第四	第五	第六	第一	第二	第三	第四	第五	第六	第一	第二	第三	第四	第五	第六
C₃F₈	—	2 600	2 600	2 600	2 600.0	2 600	—	4 800	5 900	6 310	6 640	6 770	—	7 000	8 600	8 830	8 900	9 290	—	10 100	12 400	12 500	—	12 400
C₄F₁₀	—	2 600	2 600	2 600	2 600.0	—	—	4 800	5 900	6 330	6 870	—	—	7 000	8 600	8 860	9 200	—	—	10 100	12 400	12 500	—	—
C₅F₁₂	—	4 100	4 100	4 100	—	—	—	5 100	6 000	6 510	—	—	—	7 500	8 900	9 160	—	—	—	11 000	13 200	13 300	—	—
SF₆	—	3 200	3 200	3 200	3 200.0	3 200	—	16 300	15 100	16 300	17 500	18 300	—	23 900	22 200	22 800	23 500	25 200	—	34 900	32 400	32 600	34 100	34 100
NF₃	—	—	—	740	569	569	—	—	—	12 300	—	13 400	—	—	—	17 200	—	17 400	—	—	—	20 700	—	18 200

注："第一"为 IPCC《第一次评估报告》；"第二"为 IPCC《第二次评估报告》；"第三"为 IPCC《第三次评估报告》；"第四"为 IPCC《第四次评估报告》；"第五"为 IPCC《第五次评估报告》；"第六"为 IPCC《第六次评估报告》。

两个层级方法的区别在于层级 1 使用缺省排放因子，如 IPCC 提供的全球或区域平均排放因子，国家或省级温室气体清单提供的全国或省级平均排放因子等，而层级 2 方法使用的为特征排放因子，对于区域碳核算来说是本地区的平均排放因子，对于企业或设施来说是本企业或自身设施实际的排放因子，获取方式包括手工间歇监测或者其他相关参数实测计算得出等。质量平衡法是对流入和流出某一排放源的碳做质量平衡，流入和流出碳的差值被认为是该排放源排放的碳，计算方法见式（2-2）：

$$Em=\sum (AD_i \cdot CC_i)-[\sum (AD_o \cdot CC_o)+\sum (AD_w \cdot CC_w)] \tag{2-2}$$

式中，Em——通过质量平衡法计算得出的碳排放量；

i——进入排放源的各种含碳物料；

AD_i——含碳物料 i 的投入量；

CC_i——含碳物料 i 的含碳量；

o——流出该排放源的各种含碳产品种类，既包括主产品也包括副产品；

AD_o——含碳产品 o 的产量；

CC_o——含碳产品 o 的含碳量；

w——流出该排放源且没有计入产品范畴的其他含碳输出物，如炉渣、粉尘等；

AD_w——其他含碳输出物 w 的输出量；

CC_w——其他含碳输出物 w 的含碳量。

相较而言，排放因子法成本较低，使用起来简便易行，适用于区域和绝大部分企业、项目和产品级碳核算；质量平衡法更多地应用于工艺流程复杂、产品类型众多、难以通过排放因子法核算的石化或化工企业排放等。

监测法则包括连续在线监测法（CEMs）以及大气浓度监测反演排放量法两种。其中，CEMs 是根据测量温室气体排放口或组件连接口的温室气体流量和浓度，再通过监测设备自动计算得出的碳排放量。相较于计算法，CEMs 为在线实时数据，因此数据时效性强，但考虑到设备的购置以及后续维护等，相比计算法来说成本较高；在结果准确性方面，现有研究普遍认为 CEMs 对温室气体浓度的监测准确性较高，但流量监测受燃烧工况、排放口的监测位置和烟囱形状等影响较大，不同研究结果的不确定性范围相差较大（李鹏等，2021）；另外，CEMs 仅适用于排放口集中、排放量较大的有组织排放，无法用于水稻田等面源、天然气运输管线逸散排放等线源，以及如化工企业每个装置现场可能有几十上百个小型排放源的无组织排放。大气浓度监测反演排放量法基于大气温室气体浓度监测数据，结合大气化学传输模式和同化反演算法，计算碳排放和吸收量。该方法优点是时效性强，适用于区域尺度的排放和吸收核算，不足之处也较明显，如易受地表特征、天气状况、地表反射率等多重因素影响，不确定性较高，较难区分出自然源和人为源，也较难划分不同行业、不同来源的源和汇。大气浓度监测反演排放量法目前仍然处于科学研究和探索尝试阶段，IPCC 指南仅将其作为一个可供参考的校核手段纳入，用于校验其他核算方法得出的结果，截至目前，在国家温室气体清单里采用此种校核手段的国家有英国、瑞典和澳大利亚等，校核的气体主要为无自然源、仅有人为源的含氟气体（UK，2021；Switzerland，2021；Australian Government，2021；IPCC，2019，2006）。

各种方法的优缺点以及适用对象见表 2-2。基于成本、技术以及结果不确定性方面考虑，目前国内外区域、企业、项目和产品碳核算主要采用的计算方法是排放因子法和质量平衡法，尤其是排放因子法，连续在线监测法主要应用于部分逸散排放源，如井工煤矿的 CH_4 逸逸，或有销毁设施的排放源，如硝酸生产过程中的 N_2O 排放，大气浓度监测反演排放量法仍处于科学研究和探索尝试阶段，目前较少应用于业务化碳核算。

表 2-2　排放和吸收量的核算方法比较

方法		优缺点及适用对象
计算法	排放因子法	成本低、简便易行、结果准确，但时效性差，适用于区域和绝大多数企业、减排项目和产品碳核算
	质量平衡法	成本较低、结果准确，但时效性差，适用于工艺流程复杂、产品类型众多、难以通过排放因子法核算的企业、减排项目和产品碳核算
监测法	连续在线监测法	时效性强，但成本高、结果确定性有争议，对监测仪器的运行维护以及标准气体的标定等均有较高要求，且仅适用于排放口集中、排放不稳定或有销毁设施的有组织排放，如燃料成分不固定的化石燃料燃烧排放、井工煤矿的 CH_4 逸散排放或者硝酸生产过程中的 N_2O 排放
	大气浓度监测反演排放量法	时效性强，但成本高、技术性强、结果不确定性大，适用于全球或大尺度区域，如亚太及国家等，但目前无法低成本有效区别出自然源和人为源，排放量无法细到具体行业企业等精度，当前处于科研而非业务运行阶段

此外，国际上一般将通过传统的排放因子法、质量平衡法以及连续在线监测方法计算得出基层排放源和吸收汇的排放和吸收量，再逐级汇总得出不同核算对象尤其是区域层面碳核算结果的方法学称为"自下而上"方法；将通过地面观测站、高精度走航监测、无人机搭载高精度监测设备以及卫星遥感等方式获得大气温室气体浓度，再结合大气传输和同化反演模型得出温室气体排放和吸收结果的方法学称为"自上而下"方法。基于目前的技术水平，当前国内外各个层级的碳核算基本都采用"自下而上"方法核算，部分温室气体尤其是含氟气体"自上而下"数据用于校核"自下而上"核算结果以及用于识别异常排放，如 2018 年 2 月通过甲烷卫星监测数据发现美国俄亥俄州一口天然气井井喷释放 CH_4 等。"自上而下"和"自下而上"方法关系见图 2-1。"自上而下"方法是当前学术界的一个热点研究领域，美国、欧盟等也在不断发射温室气体相关监测卫星、建立"天空地"一体化的温室气体监测体系，未来如能解决核算结果不确定性高、划分不到具体源/汇和数据颗粒度粗化等不足，基于其自身的数据时效性强、独立于核算方法的统计体系以及可以弥补"自下而上"方法对部分排放源/汇不能有效统计等的优势，其在排放监管、数据校核等方面的应用潜力将会越来越大。

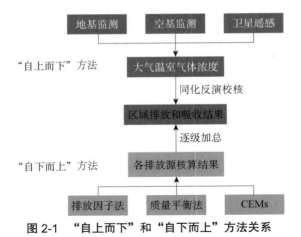

图 2-1　"自上而下"和"自下而上"方法关系

2.2.2　排放和吸收责任划分方法

2.2.1 节介绍了排放源和吸收汇产生的温室气体直接排放或吸收量的量化

方法。在碳核算实践中，还存在关于这些直接排放和吸收量如何划分，即排放责任如何归属的讨论。以区域碳核算为例，研究较多的排放责任划分方法有两类，分别是生产者责任方法和消费者责任方法（马翠梅等，2013）。

（1）生产者责任方法

生产者责任方法主要依据"污染者付费"原则，排放发生在哪里，排放量就计入哪里，即无论生产出的产品或服务由谁使用，生产过程产生的温室气体排放都计入排放发生地。依据不同的边界界定原则，生产者责任方法又进一步划分为国土边界和 GDP 边界两种方法。IPCC 国家温室气体清单指南就是最典型的国土边界碳核算责任划分方法，该方法计算的是国家领土及该国拥有管辖权的近海区域内的温室气体排放和吸收量，也即 2.2.1 节各排放源和吸收汇温室气体直接排放或吸收量（IPCC，2006，1996）。由于国土边界仅适用于领土范围内的直接排放，应用这一方法划分排放责任时会导致占全球总排放量 3% 左右的国际交通排放（如国际航班和远洋轮船的碳排放）无法划分到具体国家，不利于从主权国家角度开展上述领域的温室气体减排行动。基于此，有学者提出按 GDP 边界界定碳排放归属地（Peters et al.，2008），这种方法与国民经济核算类似，将碳排放计入产生碳排放或吸收的常驻机构单位所属的区域。如美国飞往中国的某国际航班属于美国的某一航空公司，则该航班飞行过程中的所有排放都计入美国，由此很好地解决了国土边界在该方面的弊端。

使用生产者责任方法的优点包括估算方法简单、易于理解和操作；容易获取碳核算的基础数据；相较而言，核算结果误差小；关注核算对象本身的生产和消费活动，也容易与自身的减排政策相衔接等。但同时也存在一系列问题，如用生产者责任方法核算会使一些经济外向型国家，尤其是像我国这样出口在经济增长中占据重要地位的新兴经济体替发达国家背负大量的碳排放责任。生产者责任方法应用到省市级区域时类似问题也十分突出，由于资源禀赋和区位优势等不同，我国各区域间物质生产和消费分布极不均衡。以北京为例，2020年北京市发电量仅占全社会用电量的 40% 左右（中国电力企业联合会，2021），大部分电力需从其他省份调入，完全使用生产者责任方法划分排放责任容易造成北京市电力部门排放量低的表象，不利于从电力消费端开展减排行动。但值得说明的是，生产者责任方法提供了碳核算的最基础数据，其他方法仅是将生产者责任方法估算的排放量按不同原则重新分配到各相关核算对象。

（2）消费者责任方法

消费者责任方法基于"生产来自消费，消费是产生碳排放最终根源"的思想，因此从实际消费的产品和服务角度估算碳排放和吸收量。该方法划分排放责任的原则是核算对象消费的所有产品和服务在其生产和消费过程中的排放，无论该排放的实际发生地是否在消费地，都计入核算对象。消费者责任方法应用到区域碳核算时的主要分析工具是投入产出模型，根据估算碳排放时是否区分产品原产地技术水平，投入产出模型又进一步划分为多区域投入产出模型（Davis et al.，2010；Wiedmann et al.，2010；周新，2010）和单区域投入产出模型（张友国，2010；齐晔等，2008；Weber et al.，2008；Machado et al.，2001；Wyckoff et al.，1994）。前者能更准确地估算贸易对全球或多个地区的碳排放影响，但需要相关贸易国家大量的经济、价格、产品结构、能源消费和能源结构等数据，由于不同地区统计数据基础存在巨大差异，因此相关数据获取起来较为困难；后者更适合评价贸易对单个地区的碳排放所产生的影响，数据相对容易获取，但由于该模型假定进口或购入产品的碳排放水平与核算对象自身生产的同类产品相同，因而估算结果与进口或购入产品实际排放可能有较大误差，更适合估算核算对象通过进口或外购所节约的、本地区避免产生的碳排放量。目前大多数消费者责任方法采用的是单区域投入产出模型，并且以（进口）非竞争型投入产出模型居多。以能源活动部门为例，基于消费者责任方法估算的一国出口隐含碳排放量见式（2-3）（张友国，2010）：

$$\mathrm{Em}^{\mathrm{ex}} = \boldsymbol{C} \cdot \boldsymbol{F} \cdot \boldsymbol{E} \cdot (\boldsymbol{I} - \boldsymbol{A})^{-1} \boldsymbol{Y}_{\mathrm{ex}} \qquad (2\text{-}3)$$

式中，$(\boldsymbol{I}-\boldsymbol{A})^{-1}$——里昂惕夫（Leontief）逆矩阵；

$\boldsymbol{C}$——$1 \times s$ 行向量，其元素 c_k 表示第 k 种能源的碳排放系数；

$\boldsymbol{F}$——$s \times n$ 能源结构矩阵，其元素 f_{rj} 表示部门 j 消耗的第 r 种能源占部门 j 消耗的能源总量的比重；

$\boldsymbol{E}$——$n \times n$ 阶对角矩阵，对角元素 e_{ii} 表示部门 i 的直接产出能源强度；

$\boldsymbol{Y}_{\mathrm{ex}}$——$n \times 1$ 列向量，表示本国生产出口到国外的各产品价值量。类似地，基于消费者责任方法估算的进口产品隐含碳排放（节约的碳排放）计算方法如式（2-4）所示（张友国，2010）：

$$\mathrm{Em}^{im} = \boldsymbol{C} \cdot \boldsymbol{F} \cdot \boldsymbol{E} \cdot (\boldsymbol{I} - \boldsymbol{A})^{-1} \boldsymbol{Y}_{im} \qquad (2\text{-}4)$$

式中，Y_{im}——进口的国外产品数量，本书假设进口产品的相关技术参数和能耗等与国内同类产品相同。

消费者责任方法的优点包括产品生产过程产生的排放计算在消费方，核算对象在进口或购入产品时会更加注重产品生产过程的碳排放行为，从而促进核算对象选择低碳化的产品，从需求侧倒逼生产过程减排；将国际交通排放纳入国家范围，有助于推进相应领域的减排行动；大幅降低了出口或调出导向型核算对象的碳排放量，减轻了为别国或地区等核算对象提供消费产品而面临的减排压力等。但同时消费者责任方法也存在很多不足，首先，估算方法复杂，所需的基础数据量大且难以获取，从而导致估算结果误差大。以我国 2005 年出口含碳量和进口节碳量的分析为例，不同研究人员使用相同方法分析出的结果相差高达 1～2 倍（Lin et al.，2010；姚愉芳等，2008），净出口含碳量甚至出现符号相反的情况（Lin et al.，2010；Weber et al.，2008；姚愉芳等，2008），国家级以下区域间物质、人口流通频繁且没有类似于国家海关的统计机构，采用消费者责任方法时将更加难以获取相关数据；其次，这种完全将生产过程产生的排放纳入消费地、生产地无须为排放负任何责任的责任划分方法，会从一定程度上造成生产地消极减排的后果；最后，核算对象只能对自身开展的活动采取最有效的减排措施，而减少进口或购入产品隐含碳排放需要双边或多边协商和合作，因此，使用消费者责任方法划分碳排放责任容易带来更大的不确定性和可能的政治交易（Wang et al.，2008）。此外，还有研究人员提出生产—消费者共同责任方法，即将排放量按一定的原则拆分到生产地和消费地，这种方法虽然避免了排放责任完全由生产者或消费者承担、不利于激励各方共同努力减排的不足，但消费者责任方法"估算方法复杂，所需基础数据量大且难以获取"的不足也同样存在于共同责任方法，甚至共同责任方法的复杂程度更大，所需数据也更多，且生产者和责任者的责任分担率选取也存在较多争议，实践中较少采用。

总体而言，生产者责任方法简单、清晰、易操作，但应用到区域碳核算时存在无法将国际交通排放划分到国家、使一些出口或调出导向型国家和地区背负大量碳排放责任，以及不利于促进最终消费者减排等问题。消费者责任方法在一定程度上可以解决上述问题，但面临所需的基础数据庞大，计算过程复杂，结果误差较大等难题。因此，目前《公约》要求各国按照生产者责任方法核算和报告国家温室气体清单，国家级以下地区碳核算一般也基于生产者责任方法，但由于电力调入调出数据基础较好，因此大部分地区会纳入电力调入调出的隐含排放，完全消费者责任方法核算区域碳排放主要见于学术研究，很少见于政府官方发布或用于业务化工作。两种方法的对比分析见表 2-3。

表 2-3　生产者和消费者责任方法比较

方法	责任划分范围	主要优缺点
生产者责任方法	实际产生的温室气体直接排放	方法成熟、易操作、数据易获取、误差小、不确定性低，目前国内外开展区域碳核算时普遍采用
消费者责任方法	消费的产品或者服务在生产过程中产生的温室气体排放	方法较复杂、数据难获取、误差较大、不确定性较高，主要见于学术研究

在企业和项目碳核算方面，国内外一般仍以生产者责任方法为主，同时为促进消费端减排，还会根据排放量占比和数据可获得性，增加数据基础较好的电力、热力、制冷消费带来的隐含间接排放核算，即通常所说的范围二排放，少部分企业还会延伸核算到上下游电热冷之外的其他产品隐含碳排放，即通常所说的范围三排放。此外，根据企业和项目管理实践，企业和项目碳核算责任划分又分为股权比例法和控制权法两种组织边界。其中，股权比例法是根据企业或项目业主的实际股权比例核算碳排放量，控制权法又分财务控制权和运营控制权，常用的是运营控制权，核算的则是受企业或项目业主控制的业务范围内的全部温室气体排放量，对其享有权益但不持有控制权的业务产生的温室气体排放不核算，如企业存在业务外包和设备租赁等运营权转移情况，则外包的业务和出租出去的设备产生的碳排放不计入该企业。相反地，该企业租赁使用其他企业的设备和承包的工程对应排放则计入该企业。例如，某集团拥有 A、B、C 3 家公司，3 家公司的直接碳排放量均为 100 t CO_2，集团在 3 家公司的股份占比分别为 100%、50% 和 30%，集团对 A 公司和 B 公司拥有全部运营控制权，对 C 公司不享有运营控制权。按股权比例法，该集团的总温室气体排放量为：A 公司排放量 × 100%+B 公司排放量 × 50%+C 公司排放量 × 30%=100+50+30=180 t CO_2。按运营控制权法，该集团的总温室气体排放量为：A 公司排放量+B 公司排放量=100+100=200 t CO_2。

与上述的区域、企业和项目层级碳核算不同，国内外产品的碳核算一般核算产品或服务在其生命周期内排放的所有温室气体的总和，核算结果被称为产品的碳足迹，用于标识产品生产和消费所有环节的碳排放，从而起到引导消费者购买更低碳产品的作用。产品碳核算内容既包括产品生产时的直接温室气体排放，也包括获取生产所需原材料（原材料的生产和运输等）、产品生产、产品的分销运输和废弃后的处理等过程的温室气体排放，通常被称为"从摇篮到坟墓"阶段碳排放。因此，产品碳核算责任划分完全依据消费者责任方法。另外，由于采用生命周期方法开展的产品碳核算涉及的产品生产和消费流程较长，所需的基础统计数据规模较大，实际上对于产品的生产商来说，产品离开工厂后，无论是分销的运输方式，还是废弃后的处理方式都难以追踪，因此实践中大部分产品碳核算都会对核算范围进行适当简化，一般仅核算至产品生产完毕离开工厂的环节，通常被称为"从摇篮到大门"阶段碳排放。

参 考 文 献

巢清尘，2021."碳达峰和碳中和"的科学内涵及我国的政策措施[J]. 环境与可持续发展，（2）：14-19.

李鹏，吴文昊，郭伟，2021. 连续监测方法在全国碳市场应用的挑战与对策[J]. 环境经济研究，（1）：77-92.

马翠梅，徐华清，苏明山，2013. 温室气体清单编制方法研究进展[J]. 地理科学进展，32（3）：400-407.

齐晔，李惠民，徐明，2008.中国进出口贸易中的隐含碳估算[J]. 中国人口·资源与环境，18（3）：8-13.

饶淑玲，2022. 国外金融机构碳核算的经验[J]. 中国金融，（2）：88-89.

姚愉芳，齐舒畅，刘琪，2008. 中国进出口贸易与经济、就业、能源关系及对策研究[J]. 数量经济技术经济研究，（10）：56-86.

张若玉，何金海，张华，2011. 温室气体全球增温潜能的研究进展[J]. 安徽农业科学，39（28），17416-17419，17422.

张友国，2010. 中国贸易含碳量及其影响因素——基于（进口）非竞争型投入产出表的分析[J]. 经济学（季刊），9（4）：1287-1310.

中国电力企业联合会，2021. 中国电力年鉴2021[M]. 北京：中国电力出版社.

周新，2010. 国际贸易中的隐含碳排放核算及贸易调整后的国家温室气体排放[J]. 管理评论，22（6）：17-24.

Davis S J，Caldeira K，2010. Consumption-based accounting of CO_2 emissions[J]. Proceedings of the National Academy of Sciences of the United States of America, 107 (12): 5687-5692.

Department of Energy and Climate Change, UK, 2021. UK Greenhouse Gas Inventory, 1990–2019[R].

Department of the Environment and Energy, 2021. Australian Government. National Inventory Report 2019[R].

Federal Office for the Environment, Switzerland, 2021. Switzerland's Greenhouse Gas Inventory 1990–2019[R].

Intergovernmental Panel on Climate Change (IPCC), 1990. Climate change: the IPCC scientific assessment[M]. Cambridge: Cambridge University Press.

Intergovernmental Panel on Climate Change (IPCC), 1996. Climate change 1995: the science of climate change[M]. Cambridge: Cambridge University Press.

Intergovernmental Panel on Climate Change (IPCC), 1996. Revised 1996 IPCC guidelines for national greenhouse gas inventories[M]. Kanagawa: the Institute for Global Environmental Strategies.

Intergovernmental Panel on Climate Change (IPCC), 2001. Climate change: the scientific basis[M]. Cambridge: Cambridge University Press.

Intergovernmental Panel on Climate Change (IPCC), 2007. Climate change: the physical science basis[M]. Cambridge: Cambridge University Press.

Intergovernmental Panel on Climate Change (IPCC), 2013. Climate change 2013: the physical science basis[M]. Cambridge: Cambridge University Press.

Intergovernmental Panel on Climate Change (IPCC), 2019. 2019 Refinement to the 2006 IPCC Guidelines for National Greenhouse Gas Inventories[M]. Kanagawa: The Institute for Global Environmental Strategies.

Intergovernmental Panel on Climate Change (IPCC), 2021. Climate change 2021: the physical science basis[M/OL]. [2022-06-05]. https://www.ipcc.ch/report/ar6/wg1/downloads/report/IPCC_AR6_WGI_Full_Report.pdf.

Intergovernmental Panel on Climate Change (IPCC), 2006. 2006 IPCC guidelines for national greenhouse gas inventories[M]. Kanagawa: The Institute for Global Environmental Strategies.

Lin B Q, Sun C W, 2010. Evaluating carbon dioxide emissions in international trade of China[J]. Energy Policy, 38: 613-621.

Machado G, Schaeffer R, Worrell E, 2001. Energy and carbon embodied in the international trade of Brazil: an input-output approach[J]. Ecological Economics, 39: 409-424.

Peters G P, Hertwich E G, 2008. Post-Kyoto greenhouse gas inventories: production versus consumption[J]. Climatic Change，86：51-66.

United Nations Framework Convention on Climate Change （UNFCCC），2013. Decision 24/CP.19. Revision of the UNFCCC reporting guidelines on annual inventories for Parties included in Annex I to the Convention. FCCC/CP/2013/10/Add.3[EB/OL].[2022-06-05]. https://unfccc.int/ sites/default/files/resource/docs/2013/cop19/eng/10a03.pdf.

U.S. Energy Information Administration （EIA），2021. Energy and the environment explained Greenhouse gases[EB/OL].[2022-06-05]. Greenhouse gases-U.S. Energy Information Administration （EIA）.

United Nations Framework Convention on Climate Change （UNFCCC），2002. Decision 17/CP.8. Guidelines for the preparation of national communications from Parties not included in Annex I to the convention. FCCC/CP/2002/7/Add.2[EB/OL].[2022-06-05]. https://unfccc.int/sites/ default/files/resource/docs/cop8/07a02.pdf.

United Nations Framework Convention on Climate Change （UNFCCC），2011. Decision 2/CP.17. Outcome of the work of the Ad Hoc Working Group on Long-term Cooperative Action under the Convention：annex III biennial update reporting guidelines for Parties not included in Annex I to the Convention. FCCC/CP/2011/9/Add.1[EB/OL]. [2022-06-05]. https://unfccc. int/resource/docs/2011/cop17/eng/09a01.pdf#page=39.

United Nations Framework Convention on Climate Change （UNFCCC），2018. Decision 18/ CMA.1. Modalities，procedures and guidelines for the transparency framework for action and support referred to in Article 13 of the Paris Agreement. FCCC/PA/CMA/2018/3/Add.2 [EB/OL]. [2022-06-05]. https://unfccc.int/sites/default/files/resource/CMA2018_03a02E.pdf.

Wang T，Watson J，2008. China's carbon emissions and international trade：implications for post-2012 policy[J]. Climate Policy，8（6）：577-587.

Weber C L，Peters G P，Guan D，et al，2008. The contribution of Chinese exports to climate change[J]. Energy Policy，36：3572-3577.

Wiedmann T，Wood R，Minx J C，et al，2010. A Carbon footprint time series of the UK-Results from a multi-region input-output model[J]. Economic Systems Research，22（1）：19-42.

Wyckoff A W，Roop J M，1994. The embodiment of carbon in imports of manufactured products-implications for international agreements on greenhouse gas emissions[J]. Energy Policy，22：187-194.

第3章 国际透明度规则和核算指南要求

透明度规则在国际法中得到广泛应用，与透明度相关的机制及条款常见于全球环境治理的各个领域，包括气候变化、生物多样性、生物技术、自然资源开发以及危险化学品管控等（王田等，2019）。然而，国际上并未对"透明度"进行准确定义，只是从物理学角度比喻行为和信息的可见性，以及进一步的开放性、沟通和问责制。透明度在气候《公约》中主要以原则的方式体现，《公约》缔约方大会通过的国家温室气体清单报告指南中要求缔约方提供的信息透明、一致、可比、完整、准确，而后经过数次缔约方大会逐渐形成了一套完整的温室气体核算、报告和核查规定（Wang et al.，2018）。在此基础上，《巴黎协定》第十三条明确建立了"强化透明度框架"，并通过谈判进一步强化和更新了《公约》下透明度的规定。目前，在国际语境下的透明度体系或框架泛指所有报告和审评相关要求的集合。需要指出的是，国际透明度规则不仅包括温室气体排放和吸收信息，还包括各方国家自主贡献行动进展，以及提供和收到的支持等信息。

3.1 气候公约下透明度体系发展历程及相关决议

在过去的20多年中，《公约》下的透明度体系不断演变。总体来说，主要可分清单报告、国家信息通报和两年报/两年更新报（政策行动进展报告）3类报告内容。2007年，在"巴厘路线图"下，《公约》及其《京都议定书》规定的报告和审评规定得到进一步加强，并不断更新（UNFCCC，2007）。2010

年，各方通过的第 16 次缔约方大会第 1 号决议（"坎昆协议"）明确建立了发达国家双年报和发展中国家两年更新报的报告与审评体系，并于次年通过了相应的模式和程序指南（UNFCCC，2010）。气候公约下的报告更多的是为了增强透明度和可比性，如提交国家履约报告的频率、清单报告哪几种气体、采用哪一版的 IPCC 核算指南等，而对具体的核算方法不会过多涉及。

3.1.1　《公约》及相关决议规定

根据《公约》第四条第一款和第十二条，所有缔约方都要报告其履行《公约》活动的情况和国家温室气体清单报告，《公约》第十二条第五款还明确了附件一国家和非附件一国家提交第一次信息通报的时限（UN，1992）。根据《公约》的规定，信息通报应包括减缓行动、脆弱性和适应性以及提供或收到的支持等。在随后的缔约方大会上，各方又通过谈判确定了国家信息通报和国家清单的报告和审评的频率及应遵循的指南。

报告频率。1995 年，《公约》第一次缔约方大会第 3 号决议中明确附件一国家应每年提交温室气体清单。对于非附件一国家，缔约方大会只是原则性明确了提交国家信息通报的时间，并明确其提交国家信息通报应与收到的支持相匹配，因此在《公约》框架下，非附件一国家提交温室气体清单的频率仍未完全固定。

报告指南。1994 年，《公约》谈判委员会通过了第一份附件一国家信息通报指南，并明确附件一国家应遵循 IPCC 指南草案编制其温室气体清单，并在随后的缔约方大会上对国家信息通报指南和温室气体清单指南进行了更新。截至《巴黎协定》模式、程序和指南通过前，发达国家采用的是 2013 年通过的报告指南。根据该指南要求，发达国家需要在每年 4 月 15 日前，根据《2006年 IPCC 国家温室气体清单指南》（以下简称《IPCC2006 指南》）编制提交年度温室气体清单报告，并采用通用的电子报表。发达国家清单报告需遵循透明、一致、可比、完整、准确的原则，提交自 1990 年开始的连续年份的温室气体清单。在报告气体方面，发达国家必须报告 CO_2、CH_4、N_2O、HFCs、PFCs、SF_6、NF_3 7 种温室气体，还可报告 CO、NO_x、NMVOCs、SO_x 等温室气体前体物，所有排放和吸收都需要按照 IPCC 类别分气体进行报告。

《IPCC2006 指南》对关键类别分析、不确定性分析、回算与时间序列一致性、质量保证和质量控制都进行了详细要求：在完整性方面，《IPCC2006 指南》规定了 50 万 t 或占国家排放总量 0.05%以上的排放源必须报告；在准确性方面，需要根据《IPCC2006 指南》进行关键类别分析，排放占比超过 95%的关键类比原则上需采用 IPCC 推荐的更高层级方法进行估算，并根据《IPCC2006 指南》对其不确定性进行测算，以促使未来更加准确地估计该类别的排放或吸收量；为确保不同年份数据可比，一旦数据来源、计算方法或类别分类发生变化，缔约方就需要对历史年份数据进行回算，由于对基年的回算将影响履约目标完成情况，因此对基年回算的审评将更为谨慎和严格。《IPCC2006 指南》还从清单计划、清单编制和清单管理三个方面提出了管理方面的要求，涉及我国政策法规体系建设、清单负责机构的设置、数据收集管理和存档等方面的内容，"以外促内"要求发达国家配套相应的人、财、物。经过 20 多年的探索，附件一国家均已根据《IPCC2006 指南》要求提交格式严谨、内容翔实、基础数据详尽的报告。

对于非附件一国家，1996 年第 2 次缔约方大会上通过了最早的报告指南，指南中明确要求非附件一国家温室气体清单作为信息通报的一个章节而非一个单独报告进行提交。该指南在 2002 年第 8 次缔约方大会上又进行了更新并沿用至今。对比发达国家的要求，对发展中国家清单报告要求要简化很多。在《巴黎协定》模式、程序和指南通过前，发展中国家必须采用《IPCC 国家温室气体清单指南（1996 年修订版）》（以下简称《IPCC1996 指南》），必须报告的温室气体也只有 CO_2、CH_4、N_2O 3 种，对报告年份也没有连续年份的要求，只有在"坎昆协议"中才对报告的最新年份提出了 T-4 的要求（最新清单年份不得早于提交报告年份的 4 年及以上，如 2014 年提交的报告，最新清单年份不能早于 2010 年）。但在后续实践过程中，部分发展中国家自愿采用《IPCC2006 指南》，报告了 6 种温室气体以及连续年份的温室气体清单，但报告质量相比发达国家仍有较大差距。

审评指南。1994 年的第 1 次缔约方大会第 2 号决议就明确提出发达国家提交的每一份国家温室气体清单要在 1 年内接受国际专家组的深度审评，并在附件中明确了审评的目的、专家组组成和审评报告提纲，随后又经过数轮更新。根据审评指南，参与审评的国际专家需要经过培训和考试获得审评资格，进入专家库。每年秘书处根据审评需要，考虑专家的地区、语言、专业背景，安排不同的审评专家组对附件一国家温室气体清单进行审评，通常一个专家组内有 4～5 名专家，每名专家负责 1～2 个专业领域，每一轮审评都会根据审评形式的不同安排 1～3 个国家清单报告。审评专家根据《公约》报告指南及IPCC 方法学指南要求，对清单报告和通用报表中数据的准确性、完整性、一致性、可比性和透明度进行审评。审评分为案头审评、集中审评和到访审评 3种形式，不同的审评形式有不同的频率要求，如案头审评最多 3 年一次，到访审评不得少于每 5 年一次等。在到访审评过程中，审评专家还要对数据存档情况等清单管理措施进行审查。如果发达国家是《京都议定书》缔约方，还应根据《京都议定书》的规定进行报告，并与《公约》报告和审评同时进行。

3.1.2　"坎昆协议"下确定的 MRV 体系

2007 年，《公约》第 13 次缔约方大会第 1 号决议（"巴厘路线图"）进一步提出"三可"的概念，要求无论是发达国家的全经济量化减排目标，还是发展中国家的国家适当减缓行动，都应遵循"可测量的、可报告的和可核查的"（MRV）原则（UNFCCC，2010）。在 MRV 原则的指导下，《公约》缔约方大会在随后的几年中陆续通过了一系列决议，建立了针对发达国家和发展中国家平行的报告和审评规则，对发展中国家的报告频率和审评要求明显增强。

2010 年通过的"坎昆协议"正式建立了透明度的"对称二分"体系（王田，2019），发达国家和发展中国家都需要每两年提交报告并接受审评，但其报告和审评在两套平行的体系下，遵循不同的频率和指南要求。"坎昆协议"要求所有发达国家在履行《公约》要求提交年度清单和国家信息通报的基础上，还需要每两年提交一次报告（简称"两年报"或"BR"），旨在定时报告其 2020 年全经济范围量化减排目标的进展及为发展中国家提供的支持信息，BR 需要经过国际评估与审评（IAR），包括国际专家组的技术审评和所有缔约方参与的多边评议，其审评内容可能涉及发达国家实现目标的政策行动力度等敏感问题。对于发展中国家来说，"坎昆协议"在履行《公约》要求提交国家信息通报的基础上，还要求每两年提交一次更新报告（简称"两年更新报"或"BUR"），其中需要更新温室气体清单信息，还要报告 2020 年国家适当减缓行动的进展和从发达国家收到支持的情况。发展中国家提交 BUR 要经过国际磋商与分析（ICA），其中包括国际专家对其 BUR 开展的技术分析（TA）和所有缔约方共同参加的促进性信息分享（FSV）。虽然 ICA 的目的是识别发展中国家能力建设需求，但实际上也是对发展中国家的报告启动了国际审评要求。在次年的缔约方大会上（2011 年），各方在"德班平台"下通过了 BR、BUR、IAR 和 ICA 的报告和审评指南（UNFCCC，2011）。

"坎昆协议"确立的发达国家和发展中国家两年报告审评体系，既相互独立又彼此关联，虽然都需要每两年报告并接受审评，但二者之间有明确区分，在报告和审评的内容、频率以及要求上都有着实质性的区别。"坎昆协议"对发展中国家的报告要求有所增强，并首次启动了相应的审评要求，但相比之下，发展中国家的报告内容、频率和审评的严格程度仍与发达国家有较大差别。以温室气体清单报告为例，发展中国家的温室气体清单不要求单独报告，而是将清单作为单独一章在国家信息通报和两年更新报中合并报告。与发达国家提交的国家温室气体清单报告相比，发展中国家目前提交的清单内容相对粗略、简单，方式也较为灵活，其格式的严谨程度、内容的翔实程度和基础数据的详尽程度远不如发达国家（表 3-1 和表 3-2）。发展中国家报告编写和清单编制的资金来源通常为全球环境基金（GEF），由于资金申请、批复以及到账的时间周期较长，外加基础能力相对薄弱，因此发展中国家报告频率较低，一般为 5 年以上报告一次，清单数据时效性不强。此外，虽然"坎昆协议"明确要对发展中国家提交的两年更新报开展 ICA，但相比发达国家严苛的清单审评，ICA 则明显宽松，其目的在于帮助发展中国家识别能力建设需求，专家审评参与的人数、审评的范围、严格程度、过程形式甚至报告写作的口吻都与发达国家有着较大区别。

表 3-1　《公约》现行透明度规则比较

类别	项目	发达国家	发展中国家
报告	国家清单	每年提交	无
	国家信息通报	每 4 年提交	每 4 年报告（取决于收到的支持）
	双年报/两年更新报	每两年提交	每两年报告（取决于收到的支持）

续表

类别	项目	发达国家	发展中国家
报告	《议定书》下补充信息	与清单或信息通报同时报告	无
审评	国家清单	每年审评	无
	国家信息通报	每 4 年一次到访审评	无
	IAR/ICA	每两年审评双年报	两年更新报提交后审评
	《议定书》下补充信息	与清单或信息通报同时审评	无

表 3-2　《公约》清单报告规则比较

	发达国家	发展中国家
范围	必须报告 7 种温室气体：CO_2、CH_4、N_2O、PFCs、HFCs、SF_6、NF_3； 需报告：CO、NO_x、NMVOCs、SO_x； 可报告：间接 CO_2、其他温室气体	必须报告 3 种温室气体：CO_2、CH_4、N_2O； 需报告：PFCs、HFCs、SF_6； 鼓励报告：CO、NO_x、NMVOCs、SO_x； 可报告：间接 CO_2、其他温室气体
原则	透明、准确、可比、一致、完整	透明，鼓励准确、可比、一致、完整
年份	1990 至 $T-2$（滞后两年，即清单年份不得早于提交报告年份的两年）	1994，$T-4$（滞后四年，即清单年份不得早于提交报告年份的四年）
频率	每年	每两年提交一次报告
方法	需采用《IPCC2006 指南》，其中关键源需采用推荐方法； 关键源分析：基年和最新年需采用水平和趋势关键源分析； 不确定性分析：对所有类别需定量开展不确定性分析； 回算以确保时间序列一致性； 质量保证和质量控制要求	需采用《IPCC1996 指南》，推荐使用 2000 版优良做法指南，鼓励对关键类别采用国别因子，鼓励开展关键源分析
清单管理	对清单计划、清单编制和清单管理提出详细要求	不涉及
报告	分类别、分气体进行报告； 完整性有详细要求； 需报告关键源分析、不确定性分析、回算情况、质量保证和质量控制等	尽可能分气体报告； 鼓励报告关键源分析、不确定性分析、回算情况、质量保证和质量控制等
格式	单独的清单报告； 详细的清单报表	作为履约报告的一章单独报告； 报表仅需提交两张排放总量表

3.1.3 《巴黎协定》强化透明度框架

2011 年，第 17 次缔约方大会第 1 号决议（"德班平台"）明确要在 2020 年后提高行动和支持的透明度。2015 年，具有里程碑意义的《巴黎协定》明确建立"增强透明度框架"，对 2020 年后的报告和审评提出了原则要求（UNFCCC，2011）。《巴黎协定》在透明度方面提出设立一个关于行动和支持的强化透明度框架，将发达国家和发展中国家的"平行"体系合并成为一套通用体系。在该框架下，各方都要每两年提交一次包含温室气体清单信息、国家自主贡献进展和提供或收到支持的报告，并接受国际技术专家审评（UNFCCC，2015）。《巴黎协定》也标志着 2020 年后各方进入"共同强化"时代（王田等，2019）。

2018 年年底，联合国气候变化卡托维兹大会按计划通过了《巴黎协定》"增强透明度框架"实施细则，形成了"《巴黎协定》第十三条行动与支持透明度的模式、程序和指南"（以下简称"新指南"），并就《公约》体系下现行的透明度履约工作如何与新指南相协调做出了安排（UNFCCC，2018）。在温室气体清单方面，新指南一是强化了清单方法学，规定所有缔约方都要用《IPCC2006 指南》以及后续更新的国家温室气体清单方法学来编制清单。在此之前，发达国家自 2015 年起已经全面使用了这一方法学；而发展中国家的报告指南虽然仍规定使用《IPCC1996 指南》，但实际上已经有包括中国在内的不少发展中国家自愿部分或全面使用了《IPCC2006 指南》。二是强化了清单报告频率和年份，新指南规定所有缔约方都要提供连续年度的国家温室气体清单，其中发达国家应报告自 1990 年以来的时间序列，发展中国家至少报告国家自主贡献基准年和从 2020 年起的时间序列。作为履约灵活性，发展中国家可以每两年提交一次清单报告，但需提交连续年份的清单数据。在此之前，发达国家已经报告了连续的时间序列而发展中国家在"坎昆协议"之后，才开始报告隔年时间序列。三是比照发达国家要求，新清单强化了发展中国家温室气体清单报告内容的详细程度，如关键类别分析、不确定性分析等。四是强化了专家审评形式和多边审议范围。专家审评对于发达国家和发展中国家都要识别报告质量改进点并提出建议（针对指南强制性要求）或鼓励（针对指南非强制性要求），相比此前对发展中国家开展的技术分析更为严格。

在体现"共同但有区别的责任和各自能力"方面，《巴黎协定》明确要求，强化的透明度框架应为有需要的发展中国家提供灵活性。是否采用灵活性条款履约由发展中国家自主决定，其适用条件和对未来改进的考虑不由外界评判。灵活性自主决定正是充分尊重了发展中国家国情和能力不同的客观事实。发展中国家可在报告时作出简要说明，明确指出在何处使用了灵活性条款以及相应考虑，以便国际审评专家了解情况。在审评中也可与专家组共同识别相应能力建设需求，以帮助其不断优化改进、提高报告质量和透明度。

（1）温室气体清单报告

新指南首次对发展中国家提出了提交国家清单报告和通用报表的要求，但清单报告是作为单独报告提交还是双年透明度报告的一部分，可由发展中国家自行决定。具体报告内容和要求如下：

国情和机构安排。新指南明确规定各方应当建立和维护国家清单体系，包括机构、法律和程序安排，以便确保国家清单报告编制的常态化工作，并及时提交《公约》秘书处。指南还指出国家清单体系可能因国情和各自优先事项而异，并随时间变化。在报告方面，各方应在清单报告中提供负责清单编制的机构信息，描述清单编制过程，包括参与清单编制的机构分工和具体职责，以确保收集活动水平数据，选择和开发方法学、排放因子和其他参数足够充分且符合《IPCC 指南》要求；同时要对清单相关数据和信息进行归档，包括所有的排放因子和活动水平数据，以及产生和汇总数据的文件、质量保证/质量控制过程、审评结果和拟采取的清单质量改进方案。

清单编制指南。新指南明确各方必须使用《IPCC2006 指南》，如需使用更新或增补指南，则需《巴黎协定》缔约方会议再次通过，同时鼓励各方使用《对 2006 年 IPCC 国家温室气体清单指南的 2013 增补：湿地》（以下简称《湿地增补指南》）。各方应尽力按照《IPCC 指南》对关键类别使用推荐方法层级（通常为更高层级方法）进行清单编制，如有其他方法能够更好地反映其国情，也可以使用适合本国的方法，但在该情况下，需透明地解释所选择的国家方法、数据和参数。如果由于能力或资金有限，无法对特定关键类别采用更高层级的方法，可以采用较低层级方法，但应说明原因，并在未来完善清单时，优先考虑对这些关键类别进行改进。鼓励各方参考《IPCC 指南》中的优良做法，尽可能使用本地化的排放因子和活动水平数据进行清单编制。

在编写报告时，各缔约方应清晰报告所用的方法，包括选择方法的理由是否符合《IPCC 指南》中阐述的优良做法，排放因子和活动水平数据的描述性信息、假设、参考文献和信息来源。在类别详细程度方面，各方应根据《IPCC 指南》，尽可能报告关于最细分类一级的源类别、气体、方法、排放因子和活动水平数据信息；如存在未列入《IPCC 指南》的国家特定源类别和气体的排放和吸收量，应报告所用数据的来源和参考文献。

报告的部门和气体。指南明确要求，应根据《IPCC 指南》报告能源，工业过程和产品使用，农业，土地利用、土地利用变化和林业（LULUCF）及废弃物 5 个部分，报告 7 种温室气体（CO_2、CH_4、N_2O、HFCs、PFCs、SF_6 和 NF_3）；那些因能力不同需要灵活性的发展中国家缔约方可以只报告 3 种气体（CO_2、CH_4 和 N_2O），其他 4 种气体（HFCs、PFCs、SF_6 和 NF_3）若符合以下条件也应报告：自主贡献包含气体、《巴黎协定》第 6 条下活动所涉及的气体、此前曾报告过的气体。在报告 HFCs、PFCs、SF_6 和 NF_3 时，应报告气体的实际排放量，按化学品（如 HFC-134a）类别分别报告实物量和二氧化碳当量值。各缔约方还可报告 CO、NO_x、NMVOCs，以及 SO_x 等温室气体前体物信息，以及 CH_4、CO 和 NMVOCs 的大气氧化产生的间接 CO_2。在报告间接 CO_2 时，应分别报告包含和不包含间接 CO_2 的国家清单总量。来自农业和 LULUCF 部门以外其他来源的间接 N_2O 排放量应作为信息项单独报告，不应包括在国家清单总量中。

在报告排放量时，各方应遵循《IPCC 指南》，尽可能按照最详细的 IPCC 部门和气体类别，使用通用报表报告排放量和吸收量，包括定性的摘要描述和定量的排放趋势，如存在商业和军事机密信息，可以汇总报告某些子类别信息。

此外，国际航空航海燃料排放单独报告，不应列入国家清单总量，如果有详细的分类别数据，应尽量按《IPCC 指南》所载方法对国内和国际排放分开估算和报告。燃料的原料和非能源使用导致的排放应在能源或工业过程部门的清单中体现，避免重复计算。关于管理土地上的自然扰动的排放和后续吸收量，应酌情报告所采取的方法以及如何与《IPCC 指南》保持一致，并应报告排放量是否计入国家清单总量。关于木制品的排放量和吸收量，报告时应采用《IPCC 指南》中"生产法"以外的方法，该缔约方还应提供关于使用"生产法"估算的木制品排放量和吸收量的补充信息。

报告年份、时间序列和回算。为确保时间序列的一致性，各方应当对每个报告年度使用相同的方法学体系来处理基本活动水平数据和排放因子。如某个或某些年份缺乏活动水平数据、排放因子或其他参数，应当采用《IPCC 指南》中的替代数据法、外推法、内插法等进行排放量的估算，以确保时间序列的一致性。

各方应从 1990 年开始报告一致的年度时间序列，那些因能力不同而需要灵活性的发展中国家缔约方可以灵活地报告至少从 2020 年开始一致的年度时间序列，以及国家自主贡献基准年的数据。清单的最近报告年度应在提交国家清单报告之前两年内，那些因能力不同而需要灵活性的发展中国家缔约方的最近报告年度可以是提交国家清单报告前 3 年内。

根据《IPCC 指南》的要求，还应对相应年份的历史清单进行回算，避免出现方法学或假设变化造成的排放数据不可比。在清单报告中，各方应清晰报告清单时间序列所有年份的回算结果，以及回算的原因，并说明回算带来的变化及其对排放趋势的影响。

关键类别分析。各方应采用《IPCC 指南》中关键类别分析方法，对各排放源的水平和趋势进行评估，确定起始年和最近报告年的关键类别。关键类别分析需分别对包含和不包含土地利用、LULUCF 部门排放的整体清单进行分析。相比《IPCC 指南》要求的 95% 阈值，依能力需要灵活性的发展中国家缔约方可以使用不低于 85% 的阈值来确定关键类别。在清单报告中，各缔约方应清晰标注报告关键类别，包括识别关键类别所用的方法，以及所用分类水平的信息、单个关键类别及其总和、对排放水平和趋势的贡献百分比。

不确定性评估。各方应至少对清单时间序列起始年和最近报告年的排放量、吸收量和清单总量开展不确定性定量估算和定性讨论。在缺乏定量输入数据而无法定量估算不确定性的情况下，那些因能力不同而需要灵活性的发展中国家缔约方可仅提供关键类别不确定性的定性分析，鼓励其对温室气体清单的所有源和汇类别不确定性进行定量估算。在清单报告中，各方应报告不确定性分析的结果和趋势，以及所使用的方法、适用的基本假设。

完整性评估。对于国家清单报告中未包含的源和汇，各方应当说明其未包含的原因。在填报通用报表时，如无法提供数据，应使用专属标识符进行填报

（原则上报表不应有空白项），说明未报告源排放或汇吸收量以及相应部门、类别、子类别、气体相关数据的原因。相应专属标识符包括：

a.“NO”（未发生）表示该缔约方内不存在这一特定源或汇类别或过程；

b.“NE”（未估算）表示温室气体活动水平数据和/或温室气体排放和吸收量未估算，但在该缔约方内可能存在相应的活动；

c.“NA”（不适用）表示在该缔约方内存在特定源/汇类别下的活动，但未导致特定气体排放或吸收；

d.“IE”（包括在其他地方）表示该项下的温室气体排放源和吸收汇已估算，但列入清单的其他地方；

e.“C”（保密）表示温室气体排放源和吸收汇的量涉及保密信息。

如果排放量符合以下条件且确定其为无关紧要的排放，各缔约方可使用标识符“NE”（未估算）：排放水平低于全国温室气体排放总量（不包含 LULUCF）的 0.05%，或 50 万 t CO_2 当量（两者取低值），则认为这一类别的排放量无关紧要。所有被认为无关紧要的排放量加总应保持在全国温室气体排放总量（不包含 LULUCF）的 0.1%以下。那些因能力不同而需要灵活性的发展中国家缔约方可灵活地适用单个源排放量低于 0.1%（不包含 LULUCF），或 100 万 t CO_2 当量（两者取低值），在这种情况下，所有被认为无关紧要的排放量加总应保持在全国温室气体排放总量（不包含 LULUCF）的 0.2%以下。一旦开始估算某一类别的排放量或吸收量，应在后续提交的报告中体现。

质量保证/质量控制。各方应根据《IPCC 指南》制定清单质量保证/质量控制计划，包括负责实施质量保证/质量控制的清单机构信息，并进行报告；那些因能力不同而需要灵活性的发展中国家缔约方可视情况制订质量保证/质量控制计划，包括关于负责实施质量保证/质量控制的清单机构信息，但不作强制要求。对关键类别和发生重大方法学变化或数据修订的类别，应采用针对特定类别的质量控制程序。此外，还应根据《IPCC 指南》对清单开展专家同行审查，以实施质量保证程序。作为质量控制的一项手段，各方应将燃料燃烧产生的 CO_2 排放量与使用参考方法获得的排放结果进行比较，并在国家清单报告中体现这一比较结果。

全球增温潜势。《IPCC 指南》明确各方应使用 IPCC 第 5 次评估报告中的 100 年时间尺度 GWP 值，或《巴黎协定》缔约方会议采纳的后续 IPCC 评估报告中的 100 年时间尺度 GWP 值，报告温室气体的总排放量和吸收量，以 CO_2 当量表示。此外，《IPCC 指南》也允许补充报告使用其他折标系数（如全球温升潜力 GTP）报告温室气体总排放量和吸收量，在这种情况下，缔约方应在国家清单文件中提供所用折标系数的水平及其在 IPCC 评估报告中的出处。

总体来说，新指南为发展中国家提供的实质灵活性包括温室气体清单需报告的气体种类、时间序列、关键类别定义、不确定性分析、完整性评估、质量保证和质量控制等（表 3-3）。

表 3-3 国家温室气体清单所涉灵活性要求一览

类别	指南要求	灵活性
气体	7 种温室气体（CO_2、CH_4、N_2O、HFCs、PFCs、SF_6 和 NF_3）	3 种气体（CO_2、CH_4 和 N_2O），其他 4 种气体（HFCs、PFCs、SF_6 和 NF_3）若符合以下条件也应报告：自主贡献包含气体、《巴黎协定》第 6 条下活动所涉及的气体，以及此前曾报告过的气体
时间序列	1990 年开始 最近年份为 $T-2$（滞后两年，即清单年份不得早于提交报告年份的两年）	2020 年开始（需包含自主贡献基年） 最近年份为 $T-3$（滞后三年，即清单年份不得早于提交报告年份的三年）
关键源分析	95%以上	85%以上
不确定性评估	定量估算和定性讨论	可只进行定性讨论
完整性评估	"无关紧要"类别为排放水平低于全国温室气体排放总量（不包含 LULUCF）的 0.05%，或 50 万 t CO_2 当量（两者取低值）	"无关紧要"类别可放宽至低于全国温室气体排放总量（不包含 LULUCF）的 0.1%，或 100 万 t CO_2 当量（两者取低值）
质量保证/质量控制	需制订质量保证/质量控制计划	不作强制要求

受新冠肺炎疫情影响，原定 2020 年年底举行的格拉斯哥大会延期于 2021 年年底举行。格拉斯哥大会顺利完成《巴黎协定》透明度方法学相关议题谈判，通过了各方未来报告需要遵循的通用报表和大纲（UNFCCC，2021）。其中，清单报表需要遵循国际通行的报表格式，参考发达国家的现行做法，需要按 IPCC 类别提交相应的活动水平和排放因子数据，提供更加透明的清单背景信息。至此，2020 年后气候变化透明度体系相关规则完成所有谈判工作，标

志着《巴黎协定》增强透明度框架全面进入实施阶段。格拉斯哥大会明确在未来两年，各方将围绕温室气体清单报表开发报告工具进行交流，通过定期召开研讨会和在线会议等形式对报告工具的开发和完善提出建议，为2024年年底前提交第一次透明度双年报做准备。

（2）国家自主贡献核算导则要求

国家自主贡献核算导则属于"事前报告信息"，即在通报国家自主贡献时就需要报告的信息。《巴黎协定》第四条第十三款要求缔约方对国家自主贡献进行核算，并且在核算其自主贡献所涉温室气体源和汇时，应确保环境完整性、透明度、准确性、可比性和一致性，避免双重计算。"巴黎气候大会决议"（1/CP.21）要求《巴黎协定》特设工作组开发国家自主贡献核算导则，导则应确保缔约方在核算温室气体源和汇时符合IPCC方法学和折算系数，在自主贡献周期内采用一致的方法，尽可能包含所有温室气体，如不包含需要进一步说明理由。

2018年，联合国气候变化卡托维兹大会通过了国家自主贡献核算导则，要求缔约方第一轮可自愿适用，从第二轮国家自主贡献起则需强制使用该导则（UNFCCC，2018）。缔约方要在其透明度双年报中，通过结构化摘要追踪国家自主贡献进展。

① 以下是澄清国家自主贡献需要报告的信息（第二轮国家自主贡献适用）：

基年相关信息：基年、指标基准年值、目标值、数据来源等；

时间跨度：多年目标或单年目标。

覆盖范围：基本描述，覆盖的部门、气体和种类（与IPCC一致），减缓协同效应及经济多样性计划等政策措施。

制定过程：国内机制安排、公众参与（包括当地人参与情况并考虑性别因素），基本国情（地理、气候、经济、可持续发展、消除贫困等），国家自主贡献准备过程中好的经验做法，加入《巴黎协定》时其他背景情况等；对上一轮全球盘点结论的考虑①；如包含具有减缓协同效应的适应行动，可提交应对措施的相关信息。

假设和方法学：在核算温室气体时采用的方法学和假设；在核算政策措施/

---

① 《巴黎协定》第四条第九款要求缔约方每5年根据全球盘点结果通报一次国家自主贡献。

战略行动效果时的方法学和假设；采用《公约》下方法学和 IPCC 方法学的情况；采用 IPCC 关于部门、类别或具体活动相关方法学和假设的情况；其他方法学和假设，如基准排放量的计算方法、假设、参数、定义，计算非温室气体贡献量的方法学和假设，是否准备采用第六条等；如何体现国家自主贡献是公平而有力度的，以及国家自主贡献对于实现《公约》目标的贡献。

　　② 以下是核算国家自主贡献需要报告的信息（第二轮国家自主贡献适用）：

　　关于国家自主贡献的核算：采用《IPCC 指南》进行核算或报告采用的其他方法学；追踪政策措施进展采用的方法学；采用《IPCC 指南》报告自然扰动、木制品等林业相关方法学信息。

　　确保方法学一致性信息：应确保在口径、定义、数据来源、方法学和假设方面的一致性；涉及温室气体排放和吸收相关信息应与清单保持一致；应尽力确保核算结果准确；如对基年、基准线或预测值进行调整，应能证明该技术性调整可以获取更准确的信息；尽力包含所有气体和源、汇信息，如未包含特定源和汇需解释原因。

　　可以看出，关于国家自主贡献核算的导则信息是对《巴黎协定》和"巴黎气候大会决议"的细化和扩充，如"巴黎气候大会决议"要求在国家自主贡献周期内采用一致的方法，在通过的导则中则将该要求具体化为应确保在范围和口径、定义、数据来源、方法学和假设方面的一致性；涉及温室气体排放和吸收相关信息应与清单保持一致；应尽力确保核算结果准确；如对基年、基准线或预测值进行调整，应能证明该技术性调整可以获取更准确的信息。在实际谈判过程中，由于各方对国家自主贡献包含的范围和要素有不同解读和认识，对国家自主贡献导则的谈判异常艰难，既要体现温室气体减排等量化的部分，也要体现适应或其他可能包含的要素。最终的导则尽可能地照顾了各方关切，采用了更为具有包容性的特征，也符合国家自主贡献多元化的内涵，无论是何种类型的国家自主贡献，都可以根据以上导则报告相关信息、进行澄清，并对量化的部分进行核算，以增强其透明度、可比性、一致性等。

　　（3）透明度双年报中的国家自主贡献报告要求

　　与上述事前报告信息相比，透明度双年报中的国家自主贡献报告要求属于事中和事后报告信息，即在国家自主贡献实施过程中和实施完成后需要报告的信息，该部分内容将于 2024 年起在各缔约方提交的透明度双年报中体现，并接受国际专家审评。事中和事后报告信息与事前报告信息有一部分相似性，如再次报告国家自主贡献的基础信息、基年信息、方法学和假设等，但其中最重要的还是对国家自主贡献进展信息的追踪，这部分内容既需要通过文字描述报告，也需要填报通用报表，既可包括定性信息，也可包括定量信息。

由于国家自主贡献的多元化特征，在谈判过程中，各方对如何报告国家自主贡献的事后信息也有激烈交锋，基本可分为两大阵营：力推减缓量化的发达国家、小岛国、非洲集团，以及力推全要素的立场相近的发展中国家（包括中国、印度和埃及等发展中国家的大国）、巴西。虽然背后隐含了部分对国家自主贡献的政治化考量，但技术谈判专家最终还是很好地处理了定量和定性的关系，以及平衡减缓和适应等其他要素。如在指标选取方面，缔约方可自行选定追踪国家自主贡献的指标，该指标只要与国家自主贡献相关，则既可以是定量指标，也可以是定性指标；在报告国家自主贡献的基准年、方法学和假设方面，《IPCC 指南》也采用了菜单式的形式，有大量"如适用""包含但不限于"等宽松表述，并在关键段落用举例的方式，确保对任何类型的国家自主贡献都适用。

在具体报告内容方面，主要包括以下 4 类信息（UNFCCC，2018）：

一是关于国家自主贡献的描述，该部分内容与事前报告信息基本重合。这相当于对国家自主贡献所含信息的澄清，包括对目标的描述、目标年份和区间、基准年和基准线、范围和口径、是否准备采用第六条等。需要注意的是，这里对国家自主贡献的透明度要求明显提高，以我国的碳强度目标为例，不同于以往在国家信息通报和两年更新报中只报告下降率，而是需要在 2024 年提交双年透明度报告时就清晰报告我国碳强度目标的范围和口径，写明是能源活动碳排放，还是能源活动加工业过程碳排放。

二是关于指标的信息，即用什么指标来追踪国家自主贡献进展。《IPCC 指南》中提供了不同的指标示例，其中还包括我国可能使用的碳强度和非化石能源占比等，在指标方面，需要报告指标的基年信息、最新信息及两者的比较。如我国采用碳强度作为下降目标，则需要报告基年值、报告年份的下降率，以及二者的比较关系。在国家自主贡献周期完成后，还需要报告指标信息与目标的比较，并清晰报告是否完成了国家自主贡献目标。

三是关于核算的相关信息，包括定义、方法学和假设等。这部分内容在《IPCC 指南》中比较复杂，其原因是既要考虑对温室气体相关数据的方法学，也要兼顾非温室气体排放相关的因素（如政策措施效果等），其核心是透明，兼顾可比。对于目标、基准线、指标等，均需要报告核算的参数、假设、方法学和数据来源，并且需要报告如何确保上述内容的一致性。以我国的碳强度目标为例，需要在未来的双年透明度报告中清晰地报告碳强度的计算方法、采用的参数、数据来源，以及和温室气体清单的关系等，也就是可以使国际社会清晰了解如何计算出碳强度下降率这一数值。

四是关于指标的进展，这也是追踪国家自主贡献进展部分的核心内容。这部分需要将指标的进展以结构化的方式呈现，即指标的基年信息、进展信息和最新信息，如果是定量指标则通过数值来体现（如温室气体排放量、碳强度下降率等），如果是定性指标则通过描述性信息来体现（如政策措施进展），还需要根据情况确认是否包括林业碳汇和市场机制信息。

在后续的报表谈判中，各方对通用报表设计的争论焦点异常激烈，由于对国家自主贡献定量/定性信息和范围要素的不同理解，哪些内容必须通过报表报告难以达成共识，尤其是国家自主贡献进展报告信息是否一定要采用通用报表，还是允许各方按照既有指南灵活报告，各方持不同意见。最终，各方同意采用通用报表，但允许缔约方根据自身的国家自主贡献特点对报表进行部分调整，充分照顾了各方利益。表 3-4 为各方通过的国家自主贡献进展追踪表格内容（UNFCCC，2021）。

表 3-4　国家自主贡献进展追踪信息

类别	单位	基年值	国家自主贡献周期进展情况				目标值	目标年	与基年值比较
			第一年	第二年	……	终止年			
指标 1									
指标 2									
林业相关信息									
第六条相关信息									
国家自主贡献完成情况：（履约周期后填写）重申国家自主贡献目标基年值指标最终信息比较两者是否完成国家自主贡献									

3.2　《IPCC国家温室气体清单指南》

IPCC下设3个工作组和1个清单专题组,第一工作组负责评估气候系统和气候变化的科学问题,第二工作组负责评估气候变化影响及适应性,第三工作组负责评估减缓气候变化的行动和对策,清单专题组负责编写国家温室气体清单指南,为《公约》缔约方提交透明、准确、完整、一致和可比的国家温室气体清单提供方法学工具。IPCC历次指南制修订都会向各国政府征集主要作者,开展专家研讨,并公开征求专家和政府意见,可以说指南反映了国际的主流科学认识,其基于数据可获得性提出的不同层级计算方法,能有效满足不同国家对国家温室气体清单核算方法的基本要求。目前《公约》各缔约方均按照《IPCC国家温室气体清单指南》编制和提交国家温室气体清单。此外,其他国际组织和国家开展的国家以下区域、企业(组织)和项目等碳核算也将《IPCC国家温室气体清单指南》作为一个重要参考。

3.2.1　IPCC清单指南的不同版本

IPCC正式发布的第一版指南是《1995年IPCC国家温室气体清单指南》,脱胎于经济合作组织国家的清单编制经验,由于缺乏对发展中国家清单编制情况的考虑,该指南很快被1996年通过、1997年出版的《IPCC国家温室气体清单指南(1996年修订版)》(以下简称《IPCC1996指南》)(IPCC,1996)取代。随后基于各国在应用《IPCC1996指南》过程中积累的经验和好的做法,IPCC在2000年组织出版了《IPCC国家温室气体清单优良做法指南和不确定性管理》(以下简称《IPCC优良做法指南》)(IPCC,2000),在2003年出版了《土地利用、土地利用变化和林业清单编制优良做法指南》(以下简称《IPCC-LULUCF优良做法指南》)(IPCC,2003),对关键排放源确定、方法选择决策树、质量控制和质量保证(QA/QC)、不确定性分析等交叉性问题进行了总结。在很长一段时间里,这三份指南是缔约方编制国家清单的法定指南(朱松丽等,2018)。

《IPCC1996指南》及两个优良做法指南在使用过程中暴露了用户不友好、排放源不全、部分排放源方法粗糙以及排放因子缺失等问题,IPCC组织专家对已有指南进行整合，并于 2006 年出版了《IPCC2006 指南》。从理论上说，该指南从技术上全面替代了之前的 3 份指南，整合之后更加系统化、规范化和方便用户使用，减少了之前不同版本指南之间的交叉引用。具体来说，与《IPCC1996 指南》相比，《IPCC2006 指南》对清单各部门的边界做了调整，如明确把能源的非能源利用排放计入工业生产过程部门；修订了之前部分排放源的定义，如将国际燃料舱由各国的国际航班或轮船在本国领土内的加油量，调整为从一国离开抵达另一国的所有航班或轮船在执行整个国际航线或水运过程的排放，不再区分飞机或轮船的所属地；增加了部分排放源的计算方法，如交通运输部门生物质燃料燃烧的 CH_4 和 N_2O 排放、废弃矿井的 CH_4 排放（杨宏伟，2006），以及更新了部分缺省排放因子，如化石燃料的碳氧化率由燃煤的 98%、燃油的 99%、燃气的 99.5% 全部调整为 100%。然而，从法律上说，直到 2013 年《公约》第 19 次缔约方大会通过的相关决议才要求自 2015 年起发达国家（《公约》附件一缔约方）应采用《IPCC2006 指南》。由于《IPCC2006 指南》方法学更复杂，相关的支撑数据也较难获取，因此《公约》一直未要求发展中国家必须采用，根据《公约》第 26 次缔约方大会透明度议题决议，发展中国家在 2024 年之前提交的履约报告中法定指南均仍然为《IPCC1996 指南》以及《IPCC 优良做法指南》。2006 年之后，IPCC 又陆续出版了两个关于土地利用、LULUCF 领域的增补指南，分别为《湿地增补指南》和《源自〈京都议定书〉的方法和优良做法 2013 修订增补指南》（简称《KP-LULUCF 优良做法增补指南》）（IPCC，2013b），这些增补指南与《IPCC2006 指南》联合使用。

发达国家在使用《IPCC2006 指南》及其配套的两份 LULUCF 增补指南过程中发现了部分问题和不足，包括新的生产工艺和技术导致新的温室气体排放特征，如以页岩气/油为代表的非常规油气完井和修井过程与常规油气大为不同。随着科研人员对温室气体排放认知能力提升以及科学研究不断进展，部分排放源方法得到了新增/修订或者可以提供更精确的排放因子，如已开发出氢生产过程 CO_2 排放核算方法学、油气系统排放因子已具备全面更新的条件；2011 年《公约》第 17 次缔约方大会授权启动特别工作组谈判，对 2020 年后适用于所有缔约方的议定书、其他法律文件或经同意的具有法律效力的成果进行磋商，最晚于 2015 年完成谈判并于 2020 年开始实施，为配合拟议的全球统一协定，IPCC 有意在 2020 年前出版一份综合的、能全面反映最新进展并且适用于所有缔约方的统一清单方法学指南。自 2014 年起，IPCC 组织了一系列专家讨论会，广泛征集《IPCC2006 指南》修订意向、制定增补指南的工作大纲和写作大纲，之后征集增补指南作者着手各章节的撰写，开展全球专家文件评审、各国政府文件评审和各国政府现场评审，并于 2019 年 5 月 IPCC 第 49 次全会（包括中国在内的共 127 个国家以及包括中国政府代表在内的 383 个政府代表与会）通过了《2006 年 IPCC 国家温室气体清单指南（2019 修订版）》（以下简称《IPCC2019 指南》）（IPCC，2019）。需要特别说明的是，《IPCC2019 指南》并不是一个独立指南，需要和《IPCC2006 指南》及其配套的两份 LULUCF 增补指南联合使用，即《IPCC2019 指南》并未取代《IPCC2006 指南》，而是修订、补充和完善了《IPCC2006 指南》。因此，《IPCC2019 指南》和《IPCC2006 指南》结构完全一致，每部分仅列出了在《IPCC2006 指南》基础上更新和修改的内容，对于未做改动的部分则直接说明该部分无修订（蔡博峰等，2019）。另外需要说明的是，目前《公约》下对各缔约方采用《IPCC2019 指南》编制国家温室气体清单没有要求，2021 年《巴黎协定》第 3 次缔约方大会上达成的相关决议中提及 2024 年后各缔约方可自愿使用《IPCC2019 指南》（UNFCCC，2021）。

我国在 IPCC 系列指南中的参与度不断提升。从参与作者的数量来看，《IPCC1996 指南》我国无专家参与，《IPCC2006 指南》我国仅有 2 名专家参与，最新《IPCC2019 指南》有 12 名专家参与，包括编审、主要作者召集人以及主要作者等（朱松丽等，2018）。此外，我国在开展《IPCC2019 指南》政府评审过程中，广泛征求了各有关部门和研究机构的意见，收集整理了大量反馈意见，我国提出的很多意见都在指南修订中得到反映。IPCC 清单指南是一个不断发展和完善的技术规范，未来还将持续修订，我国应加强温室气体排放源和吸收汇的过程机制研究，例如近海海洋生态系统、水泥风化过程以及岩溶碳汇等，开展中国本地化特征排放因子实测，将研究成果尽可能多地以英文著述的形式发表，以供下次指南更新时参考使用。此外，我国专家还应通过国际期刊、国际会议等平台主动发声和引导，国家应加大推荐国内专家参与 IPCC 国际组织工作的力度，进一步在 IPCC 国际平台和规则下反映和体现我国利益诉求，推动相关规则朝着对我国有利的方向发展，最大限度地维护我国利益。

3.2.2 《IPCC 2006 指南》内容

虽然根据《公约》相关决议,我国按照《IPCC1996 指南》核算和报告国家温室气体清单完全符合国际要求。为提高数据的完整性和准确性,在我国国家温室气体清单编制过程中,根据数据的可获得性,具备使用《IPCC2006 指南》要求的排放源和吸收汇已尽量采用《IPCC2006 指南》。以 2019 年提交的国家温室气体清单为例,能源活动部分清单整体架构已完全采用《IPCC2006 指南》,具体包括燃料燃烧 3 个层级方法的划分,参考方法的计算过程,国际燃料舱的定义,废弃矿井 CH_4 排放、道路交通生物质燃料燃烧的 CH_4 和 N_2O 排放核算等;工业生产过程部分的玻璃、合成氨、纯碱、铁合金、镁和铝生产过程以及铅锌冶炼过程的温室气体排放完全采用《IPCC2006 指南》方法;废弃物处理部分中的焚烧处理采用《IPCC2006 指南》方法(PRC,2019)。可以说,目前我国国家温室气体清单处于《IPCC1996 指南》和《IPCC2006 指南》同时使用阶段,为下一步完全过渡到《IPCC2006 指南》奠定了初步基础。按照《巴黎协定》透明度实施细则要求,2024 年起我国提交给《公约》的国家温室气体清单将完全按照《IPCC2006 指南》编制,我国很快将进入全部更新至《IPCC2006 指南》的时代,因此以下简要介绍《IPCC2006 指南》的主要内容(IPCC,2006)。

《IPCC2006 指南》一共分为五卷,第一卷为一般性指南与报告方法,第二卷到第五卷分别为能源、工业生产过程和产品使用(IPPU)、农业林业及其他土地利用(AFOLU)、废弃物 4 个部门清单指南。指南中每个部门下又包含若干个子类别,如能源部门包括燃料燃烧、燃料的逃逸排放以及 CO_2 运输和储藏 3 个子类,每个子类下又进一步划分,如燃料燃烧下分能源工业、制造业和建筑业、运输等,能源工业下分公用电热、石油精炼、固体燃料制造和其他能源工业,公用电热下分发电、热电联产和供热(图 3-1);IPPU 包括非金属矿物制品生产、化工生产、金属制品生产、源于燃料和溶剂使用的非能源产品、电子工业、产品用作臭氧损耗物质的替代物等(图 3-2);AFOLU 部门包括土地以及土地上的累计排放源,土地又分为林地、农地、草地、湿地、居住用地等类型(图 3-3);废弃物部门包括固体废弃物填埋处理、生物处理、焚烧和露天燃烧、废水处理等(图 3-4)。指南第二卷至第五卷中,详细提供了每个类别的排放和吸收计算方法。

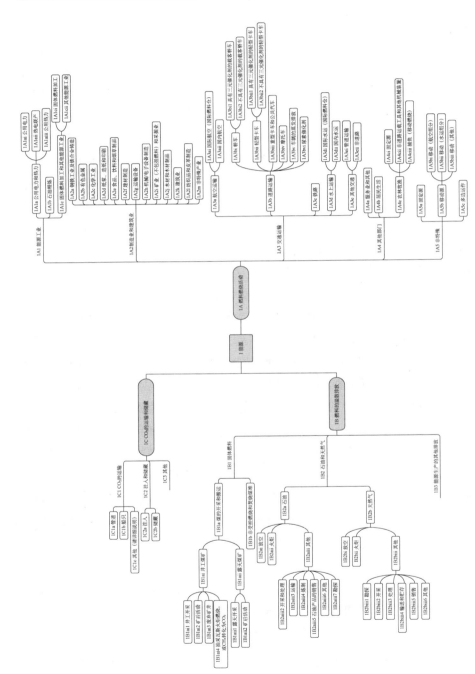

图 3-1 能源部门的排放源结构

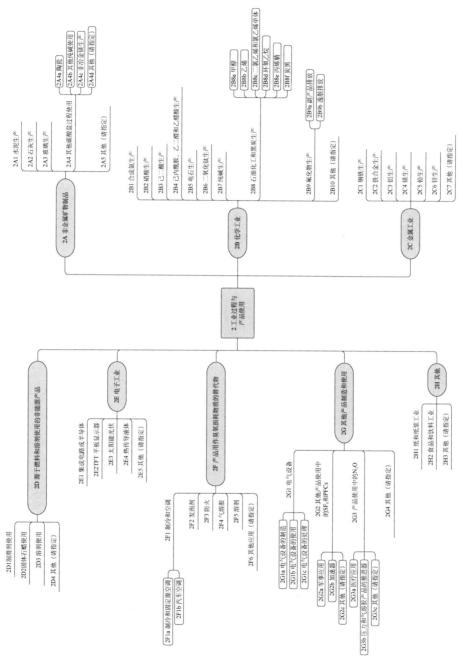

图 3-2 IPPU 部门的排放源结构

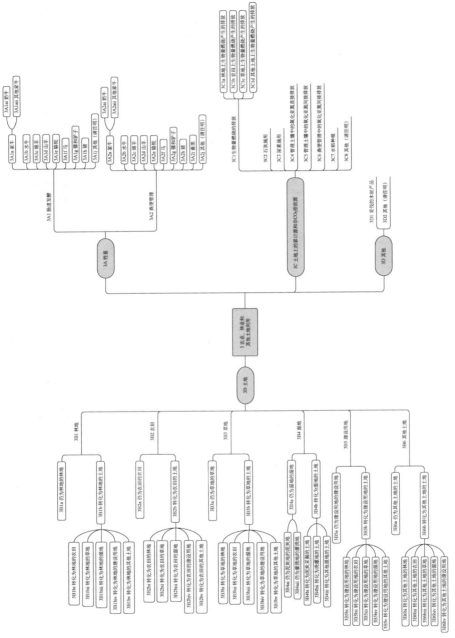

图 3-3　AFOLU 部门的排放源和吸收汇结构

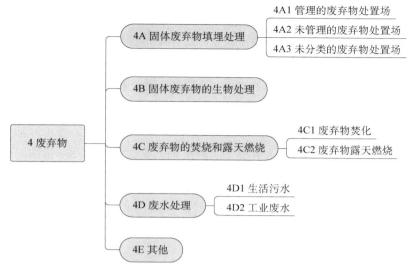

图 3-4　废弃物部门的排放源和吸收汇结构

各部门的排放源结构见图 3-1～图 3-4。

第一卷给出了指南的总体框架以及编制国家温室气体清单的常用步骤。一般来说，清单编制包括以下几步：一是根据上次清单确定关键类别，关键类别是排放或吸收量绝对值大、变化快或者不确定性大的排放源或吸收汇，这些类别对温室气体清单结果影响较大（马翠梅等，2015）；二是为每个排放源或者吸收汇选择和确定计算方法，关键类别要尽可能采用高层级方法，一般不能采用最简单的全球平均排放因子方法；三是收集数据，根据上一步确定的方法收集与之对应的相关参数；四是排放或吸收计算，计算每个排放源或吸收汇的排放或吸收量，并逐级加总得到总排放量和吸收量；五是进行不确定性分析，通过每个排放源或吸收汇的不确定性评估得出总清单的不确定性；六是根据上一步计算得出的各个排放源和吸收汇的排放和吸收量，再次做关键类别分析，如有必要则调整第二步各个源或汇的计算方法，这里一般指的是新出现的关键类别；七是按照各部门排放源和吸收汇的分类报告清单，质量保证和质量控制贯穿于上述各个步骤。在清单编制的整个流程中，从数据收集到形成报告，都需要遵守以下原则：一是透明性，文档记录要全面且清晰，能够使清单编制之外人员了解清单的完整编制过程、各排放源和吸收汇采用的方法、数据及其来源等；二是完整性，要计算和报告所有相关类别的源和汇及气体类型，如果某些类别数据缺失，要求作出解释和说明；三是一致性，所有年份清单都应尽可能采用同一方法和同样的数据来源进行计算，这样能够保证时间序列上数据可以反映排放量或清除量的真实年际波动，这种年际波动剔除了方法学或数据来源口径等变化的影响（马翠梅等，2019）；四是可比性，指国家温室气体清单要以一种可与其他国家的国家温室气体清单进行比较的方式进行报告，如相同的报告格式等；五是准确性，指在当前能力范围内，尽量既不高估也不低估实际排放和吸收情况，也即现实可达情况下的最准确估算。《IPCC2006指南》第二卷至五卷针对不同的排放源或吸收汇给出了具体的定义、边界以及计算方法，以下以第二卷能源活动为例详细阐述。

（1）燃料燃烧

在燃料燃烧过程中，除小部分碳未参与燃烧外（以碳粒子的形态排出燃烧设备），大部分碳被完全燃烧成 CO_2，另有小部分碳不完全燃烧转为CO、CH_4、NMVOCs等气体并排放到大气中。在燃烧过程中燃料或空气中的氮还会氧化产生各种 NO_x 并排放，其中 N_2O 也属于必须报送的温室气体。燃料燃烧采用部门法计算和报告 CO_2、CH_4、N_2O 3种温室气体，并同时采用参考法验证 CO_2 排放量。部门法和参考法的主要区别在于前者基于各行业不同燃料品种的实际燃烧情况分别计算各部门的 CO_2、CH_4 和 N_2O 排放量，后者基于可供本国消费燃料中所含的碳总量，再扣除燃料用于非能源用途而固定在产品中的碳，来匡算本国燃料燃烧的 CO_2 排放量。部门法按照排放因子的来源和精细程度又进一步区分为层级1方法、层级2方法和层级3方法。其中，层级1方法和层级2方法均为计算方法，两者计算原理相同，都是根据燃料燃烧量（活动水平数据）乘以平均排放因子来计算排放量的。区别在于层级1方法使用的是指南提供的缺省排放因子，层级2方法使用的是国别排放因子。层级3方法则使用详细的排放估算模型或对排放量进行连续监测，或者基于"自下而上"的单个设施级排放数据汇总得到国家排放量。

部门法中，燃料燃烧又分为固定源排放和移动源排放，其中固定源排放包括能源工业、制造业和建筑业、服务业、居民生活以及农林牧渔业中的电站锅炉、供热锅炉、高炉、焦炉、水泥窑、造气炉等设备燃烧各种固态、液态和气态燃料产生的碳排放。其中需要注意的是，CH_4 和 N_2O 排放不同于 CO_2，其与燃烧技术以及末端处理方式关系密切，如液态排渣煤粉炉比固态排渣煤粉炉

的 CH_4 排放因子高 30%左右，因此 CH_4 和 N_2O 排放计算还需进一步划分到特定的技术类型。此外，薪柴、粪便、沼气等生物质燃料燃烧的 CO_2 排放一般来源于当年生植物光合作用的碳吸收，由于吸收时未计算其碳汇量，因此燃烧排放量仅作为信息项报告，不计入清单总量。

　　移动源排放分为道路、铁路、水运和航空运输排放等。①道路运输排放指全社会所有道路交通工具的碳排放，既包括营运性交通工具（如出租车、公交车及长途客车）的排放，也包括大量的非营运性交通工具（如公司用车、私家车等）的排放，交通工具包括各种类型的轻型车辆（如汽车、轻卡等）、重型车辆（如拖拉机、拖车等）、公共汽车、摩托车等，不包括农用机械用车、矿山机械用车、厂用叉车、建筑工地用车、森林机械等非道路交通用车[①]，燃料类型包括汽油、柴油、天然气、液化石油气、生物燃料以及少量甲醇、二甲醚等。对于道路运输燃料燃烧 CO_2 排放，《IPCC2006 指南》推荐采用燃料消费量方法估算，对于尿素催化剂产生的 CO_2 排放，《IPCC2006 指南》推荐采用质量平衡法，也即排放量全部来自催化剂中尿素的含碳量。对于道路运输燃料燃烧的 CH_4 和 N_2O 排放，由于比 CO_2 排放复杂得多，排放因子取决于车辆技术类型（特别是污染物排放控制技术）、燃料和行驶工况等，《IPCC2006 指南》推荐采用车辆类型和道路类型的行驶距离、燃油经济性等参数计算。②铁路运输排放源包括所有铁路机车燃料消耗产生的 CO_2、CH_4 和 N_2O 排放。铁路机车包括蒸汽机车、电力机车和柴油内燃机车，蒸汽机车除少数工况和旅游观光小火车外基本已不使用，计算方法可参考固定源的常规蒸汽锅炉，电力机车使用过程中无直接温室气体排放，柴油内燃机车的 CH_4 和 N_2O 排放因子相比 CO_2 进一步划分到特定技术。③水上运输排放源包括所有水上运输船舶燃料燃烧产生的 CO_2、CH_4 和 N_2O 排放。水上运输船舶主要由大型、慢速或中等速度的柴油发动机驱动，主要燃料类型为柴油和燃料油。④航空运输是指除军事性质（包括国防、警察和海关）外的所有民用航空活动。民用航空运输温室气体排放包括商业航空（指具有公共经营性质的客货运输，即常见的航空公司运营模式）和通用航空（指使用民用航空器从事公共航空运输以外的民用航空活动，包括从事工业、农业、林业、渔业和建筑业的作业飞行以及医疗卫

---

　　①　非道路交通的交通工具排放分别计入农业、工业部门中。

生、抢险救灾、气象探测、海洋监测、科学实验、教育训练、文化体育等方面的飞行活动）飞行器燃料消耗所产生的 CO_2、CH_4 和 N_2O 气体。根据不同的航空器属性，航空燃料分两类：一类是喷气式（涡喷、涡桨、涡扇、涡轴等燃气轮机）航空发动机的喷气燃料，一般称作航空煤油或喷气煤油；另一类是活塞式发动机航空器使用的燃料，一般称为航空汽油。商业航空一般均使用航空煤油；而通用航空运输由于包罗万象，应用范围十分广泛，根据飞行器属性的不同，燃料既有航空煤油，也有航空汽油。《IPCC2006 指南》给出的层级 1 方法基于航空燃料消耗总量乘以平均排放因子进行计算；层级 2 方法仅针对喷气飞机发动机的喷气燃料，基于着陆/起飞周期（LTOs）的次数和按飞机类型统计的燃料使用计算；层级 3 方法基于不同飞机类型各次实际飞行移动数据，根据完整飞行轨道信息进行精细化的计算加总得出。此外，在水上运输和航空运输碳排放计算中，均需区分国内和国际燃料舱，根据《IPCC2006 指南》，国内航空运输碳排放是指起飞和降落都在本国国境范围内的航空飞行器燃料消耗所产生的碳排放，国际航空运输碳排放是指从本国起飞并在另一国降落的航空飞行器燃料消耗所产生的碳排放，该部分排放在信息项内单独报告，不计入本国清单总量，水上运输与航空运输划分方法类似。

（2）逃逸排放

化石燃料在勘探、开采、加工、储运和分配过程中，会使赋存在地下的温室气体排放到大气中，这些有意或无意释放的温室气体被称为逃逸排放。逃逸排放具体又分为煤炭开采和矿后活动逃逸排放以及油气系统逃逸排放。

在煤炭开采和矿后活动逃逸排放方面，《IPCC2006 指南》将其划分为煤炭开采过程、矿后活动、低温氧化、非控制燃烧以及废弃矿井 5 类排放源（马翠梅等，2020），具体见图 3-5。其中开采过程排放指采掘活动扰动、破碎煤岩层导致赋存煤层气通过地下煤矿的通风和抽放系统释放；开采过程并不能完全释放煤炭中的温室气体，另有少量气体从采出煤后的处理过程，如煤炭加工处理、储存以及运输逃逸到大气中，该部分称为矿后活动排放；低温氧化指煤炭暴露在空气中的部分被氧化且产生温室气体；当低温氧化产生的热量聚积到一定程度可能引起煤炭燃烧，该部分称为非控制燃烧排放；煤炭开采停止后，废弃矿井依然会通过自然或人为通道继续释放温室气体，此部分称为废弃矿井排放。

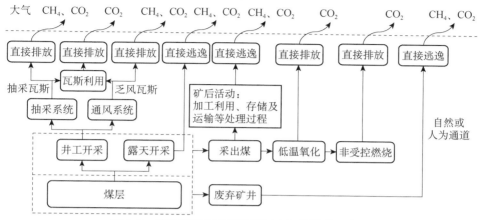

图 3-5　煤炭开采和矿后活动温室气体排放示意图

另外，由于煤矿瓦斯中 CH_4 含量较高，是一种优质的清洁能源，部分 CH_4 会被回收利用，回收部分应从煤矿开采和矿后活动逃逸排放量中扣除。上述 5 类排放源中，由于国内外关于低温氧化和非控制燃烧 2 个环节的研究和实测较少，《IPCC2006 指南》以方法不成熟为由未提供碳排放计算方法，对于煤炭开采、矿后活动和废弃矿井 3 个环节，给出了排放量较大的 CH_4 气体计算方法及缺省排放因子，同时提出如果数据能够获取也应将 CO_2 纳入清单，但并没有为 CO_2 提供计算方法。另外，由于露天煤矿废弃矿井 CH_4 排放量相对较低，《IPCC2006 指南》也未给出计算方法，因此，《IPCC2006 指南》仅提供了井工煤矿的煤炭开采、矿后活动和废弃矿井环节，以及露天煤矿的煤炭开采和矿后活动环节 CH_4 逃逸排放计算方法以及相应的缺省排放因子，详见表 3-5。

表 3-5　《IPCC2006 指南》煤炭开采和矿后活动排放源计算方法

排放源		详细描述	排放气体	CH_4 排放计算方法	CH_4 缺省排放因子
井工煤矿	井工开采	通过通风和抽放系统带到大气的煤矿瓦斯，可视为点源	CH_4 和 CO_2	三个层级方法：全球平均排放因子法（T1）、国家或煤田特征排放因子法（T2）和矿井实测法（T3）	矿井深度 <200 m，缺省因子 10 m^3/t；200 m≤矿井深度≤400 m，缺省因子 18 m^3/t；矿井深度 >400 m，缺省因子 25 m^3/t

续表

排放源		详细描述	排放气体	CH₄ 排放计算方法	CH₄ 缺省排放因子
	矿后活动	煤炭开采后，从矿井带到地面，以及加工、存储和运输过程逃逸的温室气体	CH_4 和 CO_2	两个层级方法：全球平均排放因子法（T1）和国家或煤田特征排放因子法（T2）	矿井深度＜200 m，缺省因子 0.9 m³/t；200 m≤矿井深度≤400 m，缺省因子 2.5 m³/t；矿井深度＞400 m，缺省因子 4.0 m³/t
	废弃矿井	废弃的井工煤矿逸散的温室气体排放	CH_4 和 CO_2	两个层级方法：全球平均排放因子法（T1）、国家特征排放因子法（T2）和矿井加总法（T3）	按关闭年份距离清单年份的时间间隔计，详见《IPCC2006 指南》第二卷第 4 章表 4.1.6
露天煤矿	露天开采	采掘过程中由于煤和相关地层的破坏以及采场底面等泄漏的温室气体，分散在露天矿的各处，可视为面源	CH_4 和 CO_2	两个层级方法：全球平均排放因子法（T1）和国家或煤田特征排放因子法（T2）	表土深度＜25 m，缺省因子 0.3 m³/t；25 m≤表土深度≤50 m，缺省因子 1.2 m³/t；表土深度＞50 m，缺省因子 2.0 m³/t；如缺少表土深度数据，推荐采用 1.2 m³/t
	矿后活动	煤炭开采后的加工、存储和运输过程逃逸的温室气体	CH_4 和 CO_2	两个层级方法：全球平均排放因子法（T1）和国家或煤田特征排放因子法（T2）	表土深度＜25 m，缺省因子 0；25 m≤表土深度≤50 m，缺省因子 0.1 m³/t；表土深度＞50 m，缺省因子 0.2 m³/t；如缺少表土深度数据，推荐采用 0.1 m³/t

注：1. 未提供 CO_2 排放的计算方法和缺省排放因子；2. CH_4 密度取 20 ℃、1 个大气压下的 0.67 kg/m³。

在石油和天然气系统逃逸排放方面，排放源主要来源于石油和天然气勘探开发、生产、处理、储运和输送、炼制加工、终端配输或分销等子业务部门的设备/组件泄漏、闪蒸损失、泄压放空、火炬燃烧或者意外泄放。由于石油和天然气系统的业务链长、业务环节多，排放源相对于其他行业较为分散，因此排放量和构成常常具有很大的不确定性。《IPCC2006 指南》按石油和天然气两大系统划分，每个系统的排放源均分为放空、火炬和"所有其他"，其中"所有其他"又进一步细分为勘探开发、生产处理、储运输送等子业务环节，排放源包括由于设备/组件泄漏、闪蒸损失、管线爆裂、井喷等原因产生的排放。在方法学上，《IPCC2006 指南》将油气系统的方法区分为 3 个层级，层级 1 和层级 2 方法采用的数据粒度基本一致，即将活动水平定义为子业务部门（如气体生产、气体处理、气体储运输送等）的活动量数据，在子业务部门下又将活动量区分子类别进行统计，如气体生产子业务中活动数据又进一步区分干气产量、煤层气产量、酸性气产量等，层级 1 和层级 2 方法的主要应用差异在于排放因子数据，层级 1 采用 IPCC 提供的缺省排放因子，而层级 2 主要基于国别因子。另外，《IPCC2006 指南》对于石油系统的量化还提供了层级 2 备选方法，即基于气油比（GOR）的质量平衡法，该方法不适用于天然气系统；层级 3 方法是基于严格的"自下而上"的设施级排放数据的汇总，层级 3 方法的应用需要基于详细的设施清单、控制措施、操作水平及气体成分分析等数据，IPCC 推荐在数据可得的情况下，对关键类别要尽量采用层级 3 的方法。《IPCC2006 指南》中提供了层级 1 方法中不同子业务及其子类别的缺省因子，但这些缺省因子的不确定性范围非常大，同时指出如采用层级 2 或层级 3 方法，需要基于大量的实际监测，以及由于管理水平和排放控制措施的应用导致这些排放因子也在不断变化，需要及时更新。《IPCC2006 指南》中还提供了一些行业协会或组织开发的计算工具，如美国石油协会（API）或国际石油工业环境保护协会（IPIECA）所开发的计算工具等。

（3）CO_2 运输、注入和地质储存

碳捕集与封存（CCS）涉及从发电、钢铁、天然气加工和乙醇生产厂等大型点源捕集 CO_2，将捕获的 CO_2 运输到地质储存地点如油气田、煤层和咸水层等，并将其注入储存地，利用天然地质屏障将 CO_2 与大气隔离。本部分核算的是 CCS 运输、注入和储存环节的 CO_2 逃逸排放，不包括捕集环节的排放或排放扣除，也不包括捕集、压缩、运输和注入环节相关的化石燃料消费引起的排放，上述排放分别报告在捕集发生部门，以及其他适当的燃料燃烧固定源或移动源类别。

CO_2 的运输方式有管道运输和船舶运输，具体排放源包括管道破裂、密封圈、阀门、管道的中间压缩机站、中间储存设施、运输低温液化，以及轮船装载和卸载设施的 CO_2 逃逸排放。对于管道运输逃逸排放，《IPCC2006 指南》给出的层级 1 方法为排放量等于运输管道长度乘以排放因子，同时给出了排放

因子缺省值。《IPCC2006 指南》同时指出管道排放更多来自和管道相连的设施如压缩机站，而非管道本身，因此层级 3 方法采用不同类型设备数量乘以该类型具体排放因子。对于船舶运输逃逸排放，《IPCC2006 指南》没有提供缺省排放因子方法，并指出只能通过流量计分别计量轮船装卸的 CO_2 气体量计算得出。注入环节的排放主要来自注入系统在设备停运时向大气排放的 CO_2，该环节好的做法是采用直接监测法测量，未给出缺省方法。其中，直接监测法通过流量计连续监测注入气体的流速、温度和压力，并通过气相色谱周期性分析注入气体的组分，从而计算得出 CO_2 逃逸量。一般来说，存储在地质储层中 99% 以上的 CO_2 可能会在那里停留 1 000 年以上，但小部分仍可能通过一些潜在排放途径，如井口、岩石孔隙系统等缓慢或长期排放，本部分需要考虑的是从地质储存库泄漏到地表或海床的 CO_2。由于全球有关地质储存的实测经验较少，《IPCC2006 指南》未给出计算地质储存环节 CO_2 逃逸排放的方法 1 和方法 2，《IPCC2006 指南》中提出的方法 3 流程为：①场地特征分析，确认已经对储存地点的地质进行了评估，并确定了当地和区域的水文地质和泄漏途径；②泄漏风险评估，确认通过结合场地特征和预测 CO_2 随时间变化的现实模型以及可能发生排放的地点，对泄漏的可能性进行了评估；③监测，确保有一个适当的监测计划，监测计划应确定潜在的泄漏途径，测量泄漏和/或酌情验证更新模型。根据加拿大、挪威等已纳入 CCS 的国家温室气体清单报告，上述国家储存环节的 CO_2 逃逸排放量均为 0，其中挪威采用 4D 地震监测方式来监测 CO_2 羽流在地层内的迁移及其向气体区的移动（Norway，2021；Canada，2021）。

3.2.3 《IPCC2019 指南》修订内容

与《IPCC2006 指南》相比，《IPCC2019 指南》主要的更新和修改如下（IPCC，2019；蔡博峰等，2019；朱松丽等，2018；IPCC，2006）。

第一卷"一般性指南与报告方法"在活动水平获取以及大气浓度反演温室气体排放量用于校核、核算结果等方面作出了较大修订。首先，完善了活动水平数据获取方法，强调了企业级数据对国家清单的重要作用。自 2006 年以来，随着碳市场的快速发展以及企业层面监测技术的进步和快速普及，企业级数据来源和质量越来越完善，使得利用企业层面数据支撑国家清单成为可能。其次，首次完整提出基于大气浓度（遥感卫星测量和地面基站测量）反演温室气体排放量，进而验证"自下而上"清单结果的方法。传统碳核算主要通过排放因子和活动水平计算获得。"自上而下"基于大气浓度反演排放量的方法，是基于观测的温室气体浓度和气象场资料，利用地面排放网格定标，结合反演模式"自上而下"核算区域源汇及变化状况，成为国家温室气体清单检验和校正的重要手段。

第二卷"能源"在逃逸排放方面作出了较大改动。首先，油气系统排放因子得到全面更新，新生产工艺和技术以及之前被忽略的环节得到了充分体现。非常规油气开采技术、近海油气开采和运输、液化天然气接收站、煤气输配和加气站逃逸等环节的排放源和排放因子都得到了补充，排放因子的完整性得到提升。在常规天然气开采环节，提供了基于天然气产量和井口数量的排放因子，并明确指出，如果条件具备，基于井口数量的核算方法将更加准确。其次，煤炭生产逃逸排放源及排放因子得到补充，增补了煤炭井工开采和露天开采的 CO_2 逃逸排放核算方法和排放因子。最后，其他燃料加工转换过程逃逸排放得到适当增补。对"固体燃料到固体燃料"的加工转换，新增木炭/生物炭生产过程和炼焦生产过程的温室气体逃逸排放核算方法和排放因子。新增煤制油以及天然气制油过程的温室气体逃逸排放核算方法和排放因子。其中，煤制油过程考虑了 CO_2、CH_4 和 N_2O 3 种温室气体，提出了多级别核算方法学并提供了排放因子天然气制油过程只考虑了 CO_2 逃逸排放，提出多级别核算方法学，并提供了排放因子。

第三卷"工业过程和产品使用"新增了制氢和稀土等行业的方法学，更新了铝生产行业的核算方法和排放因子，进一步完善了钢铁生产过程排放核算方法学。传统石化和化工行业的制氢一直存在，但氢大部分作为中间产品。氢作为终端能源产品在近年才得到广泛发展和应用，未来氢能有着很好的发展和市场应用前景，因此，《IPCC2019 指南》将制氢作为一个独立行业提供了核算方法。之前由于数据匮乏，稀土行业一直缺少温室气体排放核算方法学和相应的排放因子，《IPCC2019 指南》提出了相对较为完整的稀土生产温室气体清单方法学，弥补了工业生产过程温室气体排放核算的空白。《IPCC2006 指南》中的铝生产温室气体排放的"阳极效应"仅针对"高压阳极效应"产生的 CF_4 和

C_2F_6，随着对铝生产过程排放认知的提升，发现在低压情况下也会产生相当量的 CF_4 和 C_2F_6。因此，《IPCC2019 指南》全面修改和完善了核算方法，纳入了"低压阳极效应"。钢铁生产中的能源产品（如冶金焦等）既发挥化学品作用（还原剂），又发挥能源作用（供热），《IPCC2019 指南》将所有类似过程都归属为工业过程排放。因此，冶金焦、焦炉煤气、高炉煤气和转炉煤气等，只要是在钢铁企业内部使用，均计为工业过程排放，即钢铁生产中，基本上所有的能源燃烧（炼焦除外）均被归结为工业过程排放。

第四卷"农业、林业和其他土地利用"变动较大。一是细化核算矿质土壤碳储量变化的方法和因子，新增生物质炭添加到草地和农田矿质土壤有机碳储量年变化量的核算方法。二是新增 2 种生物量碳储量变化的核算方法，包括"异速生长模型"法和"生物量密度图"法。这两种方法均作为推荐的层级 2 方法，同时也可以作为层级 3 方法的组成部分。三是提出区分人为和自然干扰影响的通用方法指南。《IPCC2019 指南》强调了清单编制的年际变化，尽可能地将人为活动导致的温室气体排放/清除量与自然干扰的影响区别开来，并给出了如何区分人为和自然干扰影响的通用方法指南。四是更新和完善核算管理土壤 N_2O 排放方法和排放因子。五是更新和完善畜牧业肠道发酵和粪便管理 CH_4 排放因子。六是新建"水淹地"温室气体排放与清除核算方法。《IPCC2019 指南》提供了包括水库和塘坝等水淹地的排放与清除核算方法指南。《IPCC2019 指南》将水淹地分为 2 个主要类型，即仍为水淹地的水淹地和转化为水淹地的土地。对这 2 种类型水淹地的温室气体排放与清除均提供了方法学。全球仍为水淹地的水淹地和转化为水淹地的土地这 2 种类型，根据其所处气候带（共划分为 6 个气候带）分别给出排放因子。

第五卷"废弃物"主要更新固体废物产生量、成分和管理程度相关参数，以及增加工业废水处理 N_2O 排放计算方法等。一是更新了固体废物的产生率、成分和管理程度参数，增补了不同废弃物成分的可降解有机碳值，更新了可降解有机碳默认值的不确定性，并增加了计算主动曝气半有氧管理的垃圾填埋场 CH_4 排放的一阶衰减方法（FOD），提供了排放因子。二是更新废弃物焚烧处理的氧化因子，增补和说明了热解、气化和等离子体等焚烧新技术的 CH_4 和 N_2O 的排放因子。三是增加了污泥的碳含量和氮含量信息，并给出了可降解有机碳的区域默认值，各国需核算从废水处理中产生的污泥量。更新污泥处理的 CH₄ 和 N₂O 排放计算方法，增加了排放因子。四是增加工业废水处理 N₂O 排放计算方法，更新排放到自然水环境中废水的 N₂O 排放因子及排放计算方法；更新不同处理类型和不同处理过程的 CH₄ 修正因子；增补与大型污水处理厂相连的化粪池系统的排放核算方法，同时新增化粪池系统的排放因子。更新排放到自然水环境的废水 CH₄ 排放因子，并引入了排放到水库、湖泊和河口的新排放因子。

参 考 文 献

蔡博峰，朱松丽，于胜民，等，2019.《IPCC2006 年国家温室气体清单指南（2019 修订版）》解读[J]. 环境工程，37（8）：1-11.

马翠梅，戴尔阜，刘乙辰，等，2020. 中国煤炭开采和矿后活动甲烷逃逸排放研究[J]. 资源科学，42（2）：311-322.

马翠梅，王田，2019. 国家温室气体清单时间序列一致性和 2005 年清单重算研究[J]. 气候变化研究进展，15（6）：641-648.

马翠梅，于胜民，李湘，2015. 中国温室气体清单关键类别分析[J]. 中国能源，（12）：26-32.

王田，董亮，高翔，2019.《巴黎协定》强化透明度体系的建立与实施展望[J]. 气候变化研究进展，15（6）：684-692.

杨宏伟，2006. IPCC 能源清单指南进展及其对中国的影响[J]. 气候变化研究进展，2（6）：273-276.

朱松丽，蔡博峰，朱建华，等，2018. IPCC 国家温室气体清单指南精细化的主要内容和启示[J]. 气候变化研究进展，14（1）：86-94.

Environment and Climate Change Canada，Canada，2021. National Inventory Report 1990–2019：Greenhouse Gas Sources and Sinks in Canada[R].

Intergovernmental Panel on Climate Change（IPCC），1996. Revised 1996 IPCC Guidelines for National Greenhouse Gas Inventories[M]. Kanagawa：The Institute for Global Environmental Strategies.

Intergovernmental Panel on Climate Change（IPCC），2000. good practice guidance and uncertainty management in National Greenhouse Gas Inventories[M]. Kanagawa：The Institute for Global Environmental Strategies.

Intergovernmental Panel on Climate Change（IPCC），2003. Good practice guidance for land use，land-use change and forestry[M]. Kanagawa：The Institute for Global Environmental Strategies.

Intergovernmental Panel on Climate Change（IPCC），2006. 2006 IPCC guidelines for national greenhouse gas inventories[M]. Kanagawa：The Institute for Global Environmental Strategies.

Intergovernmental Panel on Climate Change（IPCC），2013a. 2013 supplement to the 2006 IPCC guidelines for national greenhouse gas inventories wetlands[M]. Kanagawa：The Institute for Global Environmental Strategies.

Intergovernmental Panel on Climate Change（IPCC），2013b. 2013 Revised Supplementary Methods and Good Practice Guidance Arising from the Kyoto Protocol[M]. Kanagawa：The Institute for Global Environmental Strategies.

Intergovernmental Panel on Climate Change（IPCC），2019. 2019 Refinement to the 2006 IPCC Guidelines for National Greenhouse Gas Inventories[M]. Kanagawa：The Institute for Global Environmental Strategies.

Norwegian Environment Agency，Norway，2021. Greenhouse Gas Emissions 1990−2019 National Inventory Report[R].

United Nations Framework Convention on Climate Change（UNFCCC），2002. Decision 17/CP.8. Guidelines for the preparation of national communications from Parties not included in Annex I to the convention. FCCC/CP/2002/7/Add.2[EB/OL].[2022-06-05]. https://unfccc.int/sites/default/files/resource/docs/cop8/07a02.pdf.

United Nations Framework Convention on Climate Change（UNFCCC），2010. Decision 1/CP.16. The Cancun Agreements：Outcome of the work of the Ad Hoc Working Group on Long-term Cooperative Action under the Convention. FCCC/CP/2010/7/Add.1[EB/OL]. [2022-06-14]. https://unfccc.int/sites/default/files/resource/docs/2010/cop16/eng/07a01.pdf.

United Nations Framework Convention on Climate Change（UNFCCC），2011. Decision 2/CP.17. Outcome of the work of the Ad Hoc Working Group on Long-term Cooperative Action under the Convention：Annex III biennial update reporting guidelines for Parties not included in Annex I to the Convention. FCCC/CP/2011/9/Add.1[EB/OL]. [2022-06-05]. https://unfccc.int/resource/docs/2011/cop17/eng/09a01.pdf#page=39.

United Nations Framework Convention on Climate Change（UNFCCC），2013. Decision 24/CP.19. Revision of the UNFCCC reporting guidelines on annual inventories for Parties included in Annex I to the Convention. FCCC/CP/2013/10/Add.3[EB/OL]. [2022-06-05].

https://unfccc.int/ sites/default/files/resource/docs/2013/cop19/eng/10a03.pdf.

United Nations Framework Convention on Climate Change（UNFCCC），2015. Decision 1/CP.21. Adoption of the Paris Agreement. FCCC/CP/2015/10/Add.1[EB/OL]. [2022-06-14]. https:// unfccc.int/resource/docs/2015/cop21/eng/10a01.pdf#page=2.

United Nations Framework Convention on Climate Change（UNFCCC），2018. Decision 4/CMA.1. Further guidance in relation to the mitigation section of decision 1/CP.21. FCCC/PA/CMA/2018/3/Add.1[EB/OL]. [2022-06-14]. https://unfccc.int/sites/default/files/ resource/4-CMA.1_English.pdf.

United Nations Framework Convention on Climate Change（UNFCCC），2018. Decision 18/CMA.1. Modalities，procedures and guidelines for the transparency framework for action and support referred to in Article 13 of the Paris Agreement. FCCC/PA/CMA/2018/3/Add. 2[EB/OL]. [2022-06-05]. https://unfccc.int/sites/default/files/resource/CMA2018_03a02E.pdf.

United Nations Framework Convention on Climate Change（UNFCCC），2021. Decision 5/CMA.3. Guidance for operationalizing the modalities，procedures and guidelines for the enhanced transparency framework referred to in Article 13 of the Paris Agreement. FCCC/PA/CMA/ 2021/10/Add.2[EB/OL]. [2022-06-05]. https://unfccc.int/sites/default/files/ resource/cma20 21_10a2_adv_0.pdf.

United Nations. United Nations Framework Convention on Climate Change（UNFCCC），1992. FCCC/INFORMAL/84.[EB/OL]. [2022-06-14]. https://unfccc.int/resource/docs/convkp/conveng. pdf.

Wang，T.，Gao，X.，2018. Reflection and operationalization of the common but differentiated responsibilities and respective capabilities principle in the transparency framework under the international climate change regime. Adv. Clim. Change Res. 9：153-63.

第 4 章　国家级碳核算

　　国家碳核算源于《公约》的履约要求。按照《公约》第四条和第十二条要求，所有《公约》缔约方都应采用缔约方会议议定的可比方法编制、定期更新以及公布《蒙特利尔议定书》未予管制的所有人为温室气体排放和吸收的国家清单。自 1996 年起，发达国家已实现年度编制以及提交 1990 年至滞后两年（$T-2$）的时间序列国家温室气体清单。在得到资金、技术和能力建设的支持下，发展中国家也需编制国家温室气体清单，但不同于发达国家，发展中国家清单不是连续年份清单，也无须单独报告，而是纳入气候变化国家信息通报或两年更新报告中一起向国际社会通报。与此同时，发达国家温室气体清单需要接受《公约》秘书处组织的国际审评，发展中国家的两年更新报告也需要接受国际磋商和分析。各国的国家温室气体清单既是评估《公约》进展的重要依据，也是国内制定阶段性减排目标、衡量各领域减排进展的基础。此外，为了满足国内决策需要，部分国家还开展了全部或部分领域排放和吸收的初步核算，以弥补国家温室气体清单时效性不足。

　　本章主要梳理了欧盟①及成员国、美国、澳大利亚、日本等发达国家或地区和中国、巴西、南非、印度等发展中国家在国家级碳核算方面开展的工作，包括法律法规保障、工作机制、数据质量控制以及数据公开等方面的内容，对比分析提出我国碳核算下一步的改进建议。

---

　　①　为便于比较，本章纳入欧盟，将欧盟和各国碳核算一并介绍。

4.1　发达国家

4.1.1　欧盟

根据数据的可获得性，欧盟（European Union，EU）逐步建立了"滞后两年（T-2）的国家温室气体清单+滞后一年（T-1）的初步清单+滞后两个季度（Q-2）的简化核算"的数据体系，兼顾准确性和时效性，并不断完善配套的法律和工作机制保障。

（1）法律法规

为满足国际履约需求，欧盟建立了一套完备的气候监测法律保障体系。2013 年，欧盟颁布了《国家和欧盟层面监测和报告温室气体排放以及报告其他相关信息机制的条例》［regulation（EU）/525/2013］（以下简称《监测机制条例》）（EU，2013），该条例主要用于规范欧盟及其成员国的温室气体清单、国家信息通报和两年更新报告的编制和报告等工作，以确保履约报告的及时性、透明性、准确性、一致性、可比性和完整性。在温室气体清单方面，条例明确了各成员国和联盟层面均需建立清单编制的法律、制度以及程序安排，对成员国清单内容范围、报送时间节点以及欧盟向成员国反馈意见的时间节点等提出具体要求，还明确了欧盟温室气体清单编制的技术支撑牵头单位欧洲环境署（European Environment Agency，EEA）的主要职责，包括编制欧盟层面的温室气体清单、准备清单报告、QA/QC、编制未提交数据的成员国清单以及准备欧盟初步核算数据。2014 年 3 月，欧盟进一步出台了补充条例［regulation（EU）/666/2014］，在《监测机制条例》的基础上，增加了欧盟清单的 QA/QC 程序、年度报告和接受国际审评的工作协调、缺失数据处理方法、清单编制需遵循的方法学规范、GWP 值取值等要求（EU，2014a）。同年 6 月出台了成员国报告的实施细则条例［regulation（EU）/749/2014］，对各成员国履约报告的结构、格式、清单的方法学（尤其是发生变更部分的方法学）、回算、历年审评意见的处理、不确定性和一致性、提交程序和审评等方面做了详细的要求（EU，2014b）。从 2021 年起（报送 2019 年温室气体清单起），欧盟出台的补充条例［regulation（EU）/2020/1044］和［regulation（EU）/2020/1208］将逐步取代之前关于国家气候变化报告和欧盟温室气体清单系统要求的两项法规

［regulation（EU）/666/2014］和［regulation（EU）/749/2014］[①]，明确采用联合国政府间气候变化专门委员会第五次评估报告中规定的 GWP 值，将 LULUCF 的估算值纳入滞后一年（$T-1$）的初步清单估算，并进一步明确了《巴黎协定》下的透明度模式、程序和采用的国家温室气体清单指南、QA/QC、数据缺漏填补和温室气体清单的报告规则等（EU，2020a，2020b）。

（2）工作机制

经过近 30 年的发展，欧盟已形成欧盟委员会气候行动总司牵头负责，EEA、欧洲统计局（Eurostat）和欧盟委员会联合研究中心（JRC）等机构参与温室气体清单编制和报告的工作机制。其中，欧盟委员会气候行动总司全面负责欧盟的清单工作，与欧盟各成员国沟通协商清单相关信息并向《公约》秘书处提交欧盟的清单报告。EEA 负责欧盟温室气体清单的汇编及清单报告的撰写、数据质量控制、清单数据库管理和数据存档及估算未报告的成员国清单数据。其中，QA/QC 程序由 EEA 与欧洲减缓气候变化和能源专题中心（ETC/CME）共同实施。Eurostat 报告能源统计数据，使用参考法和部门法估算燃料燃烧 CO_2 排放。EEA 将上述两种方法与欧盟各国提交的结果进行对比。JRC 负责农业和 LULUCF 领域的清单报告的汇编和 QA/QC 等。各成员国负责本国的国家温室气体清单编制，并在每年（以 T 年为例）的 1 月 15 日之前提交滞后两年（$T-2$ 年）的温室气体排放和吸收量信息。同时，在 Eurostat 和 JRC 协助下基于收到的各成员国温室气体清单，EEA 对各成员国温室气体排放和吸收数据开展初步校验并在 2 月 28 日之前完成欧盟温室气体清单初稿，EEA 协助欧盟委员会气候行动总司将欧盟温室气体清单初稿发送至各成员国征求意见。各成员国于 3 月 15 日之前可再次提交更新或补充滞后两年（$T-2$）国家温室气体清单报告，并对欧盟温室气体清单提出修改意见。EEA 根据各成员国清单报告汇总编制最终版的欧盟温室气体清单，气候行动总司以欧盟名义于 4 月 15 日之前提交至《公约》秘书处（图 4-1）。

欧盟成员国的国家温室气体清单编制和报告由各国自行组织实施。各成员国的工作机制总结起来可划分为两大类：一类是政府部门直接负责清单编

---

① 第 666/2014、749/2014 条例自 2021 年 1 月 1 日起废除，根据过渡条款规定，对 2019 年和 2020 年度温室气体报告仍有效。

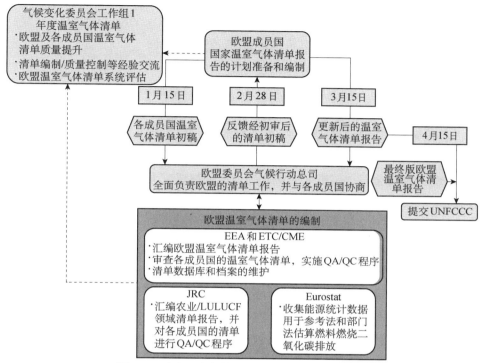

图4-1 欧盟温室气体清单编制机构和时间安排

制，如塞浦路斯，开展的活动包括数据收集、排放和吸收计算以及后续的报告撰写等。部分理论性或研究性较强的工作，如排放源方法研究、排放因子的更新等委托给相关领域有深入研究经验的高校或研究机构。另一类是研究机构直接负责清单编制，这种在欧盟较为普遍，如德国、英国[①]、爱沙尼亚等。这类国家的清单编制工作机制为：最上层一般为国家温室气体清单协调或指导委员会，委员会负责确定成员部门职责、协调数据提供机制及缺口数据解决办法、确定清单编制方法、制订年度清单编制计划和审批年度清单报告和通用报告表格（Common Reporting Format，CRF）。即委员会只负责制订清单计划、组织协调清单编制和审批最终报告等全局性和综合性事务，不负责各排放源的方法研究、数据收集和因子选取等具体的清单编制工作。委员会成员来自相关政府部门，其中应对气候变化主管部门被确定为清单的牵头单位，如英国为能源和

---

① 英国于2020年1月正式脱欧，但由于英国与欧盟其他国家在国家级碳核算中的相似性，这里一并纳入欧盟体系进行介绍。

气候变化部，德国为联邦环境、自然保护、建筑与核安全部（BMU），该部门对内负责年度清单的具体组织和领导工作，对外负责向《公约》提交报告及接受审评。第二层级为清单编制技术支撑机构，国家温室气体清单牵头单位通过选择后确定某一研究机构负责清单编制所有技术性工作，包括提出清单编制方法，收集活动水平数据和确定排放因子数据，开展排放或吸收计算、不确定性分析、关键源分析及 QA/QC，提出清单改进计划，开展清单归档和数据管理等。德国的清单编制技术支撑机构为联邦环境署（UBA），英国为里卡多（Ricardo）咨询公司，该机构通常会为清单编制成立专门的国家温室气体清单办公室，全职从事年度清单编制工作，并根据自身能力确定负责的清单领域，德国还吸纳了其他研究机构的参与。第三层级是行业协会及咨询公司，主要职责是提供政府部门统计数据之外的基础数据以及开展清单结果的质量保证工作（马翠梅等，2017）。

以德国为例（图4-2），在联邦政府部级层面，BMU 负责总牵头，联合联邦食品及农业部（BMEL）、联邦经济事务与能源部（BMWi）、联邦运输和数字基础设施部（BMVI）、联邦内政部（BMI）、联邦财政部（BMF）和联邦国防部（BMVg）等主要单位和机构参与清单编制工作，共同建立国家协调委员会。协调委员会负责数据流缺口问题协调、解决部门职责分工以及清单和报告批准等重要工作，各部委的相关职责由专门法规确定。德国 BMWi 下设能源平衡表工作组，负责提供能源平衡表。$T-1$ 年 7 月底前，能源平衡表工作组、Destatis 和相关协会、公司等提供清单编制所需的数据。BMEL 下设 Thünen Institute（TI）排放清单工作组，参与农业和 LULUCF 领域清单的编制工作。UBA 负责整个德国温室气体清单的规划、编制、归档和报告撰写，在所有重要环节中进行 QA/QC。作为各方联系的中心点，UBA 内部建立排放清单工作组用于协调内部相关工作和联络清单编制工作中涉及的所有部门成员。德国还开发了排放数据库中央系统（CSE）和排放清单质量系统（QSE），用于温室气体清单的计算存储和质量控制。$T-1$ 年 9 月初，UBA 和外部相关单位提交初步清单结果，各领域清单负责人员和质量管理员根据清单审评结果对提交数据进行确认与讨论。$T-1$ 年 11 月底前，经过 UBA 内部和跨部委协调和修改完善，12 月 20 日前各部门达成一致意见，并于 T 年 1 月 2 日前形成终稿。德国按照欧盟规定的时间节点（T 年 1 月 15 日）提交报告，T 年 3 月 15 日反馈修改后的清单报告并于 4 月 15 日提交给《公约》秘书处接受清单审评。

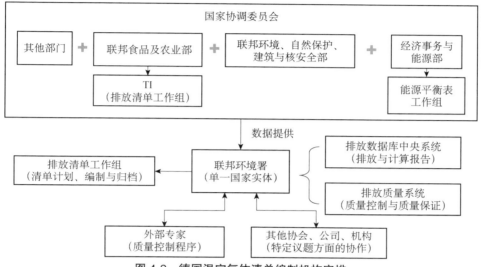

图 4-2　德国温室气体清单编制机构安排

（3）清单编制方法及数据来源

欧盟各成员国温室气体清单采用的编制方法基本一致。在国家层级的温室气体清单中，芬兰、希腊等严格遵循 IPCC 方法学编制国家温室气体清单，意大利、葡萄牙、法国等采用 EMEP/EEA 指导方法[①]进行温室气体清单编制，并按照《公约》秘书处要求的 IPCC 格式提交给欧盟委员会，奥地利和比利时等国综合采用 EMEP/EEA 和 IPCC 方法组合估算国家温室气体的排放和吸收量。目前，欧盟各成员国温室气体清单涉及能源、IPPU、农业、LULUCF 以及废弃物五大领域，报告的气体种类包括 CO_2、CH_4、N_2O、PFCs、HFCs、SF_6 和 NF_3 7 类温室气体及 CO、NO_x、NMVOCs 和 SO_2 等温室气体前体物。其

---

①　欧洲环境署为 SO_2、NO_x 等大气污染物的清单编制制定了《EMEP/CORINAIR 大气污染物排放清单指导手册》（EMEP，European Monitoring and Evaluation Programme）。在此基础上，欧洲环境署于 1990 年将覆盖的物质扩展为 CO_2、N_2O 和 CH_4 等温室气体。1993 年，EMEP/EEA 大气污染物排放清单指南生效，随后 EEA 对其不断进行更新。与 IPCC 方法学类似，EMEP/EEA 方法学包括三个层级（Tier）的方法：层级 1 假设活动水平和排放因子间是线性关系，可采用典型或平均情况下的数据估算排放因子。相较于层级 1，层级 2 则更复杂，排放因子需要考虑燃料质量、工业技术等。层级 3 则是三个层级中最复杂的方法，可采用设施层级的活动水平数据，结合复杂的排放因子模型计算，如道路交通的 COPERT 等。此外，EMEP/EEA 还提供了适用于欧洲地区的排放因子缺省值，排放因子数据的主要来源包括实验室测量、公开的期刊文献、设施层级排放数据和美国国家环境保护局等国际排放因子数据库（EEA，2019）。

中，清单编制所需的数据来源于官方统计数据和欧盟排放交易体系（European Union Emissions Trading System，EU ETS）。自 2005 年欧盟开展碳排放交易试点工作以来，EU ETS 现已覆盖欧盟所有成员国及冰岛、挪威和列支敦士登，纳入了电力热力、钢铁、炼油等能源密集型工业 CO_2 排放，硝酸、己二酸和乙醛酸生产过程中的 N_2O 排放，铝生产中 PFCs 排放和欧洲经济区内航空领域的 CO_2 排放等。截至 2021 年，已有超 1 万个电力和制造业的固定源设施纳入 EU ETS，上述设施温室气体排放量约占欧盟排放总量的 40%左右[①]。在国家温室气体清单编制过程中，各成员国清单排放源的活动水平数据收集、本国特征排放因子确定以及质量保证均充分应用了碳交易设施级别的数据。部分成员国的某些排放源还直接采用设施层级排放报告加总数据。EMEP/EEA 指导方法也提供了适用于欧盟地区的排放因子缺省值，德国、西班牙等国家在清单编制中予以采用（EEA，2021）。

除上述"自下而上"的方法外，英国利用观测得到的大气温室气体浓度反演排放量用于清单校核。英国气象局联合布里斯托大学利用多站点观测 CH_4、N_2O 和 14 类含氟气体的浓度，估算了上述温室气体 1990 年至滞后两年的排放量。根据英国相关报告，CH_4 和 N_2O 由于受到自然源干扰等因素，反演结果具有较大的不确定性。通过示踪—比率法对含氟气体进行浓度反演并与核算结果对比发现，四氟乙烷（HFC-134a）的反演和核算结果虽然在趋势上保持较高的一致性，但反演排放量明显高于核算结果 40%左右（Department for Business，et al.，2021）。

（4）初步核算

与覆盖全领域的 $T-2$ 年度国家温室气体清单不同，欧盟 $T-1$ 年度的初步清单涵盖的领域为能源活动、IPPU、农业、废弃物领域，不包括 LULUCF 领域的排放和吸收[②]，但由于农业和废弃物领域初步清单直接采用 $T-2$ 年度国家温室气体清单结果，因此实际上仅能源和 IPPU 两个领域开展了 $T-1$ 初步清单核算。核算的气体为 CO_2、CH_4、N_2O、HFCs、PFCs、SF_6 和 NF_3 7 类温室气体。根据《监测机制条例》，每年 7 月 31 日之前，各成员国确定本国估算方

---

① 数据来源：https://ec.europa.eu/clima/eu-action/eu-emissions-trading-system-eu-ets_en。
② 参照前述法律法规及其过渡条款规定，自 2021 年起（报送 2019 年温室气体清单起），补充条例［regulation（EU）/2020/1044 和 regulation（EU）/2020/1208］明确将 LULUCF 的估算值纳入 $T-1$ 年度的初步清单。

法，按照欧盟提供的通用报表格式向欧盟提交 $T-1$ 年度的清单报告初稿，而欧盟的温室气体清单报告初稿在此基础上汇总而成，并于每年 9 月 30 日之前向社会发布。如成员国未提供 $T-1$ 年度初步清单，则将由 EEA 估算该国数据。$T-1$ 年度能源活动和 IPPU 排放的核算采用简化的方法，计算的基本原理为通过 $T-2$ 年不同行业 j 和不同燃料品种 i 的活动水平和排放量及 $T-1$ 年不同行业 j 和不同燃料品种 i 的活动水平数据进行匡算，计算如式（4-1）所示：

$$排放量_{i,j,2T-1} = 排放量_{i,j,2T-2} \times \left(\frac{活动水平_{i,j,2T-1}}{活动水平_{i,j,2T-2}} \% \right) \tag{4-1}$$

数据来源包括每年 5 月初欧洲统计局的 $T-1$ 年和 $T-2$ 年的不同品种月度欧盟能源消费量、7 月欧盟委员会气候行动总司的 $T-1$ 年欧盟碳交易数据（EEA et al.，2020；Eurostat，2020）。除上述 IPCC 分类外，欧盟还按照国民经济行业分类（NACE）口径，发布欧盟及其成员国的温室气体清单。2021 年 11 月，欧洲统计局首次发布了以经济行业分类的滞后两个季度（$Q-2$）的季度温室气体排放数据及其自 2010 年以来的变化，主要包括制造业和建筑业、电力供应、农业、居民运输、居民取暖和其他、运输服务业及其他服务业。

（5）信息化和数据发布

在碳核算数据信息化方面，为解决温室气体排放与吸收数据的计算和数据管理等问题，德国、英国、奥地利、匈牙利和荷兰等国家均采用温室气体清单信息系统进行清单的编制和数据管理等工作。其中，英国、奥地利、匈牙利和荷兰信息系统是单纯的数据管理型，主要功能包括清单数据存储和查询，用户包括相关决策机构和公众等。德国等国家则是综合的信息系统，包括排放计算、数据管理、质量控制、清单报告生成等多项功能。其中计算方法还可根据清单方法的更新、数据来源的变化等进行灵活调整，用户包括清单编制机构、决策机构和公众等（马翠梅等，2016）。此外，在数据公开方面，欧盟在其官方网站上公布了 1990 年至最新年份的历年温室气体清单报告和两年更新报、气候行动进展报告和相关法律文件等。EEA 官网向公众开放展示和查询欧盟各国不同温室气体、不同数据指标下的排放和吸收情况。

4.1.2 美国

美国国家层面的碳核算包括国家温室气体清单（分为 IPCC 清单部门和经济部门两种分类）和能源相关排放的初步核算两类。经过多年发展，在工作机制、数据收集、QA/QC、结果提交和数据发布等方面，美国已经形成了一套常态化工作模式。

（1）法律保障和工作机制

2007 年，美国最高法院判决认定 CO_2 和其他温室气体属于大气污染物，因此美国国家环境保护局（US Environmental Protection Agency, US EPA，以下简称 EPA）有权依据《清洁空气法》管控温室气体，这为美国开展所有的温室气体排放控制行动奠定了法律基础。

在国家温室气体清单编制组织机构安排方面，美国由 EPA 牵头负责，林务局等多部门机构参与并提供数据支撑。EPA 设有专门的清单办公室，对内组织协调确定清单方法、数据收集、排放和吸收计算、报告编写、文件存档、QA/QC、清单改进计划制订等，对外作为国家温室气体清单的联系单位和美国国务院一起向《公约》秘书处提交清单报告、接受国际审评。EPA 与其他政府部门、研究机构、行业协会、咨询机构以及环境组织等 30 多个机构建立了稳定的合作关系，除林务局、国家海洋和大气管理局、联邦航空局和国防部参与清单计算外，其他部门和机构主要提供清单编制的基础统计数据（图 4-3）。总体来说，美国已形成各部门分工明确、数据收集高效流畅的工作模式。

在年度清单编制的时间安排上，每年 5—9 月是清单规划阶段，编制机构对方法学进行评估，对需要更新的排放因子等参数进行分析，研究确定新一轮清单编制的方法学并开展数据收集。10 月至次年 2 月为清单编制阶段，在计算排放和吸收量、估算不确定性等基础上形成国家温室气体清单报告初稿。根据《公约》要求，每年 4 月美国正式提交最终版清单报告。此外，在国家温室气体清单编制中，美国还借助国家温室气体清单信息系统进行清单编制中文档的管理工作（马翠梅等，2016）。

（2）清单编制方法及数据来源

美国按照《公约》相关发达国家清单报告的决议要求，采用《IPCC2006 指南》以及湿地等增补指南编制国家温室气体清单。与欧盟一样，美国国家温

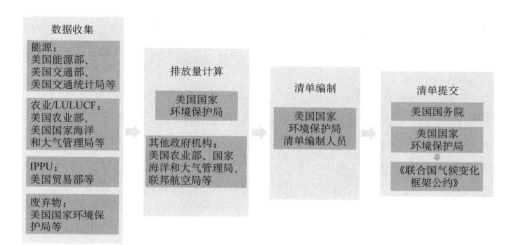

图 4-3　美国温室气体清单编制机构安排

室气体清单包括能源活动、IPPU、农业、LULUCF 和废弃物 5 个领域，报告的气体种类包括必须上报的 7 种温室气体（CO_2、CH_4、N_2O、HFCs、PFCs、SF_6、NF_3）及温室气体前体物（CO、NO_x、NMVOCs 和 SO_2 等）。

　　清单基础数据主要来自各部门的官方基础统计和 EPA 的温室气体强制报告制度（Greenhouse Gas Reporting Program，GHGRP）。官方基础统计数据来源部门包括美国能源部、农业部、交通部等 30 多个政府部门和行业协会。GHGRP 是一项强制性的、"自下而上"的设施层级温室气体排放数据报告制度。从 2010 年开始实施，目前已成为美国国家温室气体清单编制的一个重要数据来源，主要覆盖能源、IPPU、废弃物等领域下 41 个子类别。该制度要求美国联邦境内温室气体排放量超过 2.5 万 t CO_2 当量的重点设施每年向 EPA 报告其温室气体排放数据。每年 9 月，EPA 发布上一年度的 GHGRP 相关报告数据。根据最新发布的 GHGRP 数据，2020 年共有超过 8 000 个设施（包括直接排放设施和供应商）向美国国家环境保护局报告了 2019 年排放数据，直接排放设施报告的总排放量为 26 亿 t CO_2 当量。2019 年直接排放设施排放量占当年美国国家清单排放量的 43.4%，直接排放设施和供应商报告的温室气体排放总量约为美国总排放量的 85%～90%[①]。特别值得说明的是，在清单编制过程

---

　　① 因根据《联合国气候变化框架公约》相关决议要求，美国按照滞后两年的频率提交国家温室气体清单报告，截至目前最新年份的报告是 2019 年，排放量是 65.58 亿 t CO_2 当量。

中，对于涉及商业秘密的单个企业或设施信息，为避免信息泄露，EPA 制定了一套完善的保密程序，使个体信息进行加总后既符合保密要求，又能满足温室气体分析需求。

此外，由于美国国内开展温室气体排放控制的行动部门与 IPCC 部门分类不完全一致，为进一步支撑国内行动，在 IPCC 部门分类基础上，美国国家温室气体清单报告还给出了辅以电力零售量等信息重组后以经济部门为分类的清单结果，分类由 IPCC 下的能源活动、IPPU、农业和废弃物调整为住宅、商业、工业、交通、电力和农业。重组后的经济部门分类清单和 IPCC 分类清单之间的差异主要体现在部门分类上（如电力生产排放被分配到经济部门电力终端消费行业），但温室气体的排放和吸收总量上并无差别。重组后的清单分类方式更便于理解，同时满足各政府部门的决策需求，可以对应政府职能部门开展控制温室气体排放行动（EPA，2021）。

（3）QA/QC

在清单 QA/QC 方面，2002 年 EPA 发布了《QA/QC 和不确定性分析程序手册》（以下简称《手册》），详细规定了清单数据和方法学的检查方式，制定了清单评审的流程，提供了对排放和吸收估算不确定性分析的指导。在数据质量控制部分，《手册》为数据质量分析员提供标准化的检查流程，分排放源的质控检查表和全流程的操作记录模板，提高了数据质量控制工作的规范性。在数据质量保证方面，EPA 规定要通过召开专家讨论会等方式听取建议并完善初稿。通过专家评审的清单报告还需经过 30 天的网上公示，征求公众意见。《手册》规范了专家和公众评审两种方式的流程并提供记录模板。经公示和修改后的国家温室气体清单报告经美国国务院批准后最终提交给《公约》秘书处。这一工作模式对提高清单数据和方法的透明度、保持清单编制过程的公开性起到了较好的作用。

（4）数据发布

在国家温室气体清单数据公布方面，EPA 在其官网上设置了单独的国家温室气体清单专栏，具体由国家温室气体清单的背景、最新年份清单的概述、清单数据和相关链接 4 个部分组成。同时公开历年报告的下载链接，为公众提供了较为全面详细的信息。为加强清单数据展示，EPA 开发了交互式的温室气体清单数据浏览器，综合所有年份清单报告内容，为访客提供分部门、气体种类、年份区间的国家温室气体排放查询功能，查询结果以图表为主，能够提供清晰、完整、可比的排放和吸收信息。为满足不同数据的使用需求，EPA 还通过多种形式发布数据。EPA 官网下设有的国家层级数据摘要栏（Hightlights）提供高度概括的行业分析报告，Envirofacts 网站提供全部非保密数据、定制化下载服务。设施层级温室气体工具网站（Facility Level Information on GHGs Tool，Flight，https://ghgdata.epa.gov/ghgp/main.do）提供了基于空间分布，分设施类别、燃料品种的可视化温室气体信息快速查询功能。这些数据服务于政策规划和评估、温室气体项目开发、提高能效和防治污染等领域，并满足公众信息查询的需求（刘保晓等，2015）。

（5）初步核算

由于能源相关的 CO_2 排放占比大[①]，数据统计基础较好，为弥补清单时效性的不足，美国还开展了能源相关 CO_2 的快速核算。能源相关快速核算主要由美国能源部下属的能源信息署（Energy Information Administration，EIA）负责。EIA 借助其强制性和自愿性能源调查制度，基于煤炭、石油、天然气等能源消费统计数据，计算了滞后一年（$T-1$）的年度和滞后三个月（$M-3$）的月度能源活动相关的 CO_2 排放。快速核算范围基本与美国国家温室气体清单中燃料燃烧 CO_2 排放相对应。由于统计口径不同，快速核算比美国温室气体清单覆盖的地理边界范围小[②]。另外，快速核算的排放因子更新与国家温室气体清单也不同步，因此核算结果与美国国家温室气体清单有一定的差异。此外，结合 EIA 常规开展的短期能源展望等工作，EIA 还提供了未来一年（$T+1$）能源相关 CO_2 的排放预测。总体而言，能源相关快速碳核算具有高频更新的优势，结合短期排放预测可为政府了解短期能源排放量、开展形势分析以及排放控制起到较好的支撑作用（EIA，2021）。在碳排放快速核算数据发布方面，EIA 在其《月度能源评论》《短期能源展望》《年度能源展望》等报告中设置单独章节，将快速核算结果作为能源报告的一部分进行发布。同时，EIA 也在其网站的环境专题公布最新能源相关 CO_2 快速核算和未来预测结果，并提供可视化的数据展示。

[①]　根据 2021 年美国国家温室气体清单报告，2019 年能源相关的 CO_2 排放占温室气体清单总排放的 77.5%（EPA，2021）。

[②]　快速核算的地理覆盖范围缺少波多黎各、关岛、美属维京群岛、美属萨摩亚、约翰斯顿环礁、中途岛、维克岛和北马里亚纳群岛等。

4.1.3 澳大利亚

澳大利亚国家碳核算包括基于生产端和消费端滞后两年（T-2）的国家温室气体清单，基于生产端和消费端滞后一季度（Q-1）的国家温室气体清单，以及按照经济部门划分的滞后两年（T-2）的国家温室气体清单。在数据信息化方面，澳大利亚是较早利用信息系统编制清单的国家，目前信息系统已实现清单数据存储、排放量和吸收量计算、质量控制和报告生成等功能，大幅提升了清单编制效率和数据质量。

（1）工作机制及数据来源

澳大利亚国家温室气体清单由政府部门直接编制。自 2019 年政府机构改革后，清单编制由工业、科学、能源和资源部（Department of Industry, Science, Energy and Resources, DISER）负责，下设专门的国家清单和国际报告部门，有十余人专职从事年度清单编制工作。DISER 的日常任务包括清单活动水平数据的协调、温室气体排放和吸收量的计算、质量控制及向《公约》秘书处提交报告等。澳大利亚系统准则 19/CMP.1 号决议附件 10（b）和 3/CMP 号决议均提出要及时且高质量地开展温室气体清单编制，为此，澳大利亚投入了大量财政和人力资源，鼓励相关工作人员参加《公约》专家技术能力的培训，根据需要聘用专家顾问。经过多年的工作积累，澳大利亚在清单编制和信息化方面形成了一套完备的体系。在数据收集方面，澳大利亚在 2007 年颁布了《国家温室气体和能源数据报告法案》，在此基础上建立了强制性国家温室气体和能源消费报告制度的法律框架体系，明确提出符合上报条件的能源工业、IPPU 和废弃物领域企业必须上报设施水平的数据。通过国家温室气体和能源报告系统（National Greenhouse and Energy Reporting System, NGER）收集的活动水平数据、排放因子或直接监测数据用于支持国家温室气体清单的编制。澳大利亚能源、IPPU、农业、废弃物和 LULUCF 5 个清单领域也已通过合作备忘录等方式建立起稳定及时的数据传输渠道。例如，化石燃料燃烧基础数据来自 NGER 系统、DISER 以及澳大利亚统计局，每年各机构会定期向清单编制机构提供基础数据。数据收集完成后，清单编制人员对基础数据进行线下分析和处理，主要是对数据进行格式化和标准化处理，使得这些数据能够直接导入信息系统。在清单编制信息化方面，DISER 通过两套数据信息系统实现数据输入、排放计算和相关辅助功能。其一是 LULUCF 领域的碳核算模型 FullCAM（Full Carbon Accounting Model），另一个为计算除 LULUCF 外的其他领域的温室清单信息系统 AGEIS（Australian Greenhouse Emissions Information System）。AGEIS 系统和德国的温室气体清单系统类似，是一套综合化、高透明度的信息系统，可实现能源、IPPU、农业和废弃物 4 个领域的数据存储、排放量计算、质量控制等多种功能。FullCAM 模型经过不断开发优化，基于 2013 年《KP–LULUCF 优良做法增补指南》，已成为一个空间明确、基于过程的生态系统模型（DISER，2021）。LULUCF 领域数据进入 FullCAM 模型计算排放量和吸收量，FullCAM 模型将 LULUCF 领域清单计算结果上传到 AGEIS 系统进行总清单的 QA/QC 分析，随后生成清单报告和 CRF 表格，至此数据分析处理完成（图 4-4）。最后，清单和报告还要通过澳大利亚温室气体清单委员会审批。同时，相关学者、行业咨询专家代表等清单数据的主要用户组成小组对清单进行审评。最终通过审评的清单报告提交给《公约》秘书处用于履约。

（2）清单编制方法

与大多数发达国家相似，按照《公约》相关发达国家清单报告的决议要求，澳大利亚采用《IPCC2006 指南》以及湿地等增补指南编制国家温室气体清单。主要计算能源活动、IPPU、农业、LULUCF 和废弃物 5 个领域，7 类温室气体（CO_2、CH_4、N_2O、HFCs、PFCs、SF_6、NF_3）及其前体物 CO、NO_x、NMVOCs 和 SO_2 等的排放和吸收量。

除国际履约要求的 1990 年至（$T-2$）时间序列国家温室气体清单外，澳大利亚还报告了以消费端核算的（$T-2$）年度国家清单、生产端和消费端（$Q-1$）季度清单，以及按经济部门划分的（$T-2$）年度国家清单。以消费端核算的清单主要包括电力、能源活动的固定源（除电力外）、交通源、逃逸、IPPU、农业、废弃物和 LULUCF。计算方法主要结合最新年度生产端国家温室气体清单和统计局人口、能源统计、月度气象数据和季度作物报告等数据估算年度和季度增长率，通过时间序列的去季节性趋势变化和归一化等处理后获得（$T-2$）年度和（$Q-1$）季度温室气体清单（DISER，2021）。其中，以消费端核算的（$T-2$）年度国家温室气体清单也体现在澳大利亚温室气体清单报告中。由于数据口径、计算方法等的不同，以消费端核算和 IPCC 分类的国家温

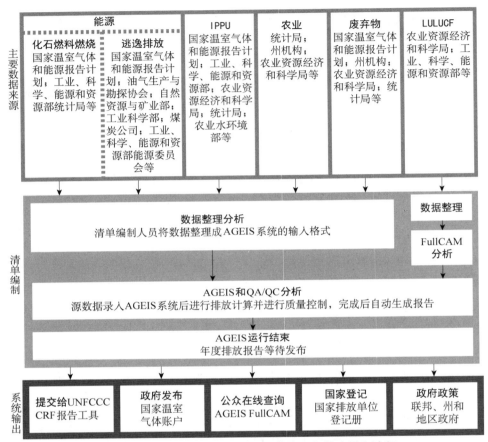

图 4-4　澳大利亚温室气体清单编制组织机构安排和流程

室气体清单之间存在一定的差异，这也在一定程度上反映了进出口贸易活动的影响。以经济部门分类的 $T-2$ 年度国家温室气体清单则在 IPCC 分类的基础上，将国家温室气体清单依照《澳大利亚及新西兰标准行业分类》拆分为农林渔矿、制造业、电气水、废弃物处理、建筑运输服务业和住宅六类报告，该分类方式便于政府部门对应经济部门来源进行管理。

（3）信息化和数据发布

如前文提到的，澳大利亚较早采用信息化的手段进行清单编制，目前从线下处理后的基础数据输入开始，包括排放量计算、清单报告的编写和 CRF 表格生成、清单数据的发布以及公众查询的实现等均在信息系统中完成。AGEIS

系统提供了 1990 年至（T-2）年度多行业、多燃料品种、多气体种类的温室气体可视化数据（https://ageis.climatechange.gov.au/）以供公众在线查询和使用。DISER 也在官网公布了 1990 年至（T-2）年度的 IPCC 分类标准和《澳大利亚及新西兰标准行业分类》的国家温室气体清单，2009 年至（Q-1）季度温室气体清单等相关可视化数据。

4.1.4　日本

在日本，国家层面的碳核算包括 IPCC 方法学下的滞后两个财政年[①]（T-2）的国家温室气体清单和滞后一个财政年（T-1）的清单初步估算。此外，为提高亚洲发展中国家温室气体清单编制能力，加强清单编制专家之间的沟通交流，自 2003 年起日本连续数年举办亚洲温室气体清单研讨会（Workshop on Greenhouse Gas Inventories in Asia，WGIA），此举大大提升了日本在亚洲区域相关方面的影响力。

（1）法律保障和工作机制

日本于 1998 年制定并通过的《全球气候变暖对策推进法》是世界上首部专门的应对气候变化的法律。该法第 9 条明确提出了报告制度，要求政府每年必须向国会提出有关全球变暖情况及政府采取的应对全球变暖的相关报告。该法为日本开展国家层面的碳核算以及国际履约奠定了坚实的法律基础。

日本环境厅是日本国家温室气体清单的单一国家实体，对内负责组织和协调国家温室气体清单编制，对外负责提交报告和接受国际审评，具体工作由全球环境局下设的低碳社会推进办公室负责。同时，为有效支撑国家清单的编制，在日本国立环境研究所（National Institute for Environmental Studies，NIES）的全球环境研究中心（Center for Global Environmental Research，CGER）下设立了日本温室气体清单办公室（Greenhouse Gas Inventory Office of Japan，GIO）。清单办公室负责实际的清单编制工作，包括排放和吸收的计算、一般通用报表与国家清单报告的准备等。相关政府部门和机构也承担一定的任务，包括向清单办公室提供数据，核查清单中相关数据，以及视需要回复国际审评专家的问题和接待到访专家，咨询公司与清单办公室签订合同负责清单质量控

---

① 日本财政年定义为 4 月 1 日至次年 3 月 31 日。

制相关的工作。另外，日本还设立了温室气体清单编制方法委员会和温室气体清单质量保证工作组。方法委员会根据日本环境厅的要求评估清单编制所用的方法、活动水平数据、排放因子和各领域清单的交叉问题，并向日本环境厅提出改进建议。质量保证工作组由不直接参与清单编制的外部专家组成，主要是为了确保清单编制质量，通过对清单源和汇的审查向清单办公室提出需要改进的建议，如图 4-5 所示（MOE et al.，2021）。

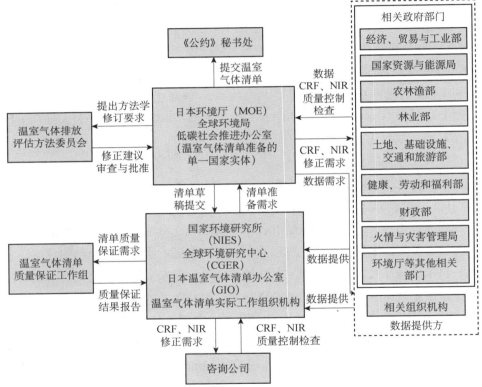

图 4-5　日本温室气体清单编制机构安排

（2）清单编制和国际合作

除按照《公约》相关决议要求报告 1990 年至（T–2）年度温室气体清单外，清单办公室还计算了（T–1）年度的温室气体排放情况。估算数据主要来源于（T–1）年度统计数据，对于（T–1）年数据尚未发布的排放源，则由（T–2）年数据代替。初步估算的气体种类包括 CO_2、CH_4、N_2O、HFCs、PFCs、

SF_6、NF_3 共 7 类温室气体，不包括森林和其他碳汇的清除量。国家温室气体清单报告和初步估算清单数据均公布在清单办公室官网（https://www.nies.go.jp/gio/en/index.html）以供公众查询使用。

此外，为了提高亚洲地区温室气体清单质量，在日本环境厅的支持下，自 2003 年起日本清单办公室举办亚洲温室气体清单研讨会，为亚洲发展中国家提供分享、交流国家温室气体清单编制相关信息和经验的平台。研讨会的参与者包括从事温室气体清单编制工作的研究人员、政府官员以及相关国际组织专家。历年研讨会的相关报告也分享在清单办公室官网上供公众下载参考。

4.2 发展中国家

4.2.1 中国

作为《公约》非附件一缔约方，和大多数发展中国家类似，中国根据《公约》相关决议要求和规定，在获得资金、技术和能力建设支持的情况下需要提交国家信息通报和两年更新报告，其中包括国家温室气体清单。与发达国家不同的是，目前发展中国家温室气体清单不要求单独报告，即不需要提交格式严谨、内容翔实、基础数据详尽的国家温室气体清单报告，而是将清单摘要信息作为单独一章在国家信息通报和两年更新报告中体现，并自主选择是否将完整的清单报告作为附件报告。目前，在全球环境基金（Global Environment Facility，GEF）的支持下，中国已经提交了 3 次国家信息通报和 2 次两年更新报告，其中包括 1994 年、2005 年、2010 年、2012 年和 2014 年共 5 个年度的国家温室气体清单。最新国家清单覆盖大陆地区的能源活动、IPPU、农业活动、LULUCF 和废弃物处理 5 个领域的排放和吸收，包含 CO_2、N_2O、CH_4、HFCs、PFCs 及 SF_6 共 6 种温室气体。香港和澳门清单分别由特区政府自行编制，在国家履约报告中作为单独章节报告，未报告台湾地区排放和吸收情况。

此外，我国从自身实际出发向国际社会承诺的一个关键指标为单位国内生产总值 CO_2 排放（以下简称碳强度）下降目标。2009 年 11 月 25 日的国务院常务会议决定，到 2020 年我国碳强度比 2005 年下降 40%～45%，自"十二五"时期起，碳强度降低率成为国民经济和社会发展规划纲要中的一项约束性指标。为了弥补国家清单时效性不足的问题，有效支撑目标进展评估、形势分析等工作，我国从"十二五"时期开展了上年度及季度的碳强度下降核算，该核算范围仅包括能源活动的 CO_2 排放，并自 2017 年起发布于国民经济和社会发展统计公报。

（1）清单编制工作机制

我国政府高度重视气候变化国际履约工作，在前几次履约的基础上初步形成了国家应对气候变化主管部门牵头、国家统计局等相关政府机构和行业协会参与、多家研究机构具体编制的工作模式。2018 年之前，国家温室气体清单的牵头部门为国家发展改革委，机构改革后相关职能转入生态环境部，牵头部门主要负责国家清单的组织和协调等相关工作。在 GEF 资金的支持下，国家清单的牵头部门设立或委托设立专门的项目管理办公室（项目办），由项目办通过公开招投标方式确定各领域清单的承担单位。第三次国家信息通报各领域清单编制的牵头机构分别为：能源活动——国家应对气候变化战略研究和国际合作中心（以下简称国家气候战略中心）[①]；IPPU——清华大学；农业活动中的农田排放—中国科学院大气物理所，农业活动中的畜牧业排放——中国农业科学院农业环境与可持续发展研究所；废弃物处理——中国环境科学研究院大气环境所；LULUCF——中国林业科学研究院森林生态环境与保护研究所。除上述牵头机构外，还有大量的研究机构参与，如国家发展改革委能源研究所等。分领域清单编制完成后，国家气候战略中心协助主管部门汇总形成总清单，经专家评审、部门征求意见后上报国务院，之后提交给《公约》秘书处（图 4-6）。

（2）清单编制方法和数据来源

我国作为发展中国家，按照《公约》关于非附件一国家相关决议的要求，我国清单编制主要遵循《IPCC1996 指南》《IPCC 优良做法指南》以及《IPCC-LULUCF 优良做法指南》，并部分参考了《IPCC2006 指南》。

国家清单编制的活动水平数据主要来自国家统计局、国家能源局、国家林草局、中国民用航空局、中国铁路总公司等相关政府部门和单位。为推动建立常态化的数据收集机制，2013 年我国印发了《关于开展应对气候变化统计工作的通知》，研究制定了《应对气候变化部门统计报表制度（试行）》和《政府

---

① 国家应对气候变化战略研究和国际合作中心：National Center for Climate Change Strategy and International Cooperation（NCSC）。

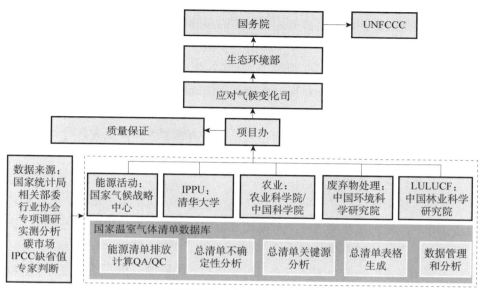

图 4-6　我国国家温室气体清单编制的组织机构

综合统计系统应对气候变化统计数据需求表》。随着国家清单编制的发展，所需的基础统计数据也在不断变化，2020 年，我国对应对气候变化统计报表制度又进行了修订。排放因子主要通过清单编制机构及其他有关单位开展的专项调研、统计和测试分析等获取，对于非关键排放源采用了 IPCC 缺省因子。

随着全国碳市场建设的稳步推进，火电、石化、化工、建材、钢铁、有色、造纸和航空八大行业设施层级实测数据逐步增多、排放数据质量逐步提升，参考美国、欧盟和澳大利亚等经验，企业层级的排放报告也将逐步运用于国家温室气体清单编制或者相关的 QA/QC 过程中。此外，生态环境部于 2021 年启动碳监测试点工作，选取了火电、钢铁、煤炭开采、油气开采以及废弃物处理 5 个重点行业，上海、丽水等 16 个重点城市和长三角及京津冀等重点区域开展试点，探索使用监测方法获取本地化排放因子，支撑、检验排放量核算，以及探索"自上而下"的碳排放量反演方法，为碳排放量核算结果提供校验参考（生态环境部，2021）。

（3）初步核算

除国家温室气体清单外，为更好地支撑我国自主贡献承诺以及国内低碳发展目标等的进展评估，及时做好相关工作的预测预警，我国还开展了上年度及上季度的能源活动相关碳强度下降率的初步核算。核算方法为根据全国能耗总量、煤油气结构以及 GDP 增速等，结合最新年度的国家温室气体清单煤油气综合排放因子，计算得出上年度及季度能源活动相关碳强度下降率。与国家温室气体清单编制相比，能源活动 CO_2 排放的初步核算数据颗粒度较粗，无法细化到具体的部门和行业，准确性也低于国家清单要求，但优点是时效性强，可为政府了解短期能源活动 CO_2 排放情况以及政策制定提供支撑。

（4）信息化和数据发布

在信息化和数据公开方面，结合其他国家温室气体清单数据信息系统的经验，在之前几轮国家温室气体清单编制过程中，国家气候战略中心还建立了国家温室气体清单信息及排放数据综合管理平台。其中，国家温室气体清单系统包括各领域温室气体清单编制方法、质量控制、关键源分析、不确定性分析以及清单数据管理、查询和分析功能。平台用户主要包括决策机构、清单编制机构等。在数据发布方面，信息通报和两年更新报提交给《公约》秘书处后，应对气候变化主管部门还会在其官网上对外公开相关内容。自 2017 年起，年度全国碳强度下降率结果发布于国民经济和社会发展统计公报，此外还会不定期以新闻发布会形式公布相较于自主贡献基年（2005 年）的全国碳强度下降率结果。

4.2.2　其他发展中国家

由于发展中国家基础能力相对薄弱，根据《公约》有关决议，GEF 需向非附件一缔约方提供履约报告编写和清单编制的资金支持。然而，资金申请、批复以及到账的时间周期较长，因此，发展中国家报告频率相对较低。截至 2022 年 3 月，共有 81 个《公约》非附件一缔约方报告了国家温室气体清单，清单数据年份参差不齐。相比发达国家提交的结构一致、数据翔实的国家温室气体清单报告，发展中国家目前提交的清单时效性较差，内容相对粗略简单，方式也较为灵活。此外，《公约》现行规则对发展中国家的信息通报没有任何形式的审评要求，对两年更新报虽然提出了国际磋商和分析（International Consultation and Analysis，ICA）要求，但旨在促进发展中国家报告透明度和提高能力建设，相比于发达国家严苛的审评，ICA 的环节、方式和产出均更为灵活和宽松（马翠梅等，2017）。与发达国家相比，绝大部分发展中国家的清单编制还停留在项目制的组织方式上，尚未像发达国家一样建立一整套完善、稳定和高效的清单编制工作机制，此外还面临着资金、人员和政府间协调等多方面挑战。但发展中国家在完成现有的清单编制和履行报告义务时，仍有一些好的做法值得参考借鉴。

（1）法律保障

2009 年，巴西出台了《气候变化国家政策法》（Law No. 12，187/2009），该法确立了巴西应对气候变化的法律框架。2010 年，巴西继续出台相关法规，明确自 2012 年开始，每年编制并适当发布国家温室气体排放清单（Decree No. 7390/2010 第 11 条）。根据该法，巴西建立了专门工作组，负责编制清单、开发方法学和预测温室气体清单信息。2019 年 11 月，巴西出台了第 10145 号法令，确立了新的气候治理框架，明确了气候变化部际委员会的职能，确定该委员会由巴西总统办公厅主任担任委员会主席，外交部、经济部、畜牧业和食品供应部、区域发展部、矿业和能源部、科学技术和创新部、环境部、基础设施部等部委的部长担任委员。菲律宾于 2009 年通过了气候变化立法，并于 2014 年年底通过了 174 号政府行政命令，建立了国家温室气体清单管理和报告制度，对温室气体清单数据的收集、整理、存档和报送作出规定，也确定了各部门的职责和权限。

（2）工作机制和数据来源

为了有效组织和推动国家温室气体清单编制工作，南非、巴西、印度、菲律宾等国建立了相对稳定的机构，明确了清单编制主管部门、相关政府部门、总清单的技术支持单位、各领域清单编制机构和数据提供部门等的职责和义务，从一定程度上保证了清单编制工作的稳定性，也有利于清单信息的归档管理。

巴西科学、技术和创新部（MCTI）负责协调国家温室气体清单编制，具体清单编制工作由 MCTI 下设的气候科学与可持续发展总协调部（CGCL）负责（MCTI，2021）。此外，MCTI 还建立了巴西全球气候变化研究网络（Rede CLIMA），负责从相关大学、研究机构、企业等收集活动水平数据和本地化排放因子（图 4-7）。

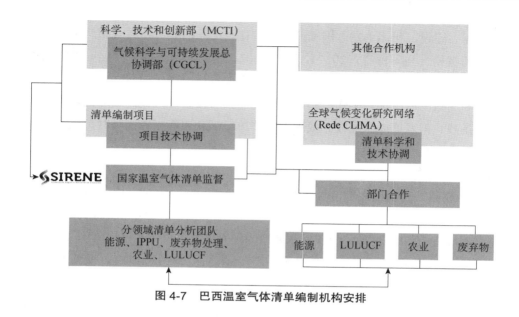

图 4-7　巴西温室气体清单编制机构安排

　　印度未出台专门的气候变化法或保障清单编制和国家报告的相关制度，但在其环境、森林和气候变化部（Ministry of Environment，Forest and Climate Change，MoEFCC）下设指导委员会和国家项目主管，并在部内设置专门的国家信息通报办公室。指导委员会相当于部委工作组，成员单位包括各相关部门，指导委员会定期组织召开会议，讨论数据获取和交叉验证等问题。国家信息通报办公室的主要职能是清单汇总和国家信息通报、两年更新报告的汇总和撰写，人员编制为 6～7 人。其技术层面的清单编制工作模式与我国类似，将不同领域清单编制工作交给技术团队负责，国家信息通报和两年更新报告中的部分信息也由研究机构提供。最新履约报告显示，印度共计 17 家单位参与国家温室气体清单编制和报告的撰写，详见表 4-1（MoEFCC，2021）。

　　尽管南非在 2017 年提交的国家温室气体清单报告中指出，目前仍然缺乏相关的法律保障，也无明确的制度安排，但其温室气体清单编制、发布和提交均由其林业、渔业和环境部（Department of Forestry，Fisheries and the Environment，DFFE）负责。其中，DFFE 负责能源、IPPU 和废弃物领域清单数据的收集、清单编制和质量控制，农业、林业和其他土地利用则由 Gondwana Environmental Solutions（GES）承担，同时 GES 还承担各领域清单汇总和报告初稿编写工作。在清单数据的收集上，南非以谅解备忘录的形式确定了与部

表 4-1　印度参与清单编制与报告编写的机构一览

温室气体清单编制	能源活动	印度管理研究所（IIM-A）	减缓行动	印度管理研究所（IIM-A）
		中央采矿与燃料研究所（CIMFR）		印度林业研究和教育委员会（ICFRE）
		中央道路研究所（CRRI）		能源与资源研究所（TERI）
		印度石油研究所（IIP）		国家物理实验室（NPL）
	工业和废弃物	印度工业联合会（CII）		印度科学研究所（IISc）
		国家环境工程研究所（NEERI）		能效服务有限公司（EESL）
		国家物理实验室（NPL）		中央旱地农业研究所（CRIDA）
	农业	国家奶制品研究所（NDRI）	国情	印度行动与发展综合研究所（IRADe）
		印度农业研究所（IARI）	差距和障碍	印度科学研究所（IISc）
	林业	印度森林调查（FSI）		印度林业研究和教育委员会（ICFRE）
		国家遥感中心（NRSC）		中央旱地农业研究所（CRIDA）
		印度科学研究所（IISc）		印度管理研究所（IIM-A）

分企业和政府部门间提供数据和资料的责任义务（DEA，2019）。

（3）信息化和数据发布

南非于 2016 年 2 月着手开发国家温室气体清单管理系统（National GHG Inventory Management System，NGHGIS），并在 2017 年年度国家温室气体清单编制过程中第一次全面采用 NGHGIS。2016 年 6 月，泰国自然资源和环境政策与规划办公室（Office of Natural Resources and Environmental Policy and Planning，ONEP）等和澳大利亚环境能源部签署了关于清单数据库系统开发的谅解备忘录，在澳大利亚环境能源部的资金和人员支持下开发了泰国温室气体排放清单系统（Thailand Greenhouse Gas Emission Inventory System，TGEIS）。目前，TGEIS 基于 IPCC 方法学，实现了能源、交通、IPPU、农业、LULUCF、废弃物和其他部门领域的清单计算、质量控制、文件存档、数据查询、图表自动生成及可视化和清单报告工具等功能，并在气候变化管理和协调官网（https://climate.onep.go.th/th/topic/database/ghg-inventory/）上公开展示 2000 年至最新年度的分行业、分气体的可视化图表。此外，巴西开发了一套电子表格系统对清单及其相关数据文件进行存档，巴西排放登记系统（National Emissions Registry System，SIRENE）则公开发布不同年份分行业、分气体种类的清单结果（https://www.gov.br/mcti/pt-br/acompanhe-o-mcti/sirene）。印度也已开发了国家清单管理系统（National Inventory Management System，NIMS），并在不断完善系统功能。

4.3 小结

在《公约》透明度框架下，所有国家都需要定期提交国家温室气体清单，并有义务接受国际审评或国际磋商和分析。其中发达国家和发展中国家在履行义务的内容和频次、接受审评的形式和严苛程度上有显著的差异。经过 20 多年的探索和实践，发达国家根据自己的国情已经建立了一套和本国实际情况相适应的国家温室气体清单编制和国家报告工作机制。大部分发达国家通过立法或政府间书面协议确定权责义务，委派专人负责数据收集和报告撰写工作，实现了国家温室气体清单报告的机制化和常态化。而发展中国家在获得资金、技术和能力建设支持情况下，以项目制的组织方式，不定期报告气候变化国家信息通报和两年更新报告。虽然发展中国家提交的国家温室气体清单内容相对简略、信息通报频率低、组织方式等较为灵活，但其中亦不乏值得借鉴的好做法。除此之外，美国、欧盟、澳大利亚等国家或地区为了向决策者、市场和公众提供更及时的碳排放数据信息，还会定期采用初步核算的方式估算年度、季度或月度等更高频的碳排放相关数据。以下对比分析总结了各国或地区的情况。

（1）核算范围及方法

根据《公约》的相关协议要求和规定，美国、欧盟等发达国家或地区均报告了 1990 年至（$T-2$）年度时间序列的国家温室气体清单，每年还会对以往年份清单进行回算。此外，立足于本国（地区）的管理需求和数据的可获得性，美国、欧盟和澳大利亚等国家或地区还报告了以经济部门分类的国家温室气体清单结果或（$T-1$）年度、（$Q-1$）季度、（$M-3$）月度等初步碳核算，其中部分初步碳核算口径略小于 IPCC 范围。大多数发展中国家由于资金和技术能力薄弱，在碳核算数据的时效性和连续性方面还有待改进，报告时间序列国家温室气体清单的发展中国家还不多。目前，除清单编制年份外，我国在其他年份没有官方和权威的温室气体排放和吸收数据，缺少时间序列的国家温室气体清单，仅在《中华人民共和国气候变化第三次国家信息通报》中对 2005 年的温室气体清单进行了回算。在初步碳核算中，根据决策支撑需要，我国开展了（$T-1$）年度和（$Q-1$）季度的能源活动相关 CO_2 排放初步核算，口径小于清单范围。在核算方法学方面，按照国际要求，发达国家主要参考《IPCC2006 指南》，发展中国家主要参考《IPCC1996 指南》。由于目前国家温室气体清单时效性较差，快速碳核算数据颗粒度较粗，清单方法同发达国家不完全一致等，国家级碳核算在支撑国内控制温室气体排放尤其是目前"双碳"工作方面，以及同发达国家进行横向对比分析时还有一定的改进空间。

（2）工作机制安排

美国、欧盟等发达国家或地区在履约报告编写和国家温室气体清单编制方面已形成较为成熟的工作机制。大部分发达国家通过立法或政府间书面协议确定权责义务，成立了专职的国家温室气体清单办公室，并委派专人负责数据收集和清单报告撰写等工作，实现了清单编制的机制化和常态化，能够较好地应对国际社会的清单编制和审评要求。巴西、菲律宾等发展中国家也通过立法明确了相关清单编制部门和机构的职责义务，建立了相对稳定的机构。

经过前几次履约报告的准备，我国虽然已经形成了相对较为固定的支撑机构和专家团队，但与发达国家和部分发展中国家好的做法相比，我国清单编制在数据获取的及时性和顺畅性以及总清单的统筹管理等方面还存在不足。我国历年清单报告编制均以项目制形式，通过公开招投标委托给相关研究机构，一旦清单编制机构和人员变更，就可能会影响清单编制质量，也不利于采用集中的信息系统提高清单编制效率和数据管理。另外，清单编制工作亟须各部门沟通协调、密切合作，尤其表现在清单基础数据的收集等方面。现有的以主管部门发函方式，难以保证稳定、及时地获取清单编制所需的基础数据，也难以支撑未来两年一次的报告频率和越来越严格的国际审评要求。在 QA/QC 方面，我国主要是由各领域清单编制机构各自根据指南要求开展，并通过项目进展会和验收会等方式请第三方专家审核清单报告。但从记录和存档的角度，并未要求在清单编制前制订 QA/QC 计划，并监督其执行情况。

（3）法律和资金保障

在法律法规方面，日本在应对气候变化顶层法规中要求报告相关情况，欧盟、美国和澳大利亚等发布了区域层面和/或企业设施层面强制性的碳排放数据报告规则制度，明确了各个主体的数据收集、核算和报告责任，确保了相关基础数据的全面、准确和及时，为国家碳核算奠定了坚实的法律基础。部分发展中国家（如巴西、菲律宾）通过立法确定了应对气候变化政策和报告的法律地位与责任，并依法建立工作机制和开展国家碳核算工作。我国虽然在应对气候变化相关统计、核算和考核方面建立了相关制度，但同发达国家和部分发展中国家相比，还缺少类似《应对气候变化法》的上位法从根本层面保障碳核算相关工作。

在资金保障方面，发达国家碳核算经费主要来源为政府财政，在政府预算中设有专门的预算，资金来源较为稳定及时。而发展中国家清单编制的资金来源主要为 GEF 国际资金，根据我国之前的申请经验，国际资金申请存在流程复杂、资金批复和到账时间长等问题，在很大程度上影响了国家清单编制的原定工作计划。同时，清单数据库的日常运维和管理也缺乏稳定的资金保障，无法实现定期更新维护。

（4）信息化和数据发布

美国、德国和澳大利亚等国家于 21 世纪初开发了国家温室气体清单信息系统，其中德国和澳大利亚的国家温室气体清单编制均可在信息系统中得以实现，包括输入线下处理后数据、排放量计算、清单报告的编写和通用表格生成、清单数据发布以及公众查询等一系列功能，极大地提高了清单编制效率和质量。此外，美国、欧盟和澳大利亚等国家或地区在相应主管部门的官方网站上，提供了分类别和分指标的碳排放数据，方便不同用户查询和使用。我国从第二次信息通报开始，已初步建立了国家温室气体清单数据库系统，目前基本功能同德国和澳大利亚等类似。由于受清单工作机制和资金保障等的限制，仅能源活动清单的排放计算和数据管理实现了线上处理，数据库系统在其他领域清单编制的作用尚未得到充分发挥，也缺少稳定资金进行定期维护和更新。相较于公开发布机制较为完善的美国、欧盟和澳大利亚等国家或地区，我国尚未形成常态化的碳排放数据发布机制，公众可获取碳核算相关数据信息的渠道较为分散。

2018 年，卡托维兹气候大会达成《巴黎协定》实施细则，对发展中国家温室气体清单的报告时效、内容、质量和频次等都提出了更加严格的履约要求，实施时间不晚于 2024 年。这些要求包括清单编制应全面遵循《IPCC2006 指南》，每两年提交一次连续年度的国家温室气体清单，且清单最新年份不能早于提交年前三年，应确保 2020 年后年度清单与基础年份清单数据可比，这对我国意味着每次均需对 2005 年清单进行回算。此外还对清单关键源分析、不确定性分析和完整性分析等提出了细化要求。国内"双碳"工作也亟须时效性强、数据颗粒度细、准确性高、可比性好以及透明可获取的碳排放数据。参考发达国家经验和发展中国家好的做法，建议我国在国家碳核算方法、核算和报告要求、基础统计监测数据、法律法规保障、工作机制、数据质量控制、数据公开及人员和资金保障等方面进一步强化，从而为下一步的国际履约和国内"双碳"工作提供坚实基础。

<h1 style="text-align:center">参 考 文 献</h1>

刘保晓，李靖，徐华清，2015. 美国温室气体清单编制及排放数据管理[J]. 21 世纪经济报道，18：1-3.

马翠梅，刘保晓，于胜民，等，2016. 信息系统在温室气体清单领域的应用[J]. 气候变化，38（6）：39-43.

马翠梅，王田，2017. 国家温室气体清单编制工作机制研究及建议[J]. 气候变化，39（4）：20-24.

生态环境部，2021. 关于印发《碳监测评估试点工作方案》的通知. 环办监测（2021）435 号[EB/OL]. http://www.mee.gov.cn/gkml/hbb/bgt/201211/t20121126_242675.html.

王田，高翔，马翠梅，2020. "卡托维兹"透明度谈判成果解读及我国履约机制探讨[J]. 环境保护，48（5）：32-37.

BEIS，2021. UK Greenhouse Gas Inventory 1990 to 2019：Annual Report for submission under the Framework Convention on Climate Change[R].

Department of Industry Science Energy and Resources，2021. Quarterly Update of Australia's National Greenhouse Gas Inventory：June 2021[R].

DEA，2019. South Africa's 3rd Biennial Update Report to the United Nations Framework Convention on Climate Change. Pretoria. South Africa 2019[R].

DISER，2021. National Inventory Report 2019[R].

EEA，2019. EMEP/EEA air pollutant emission inventory guidebook[EB/OL]. https://www.eea.europa.eu/publications/emep-eea-guidebook-2019.

EEA，2021. Annual European Union greenhouse gas inventory 1990—2019 and inventory report 2021[R].

EIA，Monthly Energy Review August 2021[R].

EPA，2021. Inventory of U.S. Greenhouse Gas Emissions and Sinks 1990—2019[R].

EU，2013. Regulation（EU）No 525/2013 of the european parliament and of the council of 21 May 2013 on a mechanism for monitoring and reporting greenhouse gas emissions and for reporting other information at national and Union level relevant to climate change and repealing Decision No 280/2004/EC[EB/OL]. https://eur-lex.europa.eu/legal-content/EN/TXT/?uri=CELEX：32013R0525.

EU，2014a. commission delegated regulation（EU）No 666/2014 of 12 March 2014 establishing substantive requirements for a Union inventory system and taking into account changes in the global warming potentials and internationally agreed inventory guidelines pursuant to Regulation（EU）No 525/2013 of the European Parliament and of the Council[EB/OL]. https://eur-lex.europa.eu/legal-content/EN/TXT/?uri=uriserv：OJ.L_.2014.179.01.0026.01.ENG.

EU，2014b. commission implementing regulation（EU）No 749/2014 of 30 June 2014 on structure，format，submission processes and review of information reported by Member States pursuant to Regulation（EU）No 525/2013 of the European Parliament and of the Council[EB/OL]. https://eur-lex.europa.eu/legal-content/EN/TXT/?uri=uriserv：OJ.L_.2014.203.01.0023.01.ENG.

EU，2020a. commission implementing regulation（EU）2020/1208 of 7 August 2020 on structure，format，submission processes and review of information reported by Member States pursuant to Regulation（EU）2018/1999 of the European Parliament and of the Council and repealing Commission Implementing Regulation（EU）No 749/2014 [EB/OL]. https://eur-lex.europa.eu/legal-content/EN/TXT/?uri=CELEX%3A32020R1208&qid=1644203052206.

EU，2020b. commission delegated regulation（EU）2020/1044 of 8 May 2020 supplementing Regulation（EU）2018/1999 of the European Parliament and of the Council with regard to values for global warming potentials and the inventory guidelines and with regard to the Union inventory system and repealing Commission Delegated Regulation（EU）No 666/2014 [EB/OL]. https://eur-lex.europa.eu/legal-content/EN/TXT/?uri=CELEX%3A32020R1044&qid=1644203052206.

Eurostat，2020. Eurostat method to produce early CO_2 emission estimates for EU Member

States[R].

MCTI，2021. Fourth Biennial Update Report to BRAZIL to the United Nations Framework Convention on Climate Change[R].

MOE，GIO，CGER，et al.，2021. National Greenhouse Gas Inventory Report of JAPAN 2021[R].

MoEFCC. India：Third Biennial Update Report to the United Nations Framework Convention on Climate Change[R].

第 5 章　省级碳核算

　　《巴黎协定》开启了全球气候治理新阶段，由"自上而下"的强制减排正式转变为"自下而上"的自主贡献承诺模式。各国国家级应对气候变化的主管部门主要承担本国应对气候变化顶层设计和颁布宏观政策，地方政府是应对气候变化的主管部门，是贯彻国家总体决策部署的核心力量，是国家政策行动能否顺利落地和快速见效的关键（UNEP，2018；Hsu et al.，2020）。正如《公约》秘书处执行秘书帕特里夏所言："仅靠国家政府自身根本无法以前所未有的减排速度来实现《巴黎协定》的关键里程碑，次国家级政府需要根据《巴黎协定》调整本地化行动。没有地方的行动，我们就无法实现全球目标。"根据联合国环境规划署于 2021 年 10 月发布的《2021 年排放差距报告：热火朝天》，随着各国纷纷提出"碳中和"目标，省级地方政府纷纷响应，主动提出辖区内的"碳中和"目标和实施路线图（UNEP，2021）。因此，省级地方政府在落实《巴黎协定》温升控制目标以及推动实现国家自主贡献目标等方面可发挥承上启下的重要作用。

　　开展次国家级行政区域碳核算（以下简称省级碳核算），不仅有利于国家掌握各地区碳排放和吸收情况，了解减排和增汇相关工作的推进进展，从而从全国层面制定分类施策的区域控制温室气体排放政策；还有利于为国家碳核算提供本地化排放参数，从而提升国家层级碳核算精准度；更有利于省级地方政府识别本地区重点部门行业的排放变化趋势，有针对性地制定本地区细化的目标、任务和措施，以及科学评估各项政策实施效果，从而让碳排放控制行动更精准、更务实（Hsu et al.，2021）。《公约》仅对各缔约方国家级碳核算和报告有明确要求，对国家级以下行政区域没有要求。因此，不同于国家级碳核算，当前国际上没有统一的针对省级碳核算的指南和规范。与此同时，与国家级碳核算相比，省际的物质和人口流通较为频繁且没有完善的统计记录，这使得省际的温室气体核算边界较为模糊。另外关于电力等调入调出隐含的间接排放归属在生产地还是消费地也有不同观点，使得已有的国家碳核算方法不完全适用于省级层面的碳核算（马翠梅，2013）。因此，有必要梳理和总结省级碳核算的国际经验，结合我国已开展的相关实践，为下一步完善我国省级碳核算相关工作提供借鉴和参考。

作为《公约》附件一缔约方，美国、加拿大、英国、澳大利亚和新西兰等国家在常态化编制年度国家温室气体清单的基础上，对省级碳核算也开展了多年工作。我国作为《公约》非附件一缔约方和负责任的发展中国家，在省级碳核算方面进行了诸多有益探索。本章将在接下来的部分从国际和国内两个方面分别阐述各自进展，对比分析提出我国省级碳核算的完善建议。

5.1　国际经验

5.1.1　美国

美国国家环境保护局（U. S. EPA）、美国能源信息署（U. S. Energy Information Administration）和部分州级应对气候变化主管部门均开展了州级层面碳排放核算相关工作。出于不同用途和关切，不同主体开展的核算实践均有不同，具体情况总结如下。

5.1.1.1　EPA 开展的州级碳核算

EPA 在州级碳核算层面主要进行统一核算各州排放和开发州级碳核算工具两方面工作。

（1）统一核算各州排放

为了形成全国在州级层面统一可比的碳核算结果，并且向已开展州级碳核算的地区提供数据质量保证/质量控制参考，以及向尚未开展州级碳核算的地区提供数据支撑，EPA 统一开展了针对州级的碳核算工作。该项工作以 2022 年为分水岭，在此之前仅针对化石燃料燃烧产生的 CO_2 排放进行核算，自

2022 年起将核算范围扩展至全领域温室气体排放和吸收，即能源活动、IPPU、农业活动、LULUCF，以及废弃物处理 5 个领域的 CO_2、CH_4、N_2O、HFCs、PFCs、SF_6 和 NF_3 7 类温室气体。

1）全领域温室气体排放和吸收

EPA 既是国家温室气体清单编制单位，也是州级碳核算的牵头单位，州级碳核算与国家温室气体清单在排放源分类、覆盖气体、计算方法等方面高度一致，州级核算结果加总等于国家温室气体清单。但在数据时效性方面，州级碳核算略有滞后，如第 4 章所述，美国作为《公约》附件一缔约方每年发布 1990 年至滞后两年的连续时间序列国家温室气体清单，而发布的州级碳核算是 1990 年至滞后三年的连续时间序列数据。

根据数据的统计基础，州级碳核算方式可分为三种：①对于州级统计数据基础较好的排放源和吸收汇，直接采用国家温室气体清单编制方法进行估算。例如，对于一直是林地的林地、转化为林地的土地的碳汇估算，以及对绝大部分化石燃料燃烧的碳排放估算，核算方法与国家温室气体清单一致。②对于州级统计数据缺失的排放源和吸收汇，采用产量、消费量、人口或温室气体强制报告制度下的设施级数据等与排放/吸收可能存在关联的替代指标进行等比例分解，将国家级核算结果分解到各个州。例如，估算各州利用地热能产生的排放时，即采用州级地热能消费量与全国地热能消费量的占比乘以全国总排放的方法；又如，估算各州碳酸盐生产过程排放时，即采用州级人口占全国总人口的比重乘以全国总排放的方法。这一方法的难点在于从多种替代指标中筛选出与排放最相关的指标。③对于州级统计数据无法覆盖所有核算年份的排放源和吸收汇，采用上述两种方法的混合方法进行核算。例如，对于垃圾焚烧中的 CO_2、CH_4 和 N_2O 排放核算，由于相关统计数据从 2001 年起才可获得，因此 2001 年之前年份的州级碳核算根据替代指标（生物周期报告数据）进行总量分解，2010 年及之后年份的州级碳核算可以采用直接的统计数据进行核算；又如，对于镁生产和处理过程中的 CO_2、SF_6、HFCs 排放核算，由于相关生产企业从 2010 年才开始报告相关数据，因此 2010 年之前年份的州级碳核算需要基于假设，采用第二种方式进行核算，利用替代指标进行总量分解，2010 年及之后年份的州级碳核算可以采用第一种方式直接核算（U.S. EPA，2022a）。各细类处理方式见表 5-1。

表 5-1　美国州级碳核算中各源汇的核算方式

领域	细类	核算气体	处理方式
能源活动	化石燃料燃烧	CO_2、CH_4、N_2O	①②
	非能源利用	CO_2	②
	地热排放	CO_2	②
	垃圾焚烧	CO_2、CH_4、N_2O	③
	国际燃料仓	CO_2、CH_4、N_2O	②
	生物质	CO_2	②
	煤炭开采	CH_4	①
	废弃地下矿井	CH_4	②
	油气开采	CO_2、CH_4、N_2O	②
	废弃油气井	CO_2、CH_4	②
IPPU	水泥生产	CO_2	③
	石灰石生产	CO_2	②
	玻璃生产	CO_2	②
	其他碳酸盐过程使用	CO_2	②
	非金属矿物制品：其他	CO_2	②
	合成氨生产	CO_2	②
	硝酸生产	N_2O	②
	非农业用途的尿素消耗	CO_2	②
	己二酸生产	N_2O	①
	己内酰胺、乙二醛和乙醛酸生产	N_2O	②
	碳化物生产	CO_2、CH_4	①
	碳化物消费	CO_2、CH_4	②
	二氧化钛生产	CO_2	②
	纯碱生产	CO_2	①
	石油化工和黑炭生产	CO_2、CH_4	②
	氟化物生产	HFCs	③
	磷酸生产	CO_2	②
	钢铁生产和冶金焦炭生产	CO_2、CH_4	②

续表

领域	细类		核算气体	处理方式
IPPU	铁合金生产		CO_2、CH_4	②
	铝生产		CO_2、PFCs	③
	镁生产和处理		CO_2、SF_6、HFCs	③
	铅锌生产		CO_2	②
	电子工业		N_2O、NF_3、SF_6、HFCs、PFCs	③
	产品用作臭氧损耗物质的替代物		HFCs、PFCs	③
	电气设备		SF_6	③
	产品使用中的 N_2O		N_2O	②
农业活动	牲畜肠道发酵		CH_4	①
	牲畜粪肥管理		CH_4、N_2O	①
	农田土壤管理		N_2O	③
	水稻种植		CH_4	③
	石灰石施用		CO_2	③
	尿素施用		CO_2	①
	秸秆田间焚烧		CH_4、N_2O	③
LULUCF	一直为林地的林地、转化为林地的土地		CO_2	①
	一直为农田的农田、转化为农田的土地		CO_2	③
	一直为草地的草地、转化为草地的土地		CO_2、CH_4、N_2O	②
	一直为湿地的湿地、转化为湿地的土地	滨海湿地	CO_2、CH_4	①
		泥炭地	CO_2、CH_4、N_2O	②
	一直为建设用地的建设用地、转化为建设用地的土地		CO_2、N_2O	③
废弃物处理	填埋		CH_4	②
	废水处理		CH_4、N_2O	②
	堆肥		CH_4、N_2O	②
	厌氧发酵		CH_4	②

表 5-2 以化石燃料燃烧核算为例，详细列出了国家级和州级碳核算的"十步走"对比。

表 5-2　美国国家级和州级能源活动化石燃料燃烧碳核算对比

核算步骤	国家级	州级
确定活动水平数据		
第一步：确定分燃料品种的消费量	基于能源信息署月度能源评估（Monthly Energy Review）中的能源平衡表	基于能源信息署州级能源数据系统（State Energy Data System）① 的数据
第二步：扣除报告在 IPPU 中的能源消费	扣除化石燃料作为原材料被消耗且报告在 IPPU 中的量，或直接减去相应排放	基于各州 IPPU 的产品产量，将国家报告在 IPPU 的能源消费排放总量在各州进行分解
第三步：扣除生物质燃料和无铅汽油	基于能源信息署月度能源评估（Monthly Energy Review）中的能源平衡表，扣除生物质燃料和乙醇，作为信息项报备以避免重复计算	无（州级层面不做处理）
第四步：扣除出口能源	基于工业生产数据，或采用相关国家进口数据	基于工业数据，或采用加拿大进口数据
第五步：拆分成分发动机类型的柴油和汽油消费量	基于联邦公路管理局的统计数据，"自下而上"地估算分发动机类型的燃料消费数据，这是为了采用《IPCC 指南》更高层级方法	基于能源信息署州级能源数据、联邦公路管理局等统计数据，将国家级总量在州级进行分解
第六步：扣减非能源利用消费	基于能源信息署月度能源评估中的能源平衡表，扣减炼焦煤、天然气等化石燃料作为原料、还原剂等非燃烧用途的量	基于能源信息署州级能源数据系统的数据，将国家级总量在州级进行分解
第七步：剔除国际燃料仓	基于联邦航空局、海关等主管部门统计数据，扣减从美国出发、终点为其他国家的航空航海运输活动消费的燃油量	基于能源信息署州级能源数据系统中各州的燃油销售量数据，将国家级总量在州级进行分解
计算 CO$_2$ 排放		
第八步：确定各燃料品种的单位热值含碳量	各燃料品种单位热值含碳量采用全国平均值	考虑到大部分化石燃料在全国范围内广泛流通，因此选取国家平均单位热值含碳量②
第九步：估算 CO$_2$ 排放	单位热值含碳量乘以碳氧化率，再乘以活动水平	单位热值含碳量乘以碳氧化率，再乘以活动水平
第十步：分配不同发动机类型的交通排放	通过第五步得到的活动水平数据分配，这是为了采用《IPCC 指南》更高层级方法进行碳核算	无（州级层面不做处理）

　　① 州级能源数据系统参考能源供应商反馈的调查信息报告州级能源消费情况，分为居民生活、商业、工业、交通、电力 5 类。由于与月度能源评估的国家级数据热值取值不同，因此州级折标数据加总与国家总量存在细微差异（如 2020 年，煤和天然气的差异分别为 5.4% 和 1.5%）。

　　② 由于煤炭和汽油在各州的单位热值含碳量差异较大，因此目前采用的国家平均值可能导致部分州的核算数据存在偏差，未来将会考虑引入州级数据，这是 EPA 下一部在州级碳核算方面需要进一步完善的重点工作之一。

统一核算的州级碳核算数据可按照地区、领域、源汇细类、气体、年份等分类进行可视化展示（U.S. EPA，2022b）。EPA 与各州自行开展的碳核算结果（详见 5.1.1.3 小节）并不完全相同，但这无关正确或错误，只是由于核算结果的用途不同。存在差异的主要原因可归纳如下：

一是分类方式存在差异。EPA 的碳核算结果依据 IPCC 国家清单指南进行排放源/吸收汇的分类，而各州自行开展的碳核算有可能使用其他的分类方式，如根据经济部门分类。这主要是因为州级自行开展的碳核算主要服务于跟踪州级减排目标的进展，而减排目标的口径大多数情况与经济部门直接相关，与 IPCC 分类方式存在差异。

二是核算所覆盖的时间存在差异。EPA 核算了自 1990 年至滞后三年的连续年份数据，不同年份核算结果尽可能保持纵向可比，而各州则大多数开展自减排目标基准年以来的数据，可能不会追溯到 1990 年，也可能没有对往年发布的数据进行回算，从而存在年际间并不纵向可比的情况。

三是核算边界存在差异。EPA 基于排放/吸收的实际发生地，而各州自行开展的碳核算可能包括电力、热力等的间接排放。另外，EPA 将州级的国际燃料仓视为信息项，在总量中予以扣减，基础数据采用销售量数据。而各州自行开展的碳核算可能将其包括在州级总量中，也可能根据国际航班的加油量数据进行国际燃料仓的估算并作为信息项单独报告，不计入州级总量。

四是 GWP 值的选取存在差异。EPA 在折算各温室气体的 CO_2 当量时，所选取的 GWP 值与国家温室气体清单保持一致，即《IPCC 第四次评估报告》中的数据。而由于没有统一的规定和要求，各州自行开展的碳核算可能选取不同的 IPCC 评估报告中的 GWP 值（U.S. EPA，2022c）。

为确保州级碳核算结果的合理、可信和透明，EPA 在发布之前，广泛征求了各州主管部门和各领域权威清单专家的意见，2022 年共有 9 个州和 17 名清单专家给出了反馈。根据所提出的建议，EPA 逐一进行了澄清和回应，并进行了修改和完善。州级主管部门的意见主要集中在统一核算数据与各州自行发布数据的衔接、电力的考虑上。如缅因州和罗得岛州应对气候变化主管部门均提出 EPA 所发布数据与本州根据州级清单工具自行核算结果有出入。各领域清单专家建议采用各州本地化燃料品种的排放因子，详细说明估算时选取的替代指标以及扩大选取的替代指标范围，如考虑采用州级化肥销售量数据估算化肥施用产生的排放；充分考虑更为精准的替代指标来估算州级碳排放，如在估算碳储量变化时，可考虑采用天气、农业商品产量等指标替换当前的面积占比，或增加参考数据来源，如引用州级辖区内设施级排放数据。

2）化石燃料燃烧 CO_2 排放

2022 年之前，EPA 仅核算了各州最大的温室气体排放源——化石燃料燃烧 CO_2 排放（U.S. EPA，2021）。核算方法为根据美国能源信息署发布的各州化石燃料消费数据，采用国家温室气体清单中的排放因子，对各州进行统一核算。由于美国能源署对各州的能源统计是按工业、商业、居民生活、交通和电力五大类终端消费进行的分类，因此，基于可获得的活动水平数据，美国国家环境保护局对各州化石燃料燃烧 CO_2 排放的核算也进一步细分到以上五大类。

（2）开发州级碳核算工具

尽管 EPA 未在 2022 年之前发布州级全领域温室气体排放和吸收核算结果，但是开发了州级清单工具（State Inventory Tool），并发布了相关培训资料[①]，供州级相关从业人员自行开展相关碳核算工作时使用和参考。开发这一核算工具主要为了满足以下 4 个目的：

● 帮助州级开展方法一致的全口径温室气体清单编制，提供缺省排放因子，同时各州如有本地化数据也可以代替缺省排放因子；

● 最大限度地提高州级温室气体数据核算过程的透明度；

● 尽可能获取各州最近年份的估算结果；

● 不同领域专家能够同时开展清单编制，提高清单编制效率。

州级清单工具是一个交互式电子表格，内嵌了默认公式，计算界面如图 5-1 所示。之所以称为交互式，是因为表格中既提供了缺省参数，又有询问框提示用户可选择使用缺省值或者自定义本地化参数。

---

① 可在 EPA 官网下载（https://archive.epa.gov/epa/statelocalclimate/developing-state-greenhouse-gas-inventory.html）。

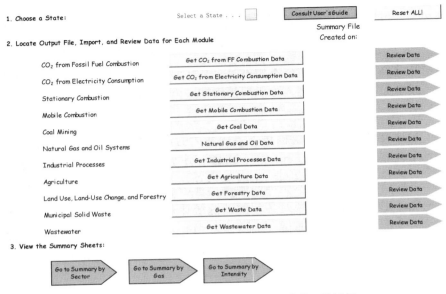

图 5-1 美国国家环境保护局开发的州级清单工具图例

州级清单工具包括 11 个模块，分别为化石燃料燃烧 CO_2 排放，煤炭开采 CH_4 排放，油气系统 CH_4 排放，电力消费 CO_2 排放，移动源 CH_4 和 N_2O 排放，IPPU 领域的 CO_2、N_2O、HFCs、PFCs、SF_6 排放，农业 CH_4 和 N_2O 排放，LULUCF 领域的 CO_2、CH_4、N_2O 排放和吸收，城市固体废物和废水 CO_2、CH_4 和 N_2O 排放这 10 个核算模块，以及 1 个汇总综合模块。

与国家温室气体清单不同的是，州级清单工具提供了考虑电力消耗产生的温室气体间接排放的表格，鼓励各州将其作为州级清单的信息项报告（U.S. EPA，2017a）。电力消费的间接排放进一步细化为商业、工业、居民生活和交通 4 个领域，排放因子选取自 EPA 开发的电厂环境数据综合型数据库（Emissions & Generation Resource Integrated Database，eGRID）（U.S. EPA，2017b）。另外值得一提的是，如同国家温室气体清单，州级清单工具区分国内和国际交通运输（国际燃料仓）排放，但不再区分州际排放。具体核算过程如下：首先核算从该州出发的国际航空、航海所产生的温室气体排放，作为信息项报送，不计入州级温室气体总量，而后用州级航空、航海能源消费量分别减去国际用途的能源消费量，再乘以相应排放因子，得到计入州级总量的国内航空、航海温室气体排放量。因此，在 EPA 开发的州级清单工具中，州际的航空航海运输所产生的温室气体排放与其公司注册地相关，排放量计入公司的归属地，而不是严格意义上的遵循 IPCC "出发和到达均在本行政区域内"的原则。

5.1.1.2　美国能源信息署开展的州级碳核算

美国能源信息署是美国能源部的下设机构，职责之一为统计、调查和发布美国能源生产和消费信息。基于其公开发布的州级能源数据系统（The State Energy Data System）中的煤、油、气数据，美国能源信息署对州级能源相关（既包括化石燃料燃烧，也包括非能源利用）的 CO_2 排放进行了统一估算，并发布滞后三年连续年份的州级能源相关 CO_2 排放（Energy-Related Carbon Dioxide Emissions by State），例如，2022 年 4 月发布了 1970—2019 年数据，按工业、商业、居民生活、交通和电力 5 个部门分类（U.S. EIA，2022a）。

美国能源信息署开展的州级碳核算基于属地原则，即以化石燃料消费的发生地计，不考虑生物质燃烧。以电力生产为例，电力生产所产生的 CO_2 排放计入发电州排放总量，不考虑各州电力调入所产生的间接排放。在州级能源数据系统中，煤炭消费进一步细分为居民生活用煤、工业用煤、炼焦用煤、发电用煤四大类，油品进一步细分为煤油、石油焦、天然汽油、石脑油、沥青、航空汽油、航空煤油等 18 个品种。

对于非能源利用所产生的 CO_2 排放，受限于州级数据基础较为薄弱，美国能源信息署基于国家非能源利用的 CO_2 排放总量，采用简化方法将国家总量分配给各个州，具体分配方法可分为 4 种：①对于沥青、润滑剂等只有非燃料用途的石油产品而言，相应的 CO_2 排放量根据各州的统计数据和全国平均排放因子计算；②对于液态碳氢化合物而言，则是基于各州行业生产数据占全国的份额推算各州相应的碳排放量；③对于石油焦、残余燃料和馏分燃料等不包含在前两类的石油和天然气产品而言，排放计入美国两大盛产油气的州，其中 80% 排放计入得克萨斯州，20% 排放计入路易斯安那州；④对于少量未燃烧的煤炭，则是通过各州焦炭厂的煤炭消耗量占全国总量的比例，推算各州的相应排放量。通过上述方法估算出的州级核算结果加总与国家总量不完全一致，美国能源信息署引入了"调整系数"的概念，通过按比例折算的方法，将省级排放量加总与全国总排放量进行衔接。因此，美国能源信息署发布了两套州级

能源相关 CO_2 排放量核算结果，一套是直接的核算结果，另一套是基于国家总量按比例折算省级排放量，使得其加总等于国家排放总量的衔接数（U.S. EIA，2022b）。

此外，美国能源信息署除了发布分行业的 CO_2 排放总量外，还核算和发布了各州分燃料品种的 CO_2 排放、人均 CO_2 排放、单位地区生产总值 CO_2 排放、单位能源供应 CO_2 排放等指标数据。

5.1.1.3 各州自行开展的碳核算

根据 EPA 开发的州级清单工具，各州可自行编制州级温室气体清单，以及开展清单发布等后续工作。截至 2022 年，在美国的 50 个州和 1 个联邦直辖特区政府中，有 25 个州级政府开展了自行核算并公开发布了本地区清单结果（U.S. EPA，2022d）。各州清单报告的形式、频次等各不相同，本小节选取较有代表性的加利福尼亚州（以下简称加州）、华盛顿州和缅因州进行实例分析。

（1）加州

根据 EPA 开展的州级碳核算结果，加州是美国排放量较大的州级行政区（U.S. EPA，2022b）。2006 年，加州议会通过的《全球变暖解决方案法》（*Global Warming Solutions Act*）又称议会第 32 号法令，提出了将 2020 年温室气体排放控制在 1990 年水平的目标，并且明确了加州空气资源委员会（California Air Resources Board）作为跟踪和管控温室气体排放的机构，这为加州开展碳核算工作提供了法律基础，同时也明确了相关工作的组织管理部门（刘保晓，2014）。2007 年，加州空气资源委员会发布了 1990—2004 年的连续时间序列温室气体清单，2009 年发布了 2000—2006 年清单，从 2010 年开始，每年发布 2000 年至滞后两年的州级清单（U.S. California Air Resources Board，2021a）。

加州空气资源委员会开展了 3 种分类方式的碳核算。第一种分类方式与《IPCC 指南》一致，以排放过程为导向，分为能源活动、IPPU、农业活动、LULUCF、废弃物处理 5 个排放类别，这样的分类方式与国家温室气体清单一致，有助于与其他地区的碳核算数据进行横向比较。第二种分类方式是按经济部门分类，分为电力（本地区）、电力（调入）、交通、工业、商业、居民、农林业 7 个排放类别，这样的分类方式与加州的大气污染物排放清单一致，有助于与其他大气污染物排放进行横向比较。第三种分类方式与加州 2008 年气候变化范围计划（2008 Scoping Plan）一致，与范围计划中的减排部门相对应，分为交通、工业、电力、商业和居民生活、农业、高 GWP 气体、循环和废弃物 7 个排放类别，这样的分类方式有助于跟进计划中各排放源的减排进展，评估目标完成情况。三种分类方式都将国际航空航海、州际航空等以信息项单独列出，总量上保持一致。第二种和第三种分类方式都是在第一种分类方式的基础上，将电力外的能源排放拆分到各经济部门，两种报告方式仅在部门分类上有细微差异（U.S. California Air Resources Board，2021b；马翠梅，2013）。

加州自行开展的碳核算采用的基础数据除州级统计外，还包括加州空气资源委员会的温室气体强制报告制度（Mandatory GHG Reporting Program）中特定设施的排放报告。此外，和国家温室气体清单一样，为保持时间序列数据的一致可比性，加州空气资源委员会每年编制和发布新的清单数据时，均会重新计算所有历史年份的排放量，也会一起公布历史年份重新回算的清单结果。因此，关于同一年份清单结果，新发布清单报告可能不同于历史年份发布的清单报告结果，这样可以纠正可能存在的历史年份计算错误，以及避免由于采纳新的方法学、口径或者基础统计数据的变更带来的年际间数据不可比（U.S. California Air Resources Board，2021c）。

（2）华盛顿州

根据 EPA 开展的州级碳核算结果，华盛顿州排放量居于美国各州中等排放水平（U.S. EPA，2022b）。华盛顿州修订法规（Revised Code of Washington）《温室气体减排—报告要求》第一款提出了"在 2050 年前，温室气体排放较 1990 年下降 95%"的要求，同时第二款提出了"从 2010 年开始，在每个偶数年的 12 月 31 日之前，生态和商务主管部门应向州长以及参议院和众议院的相关委员会报告前两年的温室气体排放总量，以及每个主要来源部门的排放总量……并与自然资源部门协商，报告野火产生的温室气体排放……"的要求（Office of Secretary of State of Washington，2020）。这为华盛顿州定期开展碳核算提供了法律基础，同时也明确了开展碳核算的工作部门。

因此，华盛顿州自行开展的碳核算每两年发布一次，覆盖从 1990 年至滞后两年的数据（U.S. Washington State Department of Ecology，2021）。结合 EPA

开发的清单工具（SIT），以及华盛顿州商业主管部门提供的电源结构（U.S. Washington State Department of Commerce，2020），华盛顿州生态主管部门对 CO_2、CH_4、N_2O、HFCs、PFCs、SF_6、NF_3 7 种温室气体进行了核算。区别于国家温室气体清单的分类，华盛顿州温室气体清单并未覆盖所有的温室气体排放源和吸收汇，仅核算了交通、电力消费、居民、商业和工业、化石燃料工业、废弃物处理、IPPU、农业和野火 8 个排放源。同时，华盛顿州生态主管部门将清单的完整性列为下一步工作计划，预计在 2022 年年底发布的州级碳核算将覆盖 EPA 清单工具（SIT）中 10 个模块的核算数据（U.S. Washington State Department of Ecology，2021）。

（3）缅因州

根据 EPA 开展的州级碳核算结果，缅因州是美国排放量较小的州级行政区（U.S. EPA，2022b）。2003 年，缅因州修订法令（Maine Revised Statutes）第 38 条[①]提出了"在 2010 年前将温室气体排放水平控制量与 1990 年持平，在 2020 年前将温室气体排放水平控制量比 1990 年低 10% 以下"的要求，同时明确提出"在 2006 年 1 月 1 日前，缅因州环境保护主管部门应评估并报告控制温室气体排放进展，随后每两年提交一次"（Marine State Office of the Revisor of Statutes，2003）。这对缅因州开展碳核算相关工作提出了立法层面的要求，同时也明确了开展碳核算的工作部门。

结合 EPA 开发的州级清单工具（SIT），根据美国能源信息署的州级能源数据系统等基础数据，缅因州环境保护主管部门每两年开展一次对 CO_2、CH_4、N_2O、HFCs、PFCs、SF_6 6 种温室气体的核算。排放部门包括能源活动、IPPU、农业活动和废弃物处理，未对 LULUCF 进行碳核算（U.S. Maine Department of Environmental Protection，2020）。

5.1.2　加拿大

同美国类似，加拿大环境和气候变化部（Environment and Climate Change Canada）对省级温室气体排放和吸收进行了统一核算，部分省级地区也自行开展了本地区碳核算。

---

① 访问网址：http://www.mainelegislature.org/legis/statutes/38/title38sec576.html。

5.1.2.1　加拿大环境和气候变化部开展的省级碳核算

自 2011 年开始，加拿大环境和气候变化部在向《公约》秘书处提交国家温室气体清单报告的同时，也在附件中提交了省级碳核算数据（Environment and Climate Change Canada，2011），这些数据被加拿大政府等广泛引用（Government of Canada，2022；Canada Energy Regulator，2022）。

与美国国家环境保护局先行开展国家级碳核算，再开展省级碳核算不同的是，加拿大的国家清单和省级碳核算工作同步进行，且两者之间相辅相成。对于某些省级统计基础较好的排放源或吸收汇，首先估算各省排放或吸收量，省级加总得到国家总量；对于省级基础统计数据较难获取的排放源或吸收汇，则优先估算国家排放或吸收总量，省级数据由该源/汇的国家总量分解而得。以下分别总结了加拿大上述两类典型排放源或吸收汇及具体处理方法：

（1）省级统计基础较好的排放源和吸收汇

在能源活动领域，包括国内交通运输（民用航空、水上运输、道路运输、铁路运输、管道运输和非道路运输）以及废弃矿井等排放源。国内交通运输中的民用航空根据航空温室气体排放模型（Aviation Greenhouse Gas Emission Model），输入飞机起降点位、飞行距离、燃料和发动机类型等，对每一架次的飞行温室气体排放进行计算，之后得到省级/国家级排放量的加总；水上运输与民用航空类似，根据海事温室气体排放工具（Marine Emissions Inventory Tool），船舶航行起始点位、航行距离、燃料和发动机类型等，对每一航次的水上运输温室气体排放都进行计算，之后得到省级/国家级排放量的加总；道路运输和非道路运输分别根据美国国家环境保护局开发的机动车辆排放模拟器模型（Motor Vehicle Emissions Simulator）和非道路模型（NONROAD model），输入各省级不同类型车辆的保有量、车辆配置和载重、平均行驶距离、燃油经济性或是设备数量、额定功率、负荷系数、运行市场等参数计算；铁路运输根据各省级火车的燃料消费量乘以排放因子进行计算。废弃矿井根据各省级提供的基础参数算得的各省矿井的逃逸排放，之后进行全国加总。在 IPPU 领域，水泥和石灰石生产、菱镁矿使用排放等排放源的省级活动水平数据统计基础较好。基于《加拿大环境保护法》，从 2004 年开始加拿大实施企业温室气体报告制度，要求年排放 5 万 t CO_2 当量以上工业企业报告温室气体排放数据，且从

2017 年开始，报告门槛下降至 1 万 t CO_2 当量以上（Environment and Climate Change Canada，2022b）。因此，水泥和石灰生产、菱镁矿使用等行业企业全部纳入报送范围的地区，从 2017 年开始省级碳核算通过企业报告直接获取。在 LULUCF 领域，包括土地利用变化、修建水库和火烧等的省级排放源/吸收汇。其中土地利用变化的碳储量变化通过各地区土地类型转化面积，结合地上/地下生物量等排放参数进行计算，山火温室气体排放估算根据卫星 25 m×25 m 分辨率的点源数据"自下而上"计算得出，清单改进计划还提出将继续加强与省级地区的合作，获得各省和地区造林管理的详细信息，从而减少国家级核算数据的不确定性。在废弃物处理领域，包括城市固体废物填埋和污水排放等排放源。清单改进计划还提出将继续加强与省级地区合作，以获得各省和地区更精确的关于堆肥和/或厌氧消化废弃物量、填埋场数量和类型，从而提高国家级核算数据的质量（Environment and Climate Change Canada，2022a）。

（2）省级统计基础薄弱的排放源和吸收汇

对于造纸、有色金属、玻璃和化学制品等行业，各省排放量根据地区相应的生产产值占全国总产值比重和该行业国家总排放量相乘而得。对于医疗废弃物行业，各省排放量根据地区人口数占全国总人口的比重和该行业国家总排放量相乘而得。对于畜牧业，则根据省级牲畜数量占全国牲畜数量的比重进行估算。对于 LULUCF 中农地的碳储量变化，基于省级专家判断、文献研究等经验粗略估算而得。对于 2017 年之前各省水泥、石灰生产和菱镁矿使用等 IPPU 的碳排放，根据各省产能占比等替代性指标，由国家总量分解得出。

加拿大省级碳核算结果按两种分类方式进行报告。第一种分类方式按 IPCC 部门分类，以排放过程为导向，分为能源活动、IPPU、农业活动、LULUCF 和废弃物处理 5 个类别，所覆盖的温室气体种类、报告年份、方法学等均与国家保持一致，这样的分类方式与国家温室气体清单一致，有助于与其他地区的碳核算数据进行横向比较，各地区加总的温室气体排放/吸收数据与国家温室气体清单数据衔接。第二种分类方式按加拿大经济部门分类，在按 IPCC 部门分类的省/地区温室气体排放表数据的基础上重新分配而得，分为油气、电力、交通、重工业、建筑、农业、废弃物处理、煤炭生产和轻工业等，不包括 LULUCF 领域，因此两套核算数据的排放总量（不包括 LULUCF 温室气体排放和吸收）是一致的。按经济部门分类的碳核算数据将温室气体排放量与特定的经济活动联系起来，从而更好地服务于国内的应对气候变化政策管理（Environment and Climate Change Canada，2022）。

为了提高公众参与度，提升核算结果的透明度和准确性，加拿大环境和气候变化部从 2019 年开始在官网上向社会公开征集对于国家和省级碳核算数据的意见建议。收到的反馈包括向国家清单看齐，清楚解释核算的数据来源、假设和方法；扩大核算覆盖范围，例如，尽管按照 IPCC 的部门分类，国际航空和航海不计入国家总量，但为了让加拿大公众对这部分排放源有更加清晰直观的了解，建议在省级层面进行核算和报告（Environment and Climate Change Canada，2019）。

5.1.2.2　各省自行开展的碳核算

加拿大自行开展省级温室气体清单编制的行政区并不多，其中不列颠哥伦比亚省是少数自行核算的省份之一。2007 年通过的不列颠哥伦比亚省《气候变化责任法案》①规定，每年应发布关于温室气体排放信息和立法规定的减排目标进展情况，此外还要求报告未来三年的排放预测。截至 2022 年年初，不列颠哥伦比亚省已连续发布 12 年的省级温室气体排放和吸收数据，该数据是评估其《气候变化责任法案》中减排目标完成情况的主要依据。为保持时间序列数据的一致可比性，不列颠哥伦比亚省每年编制和发布新的清单数据时，会采用最新清单的口径、方法学以及数据来源对基年和历史年份清单进行回算，使得历年清单数据纵向可比。

与加拿大环境和气候变化部一样，不列颠哥伦比亚省对各年度温室气体清单也开展了两种分类方法的核算，分别是按照 IPCC 部门分类和经济行业分类的温室气体排放：

① 按照 IPCC 部门分类的温室气体清单。不列颠哥伦比亚省独立编制的温室气体清单与加拿大环境和气候变化部发布的清单基本一致，不同之处主要有两点：一是不列颠哥伦比亚省独立编制的清单将植树造林和毁林排放计入省级排放总量中，而环境和气候变化部发布的按 IPCC 部门分列的省/地区温室气体排放表未将这一部分计入省级清单总量；二是不列颠哥伦比亚省独立编制的清单将森林管理分为比环境和气候变化部发布清单更具体的细类，且采用的是

---

① 访问网址：http://www.bclaws.ca/civix/document/id/complete/statreg/07042_01。

加拿大林业局开发的加拿大森林部门碳预算模型，还考虑了野火等自然因素导致的碳排放。

② 按照经济部门分类的温室气体清单。从 2020 年开始，不列颠哥伦比亚省独立编制的清单开始报告按照经济部门分类的温室气体排放和吸收。按照这一分类方式核算的温室气体排放总量与按照 IPCC 部门分类核算的总量结果一致。在以经济部门分类的清单中，某一行业温室气体排放可能包括 IPCC 部门分类下几个类别排放之和，例如，水泥行业排放既包括 IPCC 部门分类下固定源和移动源化石燃料燃烧的排放，也包括熟料煅烧 IPPU 的排放；煤炭生产行业排放既包括 IPCC 部门分类下固定采矿设备和移动车辆的化石燃料排放，也包括煤炭开采逃逸排放等。经对比分析，发现尽管不列颠哥伦比亚省独立编制的清单与加拿大环境和气候变化部统一核算的省级排放分类一致，但由于森林管理、国内航空航海、固体废物处理部分的核算结果存在差异，同口径清单结果存在 3.5%左右的差距（以 2018 年数据为例）。

5.1.3 英国

2008 年通过的英国《气候变化法案》不仅明确了英国温室气体长期减排目标及路径，同时规定英国能源与气候变化大臣须于每年 4 月前向英国议会报告英国上年度温室气体排放信息，包括每种气体的排放量或吸收量、全国总的排放量或吸收量、排放变化情况、国际航空和航海排放量以及排放核算方法等内容（UK Government，2008）。为落实《气候变化法案》，英国的次国家级行政区（Devolved Administration，以下统称省级，包括英格兰、苏格兰、威尔士和北爱尔兰）陆续出台了本地区法律法规或政策行动，如《苏格兰气候变化法案 2009》[The Climate Change（Scotland）Act 2009]、《减少温室气体排放的"威尔士"承诺和威尔士气候变化战略 2010》（The "One Wales" Commitment to reduce greenhouse gas emissions and the Climate Change Strategy for Wales 2010）、《北爱尔兰温室气体行动计划 2011》（The Northern Ireland Greenhouse Gas Emissions Action Plan 2011）。

得益于健全的应对气候变化相关法律法规、管理体制和工作机制，英国温室气体清单产品覆盖国家、省级和城市等地区级碳核算。从 2000 年起，国家应对气候变化主管部门（当时是英国环境、交通和区域部）组织同一机构（当时是国家环境科技中心）开展国家和省级温室气体清单的编制。目前，国家和省级温室气体清单由国家应对气候变化主管部门［当前是英国商业、能源和工业战略部（Department for Business，Energy & Industrial Strategy）］委托卡多咨询公司牵头编制，城市级清单则由市政府自行编制，用于满足其特定的需求，详见本书第 6 章。

各省级政府根据区域优先发展事项，分别明确了各自不同口径的中长期温室气体减排目标，如《气候变化（苏格兰）法案》中提出的控制温室气体排放的范围包括所有人为排放源和汇（包括在欧盟碳交易体系中的排放），以及国际航空和航海中的苏格兰份额。威尔士则正好相反，其提出减排目标不考虑国际航空和航海，也不考虑包括欧盟碳交易体系中的排放。国家应对气候变化主管部门组织开展不同口径的省级碳核算，各地区根据自身决策需要自行选取并发布某一口径的核算结果。因此，不同于国家温室气体清单的报告格式，英国省级碳核算结果以排放源（By Source）、终端用户（End User）和交易/非交易（Traded/non-Traded）三类核算边界展现。

另外，为了符合英国省级政府的政策分析要求，对省级碳核算的报告领域做了新的调整（National Communication categories，以下简称 NC 分类），不同于 IPCC 的五大报告领域，英国省级本地化的报告领域按能源供应、交通、居民生活、商业、公共设施、工业过程、农业、LULUCF、废弃物处理、出口10 个领域分类。以下以商业、居民生活、出口 3 个领域为例，具体展示英国省级的 NC 分类和 IPCC 分类的对应关系（表 5-3）。

表 5-3　英国 NC 分类和 IPCC 分类的对应关系

领域	分类	IPCC 分类	源名称
商业商业	工业生产燃料燃烧	1A2b 制造业和建筑业：有色金属	有色金属冶炼生产过程燃料燃烧、自备电厂发电联网、自备电厂自发自用
		1A2c 制造业和建筑业：化学工业	化学制品生产过程燃料燃烧
		1A2d 制造业和建筑业：纸浆、造纸和印刷	纸浆、纸张和印刷品生产过程燃料燃烧
		1A2e 制造业和建筑业：食品、饮料和烟草制品	食品加工饮料和烟草生产过程燃料燃烧

续表

领域	分类	IPCC 分类	源名称
商业	工业生产燃料燃烧	1A2f 制造业和建筑业：非金属矿物	水泥生产过程燃料燃烧、石灰生产过程碳酸钙分解
		1A2gvii 制造业和建筑业：非道路交通车辆及其他机械设备	工业生产中的移动机械
		1A2gviii 制造业和建筑业：其他制造业和建筑业	生产过程燃料燃烧、自备电厂发电联网、自备电厂自发自用
		1A4ai 其他部门：商业/机构	杂项工业/商业燃烧
		2B1 合成氨生产	氨生产过程燃料燃烧
		2B8g 石油化工和黑炭生产：其他	化学制品生产过程燃料燃烧
		2D1 润滑剂使用	工业发动机燃料燃烧
	钢铁燃料燃烧	1A2a 制造业和建筑业：钢铁	鼓风炉等燃烧装置的燃料燃烧
	其他	2D4 源于燃料和溶剂使用的非能源产品：其他	石油焦（炭）的非能源利用
		2G2 其他产品使用中的 SF_6 和 PFCs	军事应用、粒子加速器等
		2G3a 产品使用中的 N_2O：医疗应用	N_2O 用作麻醉剂
		5C2.2b 非生物成因—其他	意外火灾—其他建筑物
	制冷和空调	2E1 集成电路或半导体	电子设备的 NF_3 和 HFCs
		2F1a 制冷和空调：制冷和固定空调	商业制冷、家用制冷、工业制冷
		2F1b 制冷和空调：汽车空调	移动式空调、运输制冷
	含氟气体的使用	2F1f 制冷和空调：固定空调	固定空调
		2F2 发泡剂	泡沫材料、泡沫氢氟烃、单组分泡沫
		2F3 防火	灭火剂
		2F5 溶剂	精密清洗
		2F6 产品用作臭氧损耗物质的替代物：其他	集装箱制冷剂容器

续表

领域	分类	IPCC 分类	源名称
商业	含氟气体的使用	2G1 电气设备	电器绝缘润滑油
		2G2 其他产品使用中的 SF$_6$ 和 PFCs	机载预警和控制系统等军事应用、电子产品、体育用品的 PFCs 和 SF$_6$ 排放，以及将 SF$_6$ 用作示踪气体
居民生活	气溶胶、计量吸入器和其他家用产品	2D2 固体石蜡使用	非气溶胶家用产品
		2F4 气溶胶	计量吸入器、卤代烃气溶胶
	其他居民生活	5B1a 堆肥城市固体废物	
		5C2.2b 非生物成因：其他	住宅意外火灾
		5C2.2b 非生物源性：其他意外火灾（车辆）	车辆意外火灾
	住宅化石燃料燃烧	1A4bi 其他部门：住宅固定装置	家用化石燃料燃烧
		1A4bii 其他部门：居民生活非道路源	房屋及花园机械
出口	国际航空	信息项：航空燃料仓	国际航线
			英国与海外领土和英国皇家属地之间的航行
	国际航海	信息项：航海燃料仓	国际航线
			英国与海外领土和英国皇家属地之间的航行

（1）以排放源为边界核算

在核算方法上，英国以排放源为主的省级碳核算先按照 IPCC 分类的方式进行分解/计算，之后根据两者的对应关系得出按照英国 NC 分类报告领域的以排放源为边界的核算结果。对于能源活动来说，省级碳核算尽可能保持与国家温室气体清单中一样的方法学。对于燃料消耗等省级数据存在缺口的指标，采用替代统计数据进行补充。以燃料燃烧活动中的能源工业、燃料的逸散排放为例，省级核算方法如表 5-4 所示。

表 5-4　按排放源分类的英国燃料燃烧活动中能源工业、燃料的逸散省级碳核算

IPCC 分类		活动水平项	核算方法
燃料燃烧活动—能源工业	公用电力和热力	煤炭、石油、天然气	先计算在欧盟排放交易系统中各省级发电厂报告数据占加总量的比例，然后按照比例关系对国家总量进行分解。另外，根据各省级发电量数据进行数据校核
		垃圾沼气	假定与污水处理厂的分布一致，按照产能等指标分解国家总量
		埋填的废弃物	假定与填埋场的分布一致，按照产能等指标分解国家总量
		城市固体废物、家禽废弃物	1999 年之前，所有此类型的发电站都在英格兰，因此国家排放量等于英格兰排放量；从 1999 年开始，苏格兰也有两家垃圾焚烧发电站（设施级排放量报告给苏格兰环境保护署），因此英格兰排放量等于国家排放量减掉苏格兰两家垃圾焚烧发电机组的排放量
	石油精炼	所有燃料	根据英国石油工业协会提供的英国各个炼油厂燃料燃烧、工艺生产和无组织来源的排放数据进行分析，按省级空间分布进行累加。此外，还利用欧盟排放交易系统按工艺及燃料细分的炼油厂排放数据计算本地化排放因子
	固体燃料加工和其他能源工业	炼焦　煤矿 CH_4	调查结果显示，只在英格兰有涉及利用煤矿 CH_4 生产炼焦的活动，因此国家排放量等于英格兰排放量
		焦炉煤气	按照在欧盟排放交易系统中各省级报告数据的比例，拆分国家温室气体总量。2005 年之前的年份根据工业主管部门提供的焦炉煤炭消费量和污染物排放清单数据，推算出各省级占全国的比重，最后按照比例关系对国家总量进行分解
		天然气	根据工业主管部门提供的焦炉煤炭消费量和污染物排放清单数据，推算出各省级占全国的比重，最后按比例关系对国家总量进行分解
		焦炭	根据工业主管部门提供的焦炭消费量，推算出各省级占全国的比重，最后按照比例关系对国家总量进行分解
		高炉煤气	按照在欧盟排放交易系统中各省级报告数据的比例，拆分国家温室气体总量；2005 年之前年份的则根据工业主管部门提供的各省级高炉煤炭消费量的比例，拆分国家温室气体总量
		无烟煤生产	根据工业主管部门提供的无烟煤生产车间煤炭消费量，推算出各省级占全国的比重，最后按照比例关系对国家总量进行分解

续表

IPCC 分类	活动水平项	核算方法
燃料的逸散排放	固体燃料 — 煤的开采和搬运	根据英国煤炭管理局提供的省级井工煤炭生产量,推算出各省级占全国的比重,最后按照比例关系对国家总量进行分解
	石油和天然气 — 液化石油气和天然气生产	按照在欧盟排放交易系统中各省级报告数据的比例,拆分国家温室气体总量,2005 年之前的年份根据 2005 年的各省级占全国比重估算
	石油和天然气 — 上游油气	根据环境排放监测系统中针对上游石油和天然气的现场排放监测装置的监测数据

对于 IPPU 来说,省级碳核算尽可能保持与国家温室气体清单中一样的方法学。对于省级数据存在缺口的指标,采用替代统计数据进行补充。省级估算方法如表 5-5 所示。

表 5-5 按排放源分类的英国 IPPU 省级碳核算①

IPCC 分类	活动水平项	核算方式方法
水泥生产	熟料生产	按照各省级水泥生产产能,估算各省级水泥生产排放量占国家总量的比重
石灰生产	石灰石消耗量	根据调查,只在英格兰有涉及石灰生产的厂家,因此国家排放量等于英格兰排放量
玻璃生产	玻璃生产中苏打、石灰石和白云石的消耗量	按照英国玻璃(British Glass)提供的玻璃产品产量,推算出各省级占全国的比重,最后按照比例关系对国家总量进行分解
碳酸盐其他过程用途	挠性砖生产	根据调查,只在英格兰有涉及挠性黏土制砖的厂家,因此国家排放量等于英格兰排放量
合成氨生产	天然气消费量	根据调查,只在英格兰有涉及氨气生产的厂家,因此国家排放量等于英格兰排放量
硝酸生产	工厂设备(生产)能力	根据调查,从 2002 年开始只在英格兰有涉及硝酸生产的厂家,因此国家排放量等于英格兰排放量。在此之前根据产能进行国家级总量的分解估算
己二酸生产	己二酸产品产量	根据调查,只在英格兰有涉及己二酸生产的厂家,因此国家排放量等于英格兰排放量
化学工业:其他	甲醇产品产量	根据调查,只在英格兰有涉及甲醇生产的厂家,因此国家排放量等于英格兰排放量

---

① 其他未列出的 IPPU 类别根据英国国家统计署提供的省级人口数据占全国人口的比重,拆分国家温室气体总量。

续表

IPCC 分类	活动水平项	核算方式方法
石油化工和黑炭生产	乙烯、二氯乙烯、丙烯腈、炭黑等产品产量	按照在欧盟排放交易系统中各省级报告数据的比例,拆分国家温室气体总量,或是根据各省级生产产能进行国家总量的分解
二氧化钛生产	焦炉焦的使用	根据调查,只在英格兰有涉及二氧化钛生产的厂家,因此国家排放量等于英格兰排放量
钢铁生产	电弧炉	按照工业主管部门提供的电弧炉炼铁产量,推算出各省级占全国的比重,最后按照比例关系对国家总量进行分解
	高炉	按照工业主管部门提供的焦炭消费量,推算出各省级占全国的比重,最后按照比例关系对国家总量进行分解
	鼓风炉	无
锌生产	焦炉焦的使用	根据调查,只在英格兰有涉及锌生产的厂家,因此国家排放量等于英格兰排放量
铝生产	原铝产量	按照各省级原铝生产产能,估算各省级原铝生产排放量占国家总量的比重
铁合金生产	SF_6 用作熔化炉保护气体	按照各省级产品销售量,推算出各省级占全国的比重,最后按照比例关系对国家总量进行分解
其他产品使用中的 SF_6 和 PFCs	SF_6 和 PFCs	根据调查,只在英格兰有涉及卤代烃和 SF_6 副产的厂家,因此国家排放量等于英格兰排放量
制冷和空调	冷藏和冷冻	根据英国国家统计署提供的省级人口数据占全国人口的比重,拆分国家温室气体总量
	超市冷冻	根据英国国家统计署提供的省级地区生产总值占全国的比重,拆分国家温室气体总量
	移动制冷	根据各省级车辆注册登记数量占全国的比重,拆分国家温室气体总量
电子设备	电子设备和绝缘体	根据各省级电子设备的消费量、电容量占全国的比重,拆分国家温室气体总量

对于农业活动和 LULUCF 来说,由于国家级的排放数据就是由空间级数据加总而来的,因此,可以直接从国家级碳核算中获得同一方法和数据源的省级碳核算结果。

对于废弃物处理的省级碳核算而言,主要采用相关性统计指标,根据国家级总量进行地区级的分解。例如，省级固体废物处理的温室气体排放就是根据各省人口占全国人口总量的比重进行推算的，与能源活动、IPPU 的处理类似，因此不再详述。

（2）以终端用户为边界核算

以终端用户为边界的省级碳核算则是分配最终用户的排放量，与发电、煤炭和油气开采、石油炼化等能源供应相关的所有排放都会分配到最终用户端。例如，炼油厂的排放量将被重新分配给交通运输部门等使用石油产品的终端用户。因此，终端消费碳核算的主要用途是提供一种更具代表性的消费排放情况，而不是生产的排放情况，这一核算边界有助于评估提高能源利用效率的政策有效性。

终端消费的核算针对英国国界内的终端用户，这意味着与进口相关的温室气体排放并不属于以终端用户为边界的核算范围，也就是说，英国从欧盟进口的电力消费所产生的消费端排放不计入英国的排放量中。但是，与出口相关的温室气体排放因为是在英国能源供应行业的源头产生的，则需要包括在终端消费的核算范围中，例如，国际航空和航海运输，这一部分的排放量计入以终端用户为边界的"出口"中。

总体而言，以终端用户为边界的省级碳核算分为三步：

步骤一计算每种燃料在每个部门的排放量。

步骤二燃料和电力供应端的排放量根据消费量分配给所有使用燃料的部门（这些部门可以包括其他燃料生产商）。

步骤三计算能源供应企业的排放量占总排放量的百分比。如果这个百分比超过了预定的值（如1%），则继续按照步骤二进行处理。如果此百分比匹配或小于预定值，则视为完成核算。

在这样的核算方式下，能源活动部门的排放量大幅减少，而终端用户部门如建筑、工业等的排放量明显增加。在终端消费范围中，发电厂和炼油厂等能源供应的任何排放都会分配给能源的终端用户，而不是像国家温室气体清单一样，将其作为独立的报告类别。

可以说，以终端用户为边界的核算是基于以排放源为边界核算的二次计算，以 2014 年英格兰为例，两者的交互关系如图 5-2 所示。

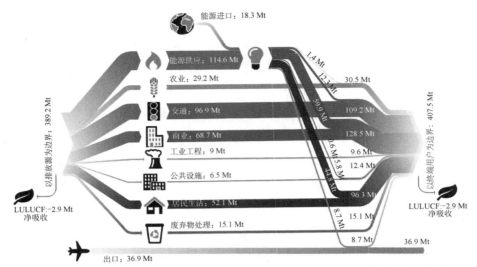

图 5-2　2014 年英国英格兰以排放源和以终端用户为核算边界的核算结果和交互关系

（3）以交易/非交易为边界核算

交易/非交易以是否包括在欧盟碳交易体系下进行区分，分别对包括和不包括在欧盟碳交易体系下运行的装置的排放进行核算。由于欧盟碳交易体系自2005 年开始运行，因此在此分类下，碳核算年份从 2005 年开始。为推动全经济社会减排取得积极进展，各地需要详细了解是否在欧盟排放交易体系内的排放源的范围、水平和趋势，以更好地支撑国家主管部门、省级政府制定应对气候变化战略目标以及评估其工作成效。正如前文所说，威尔士的温室气体减排目标不包括欧盟排放交易系统中的排放，因此区分是否在欧盟排放交易体系内的这一核算方式对于威尔士尤其重要。

未纳入欧盟排放交易体系的排放源主要是工业、农业、商业、公共、居民生活等 5 类中的小型化石燃料燃烧设备；除航空之外的交通工具；农业活动；LULUCF；废弃物处理。未纳入欧盟排放交易体系的小型化石燃料燃烧设备等排放源的省级统计基础相对薄弱，纳入欧盟排放交易体系内的排放估算更为准确，一个地区不属于欧盟排放交易体系内的排放量通过该地区总排放量减去在欧盟排放交易体系内的排放量得出。

由于开展国家和省级碳核算的单位为同一机构，因此两者在覆盖气体、方法学、核算年份、核算结果等方面尽可能保持了衔接和协调。从 2004 年起，省级碳核算覆盖年份和国家级保持一致，为自 1990 年起至发布年份前两年的连续年份，如 2022 年 6 月初发布的数据为 1990—2020 年的温室气体排放和吸收量。在核算覆盖的气体方面，和国家温室气体清单一样，涵盖 7 种温室气体，分别为 CO_2、CH_4、N_2O、HFCs、PFCs、SF_6、NF_3。在方法学选择方面，主要参考最新的 IPCC 清单指南，同时满足时间序列一致性要求，不同年份的数据尽可能用同样的方法和数据来源计算。每新发布一次报告，则会对以往年份尽可能采用相同方法学和数据源进行回算（UK BEIS，2016）。

整个省级碳核算流程严格执行数据质量控制和数据质量保障措施，责任落实到人，同时，还会将最新的数据核算结果与之前的数据进行对比，通过判断数据间是否有显著变化来查验是否存在异常值。每次发布前，还会进行数据校验和检查，确保碳排放与能源供应量的年度趋势、工业产品产量等变化情况相匹配。由于将国家碳核算进一步细化到了省级，因此对于公开发布的部分地区数据进行了敏感信息处理。对于部分涉密的商业和军事数据，在公开发布各地区数据时，发布机构在表格中隐藏了机密数据，以确保该数据栏无法从数据表中导出。英国商业、能源和工业战略部发布国家和不同口径的省级碳核算数据。同时，英格兰、苏格兰、威尔士和北爱尔兰在地方政府官网公布与各自温室气体减排目标口径匹配的碳核算结果。

5.1.4　澳大利亚

澳大利亚国家应对气候变化主管部门[①]统一负责国家级、省级（即州和领地）两个区域层级的碳核算，同时还负责制定企业核算和报告指南、收集符合上报门槛的工厂和设施的温室气体排放数据，因此澳大利亚不同层级的碳排放实现了统一核算，且不同核算数据之间相互支撑，尽可能做到衔接。

澳大利亚国家应对气候变化主管部门官网建立了澳大利亚国家温室气体账户，定期发布国家温室气体清单以及州和领地温室气体清单（State and Territory Greenhouse Gas Inventories）等，其中州和领地清单是评估澳大利亚省级应对气候变化行动措施成效的主要依据。

与 IPCC 分类下的国家温室气体清单一致，澳大利亚州和领地清单也分为

① 2019 年政府机构改革后为工业、科学、能源和资源部（Department of Industry，Science，Energy & Resources）。

能源、IPPU、农业、LULUCF、废弃物五大领域，报告气体涵盖 CO_2、CH_4、N_2O、HFCs、PFCs 和 SF_6 这 6 种温室气体类型，时间尺度为 1990 年至发布年份前 2 年，即最新数据滞后 2 年。州和领地清单编制方法学与国家清单也完全一致，可以说是对国家温室气体清单的分解核算，因此澳大利亚州和领地与国家温室气体清单结果衔接得较好，各地区数据加总与国家总量的差别在 0.2% 以内。以 2021 年发布的 2019 年数据为例，各州和领地清单数据加总为 52.85 亿 t CO_2 当量，国家总量为 52.93 亿 t CO_2 当量，相差 0.15%。差距原因：一是国家温室气体清单还包括军事运输产生的排放，而该部分不计入任何州或领地；二是国家清单还包括不属于澳大利亚 6 个州和 2 个领地的区域排放，如珊瑚海群岛、阿什莫尔和卡地亚群岛的温室气体排放，2019 年上述区域温室气体排放量为 4.6 万 t CO_2 当量（Department of Industry，Science，Energy and Resources，Australia，2021）。此外，澳大利亚州和领地清单也满足时间序列一致性的要求，对不同年份的数据尽可能用同样的方法和数据来源计算，每年编制和发布新一轮清单时都会对以往年份进行回算。由于部分清单数据涉及商业和军事敏感信息，在公开发布各地区数据时，澳大利亚对州和领地清单进行了敏感信息的合并处理，主要是将涉密部分数据合并计入其他部门汇总。以塔斯马尼亚岛为例，由于 CH_4 逃逸排放、金属工业和化学工业的企业数量较少，所以上述 3 个行业的温室气体排放量在能源活动的"其他"类别中合并报告。

5.1.5 新西兰

在新西兰环境部每年提交给《公约》秘书处的国家温室气体清单报告基础上，新西兰国家统计局基于国内经济部门分类，开展了新西兰国家级和省级地区的工业和居民生活温室气体核算（Greenhouse Gas Emissions by Industries and Households by Region）。与 IPCC 的分类不同，工业和居民生活温室气体核算仅计算能源、IPPU、农业和废弃物处理四大领域排放，不计算 LULUCF 领域所产生的温室气体排放或吸收。报告气体涵盖 CO_2、CH_4、N_2O、HFCs、PFCs、SF_6 等，不计算电力消费等隐含的间接温室气体和生物质燃烧所产生的 CO_2。同时，核算结果满足时间序列一致性要求，对不同年份的数据尽可能用同样的方法和数据来源计算。尽管国家级、省级地区的核算方法相同，但是总量上并不衔接，主要是因为省级地区的核算不包括国际燃料仓，但是这部分排放量包括在国家级核算中（Statistic New Zealand，2021）。

新西兰国家统计局运用了联合国的环境经济核算体系（System of Environmental-Economic Accounting）的原则、概念和定义，来核算各个省级地区的工业温室气体排放，核算过程基于以下几个核心原则：

① 反映排放来源。这是为了使温室气体与其他经济数据的变化可以进行比较，将环境、经济和社会数据联系起来，评估温室气体排放是否与经济增长脱钩，经济结构变化是否影响了温室气体排放情况，并且探索保持经济增长的同时制定有针对性的减排政策。

② 基于注册地原则。例如，某火电厂注册在 A 地，实际上在 B 地建设、运行以及排放温室气体，但该电厂产生的排放计算在 A 地。又如，某注册在海外的跨国公司在 A 地开展生产经营活动，但是其生产经营活动所产生的排放不计入 A 地内。

③ 不考虑间接排放。例如，某电解铝厂注册在 B 地，实际上从 A 地外购电力，B 地的排放不包括这部分外购电隐含的间接排放。

④ 水平相当。特别情况除外，默认各个省级地区的工业生产技术水平和效率相同（United Nations，2014）。

新西兰工业和居民生活温室气体排放核算的具体对象以及与国家温室气体清单部门分类的对应关系如表 5-6 所示。其中，第一产业细分为农业，林业、渔业和采矿；第二产业细分为制造业，电、气、水供应和废弃物处理，建筑业；第三产业细分为交通、邮政和仓储，以及除此之外的其他服务业；居民生活包括交通、供冷、供热和废弃物处理。

表 5-6　新西兰工业和居民生活温室气体排放核算对象

核算对象		国家温室气体清单部门
第一产业	农业	能源、农业活动、废弃物处理
	林业、渔业和采矿业	能源、农业活动
第二产业	制造业	能源、IPPU、废弃物处理
	电、气、水供应和废弃物处理	能源、废弃物处理
	建筑业	能源

核算对象		国家温室气体清单部门
第三产业	交通、邮政和仓储	能源
	除交通、邮政和仓储之外的服务业	能源、IPPU
居民生活	交通、供冷、供热、废弃物处理	能源、IPPU、废弃物处理

需要注意的是，虽然部分排放源在两套分类中的名称相同，但实际的核算内容却不完全一致，比如国家温室气体清单中的"农业"排放是指所有畜禽养殖肠道发酵和粪便管理、水稻种植以及农田氮肥施用产生的 CH_4 和 N_2O 排放，而在省级工业和居民生活温室气体核算中，"农业"排放除上述排放外，还包括农机具使用化石燃料产生的排放等。对于第一产业中的"农业"温室气体核算，新西兰国家统计局先是结合农业生产调查和普查数据以及国家温室气体清单数据，按行业划分牲畜和粪便管理、农田种植和化肥施用、农场填埋和农村废弃物处理、化石燃料燃烧的排放，得到国家级第一产业中的农业温室气体排放量；然后，分别根据各省级地区的牲畜数量、作物产量和化肥施用量、农田面积、农业产值占全国总量的比重，对国家总量进行各地区的分解核算。这一方式客观来说没有考虑到区域之间存在生产力的差异，如不同地区动物的出栏量、土壤肥力、饲料特性等。在省级碳核算中，居民生活道路交通排放是最大的难点，新西兰国家统计局专门开发了回归模型用于拆分工业和居民生活燃料零售量，再结合城乡人口结构、收入等统计数据，推算得出各地区居民生活交通排放量（Statistic New Zealand，2021）。

5.2 国内实践

为落实国务院"十二五"和"十三五"针对省级控制温室气体排放工作方案中定期编制地方温室气体清单的要求，我国陆续开展了温室气体清单指南编写和发布、清单编制能力建设、关键年份清单编制、清单联审等一系列工作，基本形成常态化的地方温室气体清单编制工作机制，收集了 31 个省（自治区、直辖市）2012 年、2014 年等多个年份的温室气体排放和吸收数据，为支撑中央和地方政府制定温室气体排放控制政策奠定了初步基础。此外，2009

年国务院常务会决定，到 2020 年我国单位国内生产总值 CO_2 排放（以下简称碳强度）比 2005 年下降 40%～45%，自"十二五"时期起碳强度降低率成为规划纲要中的一项约束性指标，同时分解落实到省级人民政府。为了与我国省级温室气体清单形成完整性、时效性等互补，有效支撑地方碳强度控制目标进展评估、考核和形势分析等工作，我国从"十二五"时期开展了省级年度碳强度下降率核算，同国家层级碳强度核算一样，省级核算范围也仅包括能源活动的 CO_2 排放，核算结果运用于省级人民政府的控制温室气体排放目标责任考核。

5.2.1　省级温室气体清单

我国早在 2009 年就启动了省级温室气体清单编制能力建设和试点编制工作，根据《中华人民共和国气候变化第二次国家信息通报》中 2005 年国家温室气体清单编制经验，参照《1996 年 IPCC 国家温室气体清单指南》《2006 年 IPCC 国家温室气体清单指南》，国家温室气体清单专家团队起草、国家应对气候变化主管部门分别于 2011 年和 2013 年发布了《省级温室气体清单编制指南（试行）》（以下简称《省级清单指南》）和《低碳发展及省级温室气体清单培训教材》（以下简称《培训教材》）。《省级清单指南》旨在加强省级温室气体清单编制的科学性、规范性和可操作性，为编制方法科学、数据透明、格式一致、结果可比的省级温室气体清单提供有益指导。《培训教材》是在《省级清单指南》基础上，重点突出了编制过程中可能遇到的主要问题和解决方案建议，进一步增强了《省级清单指南》的实用性。为配合《省级清单指南》使用，方便清单编制用户核算，国家应对气候变化主管部门还开发了一套名为"省级清单通用报告格式"的核算工具。"省级清单通用报告格式"主要用途包括加强省级清单编制的规范性和可操作性；提供缺省排放因子，同时允许各地区根据掌握的实际情况进行修改；最大限度地提高省级数据核算过程的透明度；使各地区温室气体排放/吸收情况格式保持一致，结果横向可比。

《省级清单指南》共包括七章内容，第一至五章分别为能源活动、IPPU、农业、LULUCF 及废弃物处理 5 个领域的清单编制指南，涵盖 CO_2、CH_4、N_2O、HFCs、PFCs 和 SF_6 这 6 种气体，每章主要内容包括排放源界定、排放量估算方法、活动水平数据收集、排放因子确定、排放量估算、统一报告格式等。第六章为不确定性，主要介绍基本概念、不确定性产生的原因以及减少不确定性和合并不确定性的方法等。第七章为质量保证和质量控制，主要内容包括质量控制程序和质量保证程序以及验证、归档、存档和报告等。《省级清单指南》同时还给出了温室气体清单编制基本概念、清单汇总表和温室气体GWP值3个附录。《省级清单指南》各章方法学参照IPCC指南，只计算发生在本地区区域范围内的排放和吸收活动。关于电力调入调出部分，尽管火力发电燃烧化石燃料直接产生的CO_2排放与电力产品调入调出隐含的CO_2（也可称为间接排放）有着本质的区别，IPCC指南中也完全未给出电力调入调出隐含排放方法，但《省级清单指南》考虑到电力产品的特殊性以及科学评估非化石燃料电力对减缓CO_2排放的贡献，给出了核算电力调入调出所带来的CO_2间接排放量的方法：将省（自治区、直辖市）境内电力调入或调出电量乘以该调入或调出电量所属区域电网平均供电排放因子，由此得到该省（自治区、直辖市）由于电力调入或调出所带来的所有间接CO_2排放，另外在《省级清单指南》中电力调入或调出隐含排放为信息项，不纳入省级地区排放总量中。《省级清单指南》提供的缺省排放因子大部分是基于《中华人民共和国气候变化第二次国家信息通报》2005年国家温室气体清单，部分来自《IPCC1996年国家温室气体清单指南》和《IPCC2006年国家温室气体清单指南》。

省级清单通用报告格式是一套Excel表格，共有67个表。表格涵盖《省级清单指南》中涉及的5个领域，能源活动、IPPU、农业活动、LULUCF以及废弃物处理。根据五大领域排放量计算所需的基础数据（包括活动水平数据和排放因子数据）、各领域汇总数据，以及清单报告汇总数据设计编制3个层级数据表，第一层级为各领域基础数据表，第二层级为各领域汇总报告表格，第三层级为清单报告汇总表，低层级不断累加到高层级，如图5-3所示。与《公约》秘书处要求附件一缔约方报告的一般通用报表相比，省级清单通用报告格式的主要特点是表格内嵌计算公式。清单编制者只需输入活动水平和排放因子数据，排放量便可自动计算出来；格式表格也定义了不同单元格之间的相互引用关系，这样的设计便于验算清单排放信息。

以《省级清单指南》《培训教材》以及省级清单通用报告格式为指导，全国31个省（自治区、直辖市）和新疆生产建设兵团于"十二五"时期借助国

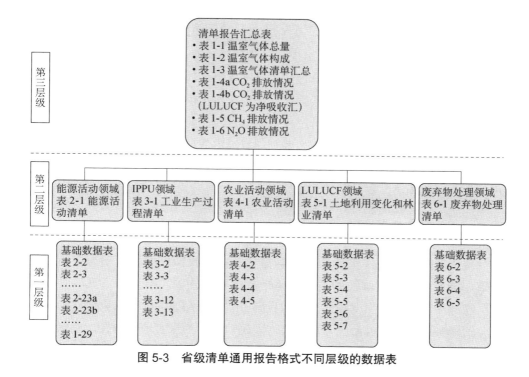

图 5-3　省级清单通用报告格式不同层级的数据表

家重点基础研究发展计划、清洁发展机制基金赠款项目的支持，全面完成了
2005 年及 2010 年温室气体清单编制。2015 年，我国应对气候变化主管部门进
一步下发编制 2012 年和 2014 年省级温室气体清单工作通知，提出加强组织领
导、建立长效工作机制、加强资金支持力度并开展能力建设工作要求。2018
年党和国家机构改革后，我国持续支持地方温室气体清单编制工作，生态环境
部于 2018 年签发关于同意召开省级温室气体清单联审会的复函，批复同意第
二轮次省级温室气体清单联审，并于全国生态环境系统应对气候变化工作要点
中，要求各地区组织开展省级温室气体清单编制和推动市级温室气体清单编制
工作。据初步统计，截至 2022 年上半年，大部分地区已完成了 2016 年、2018
年、2020 年省级温室气体清单编制。同时，浙江、上海等地区编制了连续年
度的省级温室气体清单，大体实现了常态化工作机制。为保障省级温室气体清
单结果的准确性，增强各地方排放数据可比性，国家应对气候变化主管部门组
建了由国家和地方清单专家组成的联审工作组，先后在 2015 年和 2018 年组织
开展省级温室气体清单联审工作，通过对各地区不同年份分领域、分气体类型

排放以及隐含因子的对比分析，识别出各地区 2005 年、2010 年、2012 年和 2014 年清单存在的问题，进一步提高了省级清单编制质量和地方温室气体清单编制能力。清单中分部门、分行业、分气体类型的排放（吸收）数据也为主管部门识别重点排放源、开展碳强度管理等工作提供翔实的基础信息。此外，各地区在编制省级温室气体清单过程中，通过对企业行业等专项调研分析，获得了许多本地化排放因子信息，为编制国家温室气体清单提供了丰富的资料。常态化的省级温室气体清单编制为国家温室气体清单编制提供了更全面、及时和有效的基础数据。

5.2.2 省级碳强度核算

碳强度是指单位经济活动的 CO_2 排放。由于我国以能源活动为主的资源禀赋，能源活动是我国控制温室气体排放的重要领域。自"十二五"时期以来，能源活动相关碳强度降低率成为我国五年规划纲要的一项约束性指标，同时分解落实到各省（自治区、直辖市）人民政府。为压实地方责任，确保碳强度相关目标顺利完成，我国从 2013 年起开展年度省级控制温室气体排放目标责任考核。基于我国基础能源相关数据统计现状，国家应对气候变化主管部门制定了一套省级碳强度简化核算方法，应用于 2013 年以来我国的省级控制温室气体排放目标责任考核。

省级碳强度核算的碳排放范围为省级区域能源活动的 CO_2 直接排放，另外，由于电力调入调出排放量大且数据基础较好，省级碳强度核算还考虑了电力调入调出的间接排放，具体计算公式如下：

$$CI_{省级} = \frac{E}{GDP} \tag{5-1}$$

式中，$CI_{省级}$ ——省级碳强度，t/万元；

E —— CO_2 排放量，t；

GDP ——地区国内生产总值，万元。

$$E = E_{燃煤} + E_{燃油} + E_{燃气} + E_{电力调入} - E_{电力调出} \tag{5-2}$$

式中，$E_{燃煤}$ ——燃煤排放量，t；

$E_{燃油}$ ——燃油排放量，t；

$E_{燃气}$——燃气排放量，t;

$E_{电力调入}$——电力调入蕴含 CO_2 排放量，t;

$E_{电力调出}$——电力调出蕴含 CO_2 排放量，t。

$$E_{燃煤} = C_{煤炭} \times EF_{燃煤} \tag{5-3}$$

式中，$C_{煤炭}$——当年煤炭消费量，t;

$EF_{燃煤}$——燃煤综合排放因子，t/t。

$$E_{燃油} = C_{油品} \times EF_{燃油} \tag{5-4}$$

式中，$C_{油品}$——当年油品消费量，t;

$EF_{燃油}$——燃油综合排放因子，t/t。

$$E_{燃气} = C_{天然气} \times EF_{燃气} \tag{5-5}$$

式中，$C_{天然气}$——当年天然气消费量，t 或 m^3;

$EF_{燃气}$——燃气综合排放因子，t/t 或 t/m^3。

$$E_{电力调入} = \sum ELE_{prov, 调入} \times EF_{电力} \tag{5-6}$$

式中，prov——不同省份;

ELE_{prov}——某省份调入电量，万 $kW \cdot h$;

$EF_{电力}$——电力 CO_2 排放因子，t/万 $kW \cdot h$。

$$E_{电力调出} = ELE_{本省调出} \times EF_{电力} \tag{5-7}$$

式中，$ELE_{本省调出}$——本省调出电量，万 $kW \cdot h$;

$EF_{电力}$——电力 CO_2 排放因子，t/万 $kW \cdot h$。

各地区煤炭、油品和天然气消费量来自国家统计局，调入调出电量来自省级官方统计数据，燃煤、燃油和燃气综合排放因子采用最新年份国家温室气体清单数据，各地区电力 CO_2 排放因子由国家应对气候变化主管部门组织核算，详见本书第 10 章"电网排放因子核算"。

5.3　小结

不同于服务于国际履约的国家温室气体清单，其需要满足国际通行规则，核算边界和核算方法等较为一致，缔约方核算结果也基本横向可比，省级碳核算主要服务于国内碳排放管理，因此各国会根据自身国情做进一步调整。各国经验总结如下：

① 明确职责分工，确保相关工作常态化开展。大部分国家通过气候立法等方式明确了相关部门的碳核算责任和义务。大部分发达国家的应对气候变化主管部门同时开展国家和省级两级碳核算，这一组织方式易于国家总量和地区加总量的衔接。此外，美国、加拿大、澳大利亚等联邦制国家的部分省级地区还同时开展了独立的碳核算，如美国的加利福尼亚州、加拿大的不列颠哥伦比亚省，核算边界等方面与国家主管部门开展的下一级核算并不完全相同。

② 保持方法学动态更新，并对历史数据开展回算。随着核算口径、各排放源方法以及数据来源变化，省级碳核算方法学也在不断变化。另外，随着方法学的不断升级和更新，美国、加拿大、英国、澳大利亚等国每年新发布省级碳核算数据时，均会对以往发布的历史年度数据进行更新和修订，对时间序列数据尽量采用当时数据基础所能达到的最高层级的方法和最准确的数据来源开展核算。

③ 实现常态化发布，数据透明度较高。无论是各排放源方法、基础数据来源，还是核算结果，美国、加拿大、澳大利亚、新西兰、英国等均实现了公开发布，从而方便政府机构、研究人员以及公众等查询使用，最大限度地发挥数据的应用价值。

虽然从"十一五"开始，我国已着手部署省级清单编制工作，"十二五"时期开展了常态化的省级碳强度统一核算，但随着"双碳"工作的深入推进，对省级碳核算数据的时效性、准确性、数据颗粒度等需求均进一步提升，目前我国的省级碳核算还存在现行省级编制指南与国家清单以及新的 IPCC 清单指南不同步，缺少按经济部门划分清单，缺少时间序列清单，省级清单时效性不强，2005 年、2010 年、2012 年和 2014 年四个年度外清单缺少统一联审等质量控制/质量保证手段，以及省级碳强度精确度有待提高等问题。

建议下一阶段我国省级碳核算可以从以下几个方面强化工作：

① 定期修订省级温室气体清单编制指南。为与最新国家温室气体清单方法学保持一致，建议尽快着手开展省级温室气体清单编制指南的修订工作。组织国家温室气体清单各领域牵头单位，根据国家温室气体清单编制经验，更新

省级温室气体清单指南内容。之后，建议年度开展省级温室气体清单指南更新评估，视需要及时修订。

② 强化省级温室气体清单编制要求和数据质量管理。明确省级清单编制频率以及报告要求。借鉴 2005 年、2010 年、2012 年和 2014 年四个年度省级温室气体清单联审经验，对各地区提交的年度温室气体清单数据开展质量评估，各地区根据国家反馈的修改意见进一步修改完善，对各地区编制完成的省级温室气体清单做好数据管理、数据分析和应用。

③ 探索碳核算新技术和新方法。近年来，我国不断加强温室气体大气浓度"天空地"观测系统，开展区域、城市和行业企业碳监测试点，为温室气体监测辅助碳核算奠定了初步基础。下一步，有必要强化大气浓度反演温室气体排放量在省级碳核算中的应用，以及探索开展从消费端视角核算省级碳排放，为从不同角度开展控制温室气体排放提供基础数据。

④ 加强省级碳核算法律法规、资金、人力以及信息平台等基础保障。为进一步规范化省级碳核算工作，需在相关的法律法规等层面纳入省级碳核算内容。国家主管部门明确省级碳核算和报告机制、频率以及资金来源后，组织开展对省级碳核算管理和技术人员的培训，建立省级碳核算系统和平台，提高省级碳核算数据管理的信息化水平以及同相关数据信息系统的互联互通。

参 考 文 献

刘保晓，李靖，徐华清，2014. 美国温室气体清单编制及排放数据管理机制调研报告
　　[R/OL]. [2021-12-24]. http://www.ncsc.org.cn/yjcg/dybg/201412/t20141231_609604.html.

马翠梅，徐华清，苏明山，2013. 美国加州温室气体清单编制经验及其启示[J]. 气候变化研
　　究进展，（1）：55-60.

Liesbet Hooghe，Gary Marks，2002. Types of multi-level governance and european integration
　　[M]. Oxford，the UK：Rowman & Littlefield Publishers，Inc.

United Nations Environment Programme（UNEP），2015. Climate commitments of subnational
　　actors and business[R].

United Nations Environment Programme（UNEP），2018. The emissions gap report[R].

Hsu，A.，Höhne，N.，Kuramochi，et al.，2020. Beyond states：harnessing sub-national actors
　　for the deep decarbonisation of cities，regions，and businesses[J]. Energy Research & Social

Science 70，101738.

United Nations Environment Programme（UNEP），2021. Emissions gap report 2021：the heat is on-a world of climate promises not yet delivered[R].

United Nations Development Programme（UNDP），2009. Charting a new low-carbon route to development[R].

Hale，T.N.，Chan，S.，et al.，2021. Sub-and non-state climate action：a framework to assess progress，implementation and impact[J]. Climate Policy 21（3）：406-420.

U.S. Environmental Protection Agency（U.S. EPA），2022. Methodology report：inventory of u.s. greenhouse gas emissions and sinks by state：1990—2019[R].

U.S. Environmental Protection Agency（U.S. EPA），2022b. State GHG emissions and removals [DB/OL]. [2022-06-05]. https://www.epa.gov/ghgemissions/state-ghg-emissions-and-removals.

U.S. Environmental Protection Agency（U.S. EPA），2022c. Fact sheet：areas where differences between state greenhouse gas（GHG）inventories and the EPA's Inventory of U.S. greenhouse gas emissions and sinks by state：1990—2019 estimates may occur[EB/OL]. [2022-06-05]. https://www.epa.gov/system/files/documents/2022-03/fact-sheet-differences-epa-and-offical-state-ghgi.pdf.

U.S. Environmental Protection Agency（U.S. EPA），2021. State CO_2 emissions from fossil fuel combustion[R/OL]. [2022-01-03]. https://www.epa.gov/statelocalenergy/state-co2-emissions-fossil-fuel-combustion-1990-2018.

U.S. Environmental Protection Agency（U.S. EPA），2017a. Users' guide for estimating indirect carbon dioxide equivalent emissions from electricity consumption using the state inventory tool[R/OL]. [2021-11-23]. https://archive.epa.gov/epa/statelocalclimate/state-inventory- and-projection-tool.html.

U.S. Environmental Protection Agency（U.S. EPA），2017b. The emissions & generation resource integrated database for 2014（eGRID2014）version 2.0，eGRID subregion year 2014 data file[DB/MT]. [2021-11-24]. http://www.epa.gov/energy/egrid.

U.S. Energy Information Administration（U.S. EIA），2022a. Introduction and key concepts：state energy-related carbon dioxide emissions tables[EB/OL]. [2022-05-20]. https://www.eia.gov/environment/emissions/state/pdf/intro_key_concepts.pdf.

U.S. Energy Information Administration（U.S. EIA），2022b. Energy-related CO_2 emission data tables[DB/OL]. [2022-05-20]. https://www.eia.gov/environment/emissions/state/.

U.S. Energy Information Administration（U.S. EIA），2022c. Documentation for estimates of state energy-related carbon dioxide emissions[EB/OL]. [2022-05-20]. https://www.eia.gov/environment/emissions/state/pdf/statemethod.pdf.

U.S. Environmental Protection Agency（U.S. EPA），2022d. Learn more about official state greenhouse gas inventories[EB/OL]. [2022-04-27]. https://www.epa.gov/ghgemissions/learn-more-about-official-state-greenhouse-gas-inventories.

U.S. California Air Resources Board，2021a. GHG inventory data archive[DB/OL]. [2022-06-02]. https://ww2.arb.ca.gov/ghg-inventory-archive.

U.S. California Air Resources Board，2021b. Inventory categorization crosswalk[EB/OL]. [2022-06-04]. https://ww3.arb.ca.gov/cc/inventory/data/tables/ghg_inventory_categorization_crosswalk.xlsx.

U.S. California Air Resources Board，2021c. California greenhouse gas emissions for 2000 to 2019. Trends of emissions and other indicators[R/OL]. [2022-06-04]. https://ww3.arb.ca.gov/cc/inventory/pubs/reports/2000_2019/ghg_inventory_trends_00-19.pdf.

Office of Secretary of State of Washington，2020. Washington code 70A.45.020-Greenhouse gas emissions reductions-Reporting requirements[Z].

U.S. Washington State Department of Ecology，2021. Washington's greenhouse gas inventory [R/OL]. [2022-06-05]. https://ecology.wa.gov/air-climate/climate-change/tracking-greenhouse-gases/GHG-inventories.

U.S. Washington State Department of Commerce，2020. Fuel mix disclosure[EB/OL]. [2022-04-09]. https://www.commerce.wa.gov/growing-the-economy/energy/fuel-mix-disclosure/.

U.S. Marine State Office of the Revisor of Statutes，2003. Marine revised statutes title 38 chapter 3 climate change[Z]. [2022-02-09]. http://www.mainelegislature.org/legis/statutes/38/title38.pdf.

U.S. Maine Department of Environmental Protection，2020. Eighth biennial report on progress toward greenhouse gas reduction goals[R/OL]. [2022-02-09]. https://www.maine.gov/tools/whatsnew/attach.php?id=1933469&an=1.

Environment and Climate Change Canada，2011. Greenhouse gas sources and sinks in Canada：1990—2009[R/OL]. [2021-12-29]. http://unfccc.int/files/national_reports/annex_i_ghg_inventories/national_inventories_submissions/application/zip/can-2011-nir-16may.zip.

Government of Canada，2022. Greenhouse gas emissions[EB/OL]. [2022-05-11]. https://www.canada.ca/en/environment-climate-change/services/environmental-indicators/greenhouse-gas-emissions.html.

Canada Energy Regulator，2022. Provincial and territorial energy profiles[EB/OL]. [2022-05-10]. https://www.cer-rec.gc.ca/en/data-analysis/energy-markets/provincial-territorial-energy-profiles/

provincial-territorial-energy-profiles-explore.html.

Environment and Climate Change Canada，2022a. Facility greenhouse gas reporting：overview of 2020 reported emissions[R/OL]. [2022-03-10]. https://www.canada.ca/en/environment-climate-change/services/climate-change/greenhouse-gas-emissions/facility-reporting/overview-2020.html#toc1.

Environment and Climate Change Canada，2022b. Greenhouse gas sources and sinks in Canada：1990-2020[R/OL]. [2022-04-17]. https://unfccc.int/sites/default/files/resource/can-2022-nir-14apr22.zip.

Environment and Climate Change Canada，2019. What we heard from you on the 2018 greenhouse gas national inventory report[EB/OL]. [2021-12-29]. https://www.canada.ca/en/environment-climate-change/services/climate-change/greenhouse-gas-emissions/what-we-heard-2018.html.

Ministry of Environment and Climate Change Strategy，British Columbia（MECCSBC），2021. Methodology book for the british columbia provincial inventory of greenhouse gas emissions [R/OL]. [2022-01-10]. https://www2.gov.bc.ca/gov/content/environment/climate-change/data/provincial-inventory.

UK Department for Business，Energy & Industrial Strategy（DBEISUK），2016. Greenhouse gas inventories for england，scotland，wales and northern ireland：1990-2014[R/OL]. [2021-12-12]. https://www.gov.uk/government/collections/devolved-administration-greenhouse-gas-inventories.

UK Department for Business，Energy & Industrial Strategy（DBEISUK），2021. Sub-national greenhouse gas emissions statistics-frequently asked questions[R/OL]. [2022-01-05]. https://www.gov.uk/government/publications/uk-greenhouse-gasemissions-explanatory-note.

Department of Industry，Science，Energy and Resources，Australia（DIAERA），2019. State and territory greenhouse gas inventories 2019[R/OL]. [2022-01-05]. https://www.industry.gov.au/data-and-publications/nationalgreenhouse-accounts-2019/state-and-territory-greenhouse-gas-inventories-2019-emissions.

Statistic New Zealand，2021. Environmental-economic accounts：sources and methods（Third Edition）[R].

United Nations，2014. System of environmental-economic accounting 2012-experimental ecosystem accounting[R].

UK Government，2008. Climate change act [EB/OL]. 2008[2021-12-10]. https://www.legislation.gov.uk/ukpga/2008/27/contents.

第 6 章　城市碳核算

目前全球城市人口约 42 亿人，占全球总人口的 55% 左右。城市内居民的生产活动和生活消费会产生大量的能源和产品消耗，进而造成大量的温室气体排放。根据世界银行相关研究，城市作为全球最大的能源消费者，其能源消耗量占全球的 2/3 以上，温室气体排放量约占全球的 70%（World Bank，2021）。在世界范围内，城市边界和城市人口数仍有不断扩大和增加的趋势。据预测，到 2050 年城市人口将占全球总人口的 70%（World Bank，2021），未来随着人口的不断增加，城市对能源和物质消耗的需求将会进一步上升，从而导致城市温室气体排放量进一步增长。因此，为应对气候变化，推动实现各国提出的碳中和目标，有必要对城市温室气体排放进行控制，有专家预测在未来的几十年里，实现经济深度脱碳将主要依赖于城市（Arioli et al.，2020）。

碳核算是开展城市温室气体排放控制的基础。对于地方政府而言，为实现城市温室气体减排，首先需要了解和掌握城市范围内的温室气体排放情况，进而提出减排目标、制定减排路线并推动相关措施实施。在开展碳核算的过程中，地方政府需要有相应的方法学和报告框架指导，以便于产出可横向比较的、用于支撑地方实际工作的清单报告。虽然国家和省级碳核算方法学能够应用于城市层级的温室气体核算，但由于这些方法原本的核算对象（国家和省份）面积较大、跨区域活动相对较少，在核算过程中主要考虑直接排放。与国家和省级地区相比，城市的空间范围更小、跨区域活动更多、活动水平数据更难以获得，采用国家和省级层面核算指南进行城市碳核算时会有数据获取等方面的困难，同时计算出的排放量也不足以反映跨区域活动产生的影响。为反映城市排放特性、制定城市减排目标以及评估城市减排成效，从而更好地支撑城市层面开展减排行动，有必要制定专门的城市层级碳核算方法学。

本章梳理了国际上城市碳核算的背景、主要发展历程，对比了国内外发布的城市碳核算指南和标准的特点，归纳分析了各自的优势与不足，同时提出了未来我国开展城市碳核算的工作建议。

6.1 发展历程

许多地方政府在 1990 年就开始关注城市可持续发展问题，通过国际合作的形式成立国际组织，积极参与相关国际自愿行动，并承诺温室气体减排目标。目前，全球已有 6 000 多个城市制订了城市气候行动计划（World Bank，2021），由此也催生了城市碳核算的需求。与此同时，为支撑城市层面采取的减排行动，多家国际组织和研究机构开展了城市及城市以下区域碳核算的探索。因此，城市层级的温室气体核算研究已有近 30 年历史。

20 世纪 90 年代，部分欧美城市采用 IPCC 国家清单指南核算城市直接温室气体排放量并取得初步进展，如西班牙巴塞罗那市采用"自下而上"的方法对 1987—1996 年的 CO_2 和 CH_4 排放量进行了核算（Baldasano，1999）。当时在缺乏专门的城市碳核算方法学的背景下，IPCC 指南在一定程度上为城市温室气体排放核算提供了指导和参考。但由于城市存在跨区域活动多、数据基础薄弱等情况/问题，在应用过程中专家学者们逐渐认识到，简单采用 IPCC 方法并不能反映城市排放特征，也无法推动城市碳减排（蔡博峰，2013）。因此，国际上的许多学者开展研究城市碳核算方法学。同时，许多国际组织也借鉴 IPCC 国家清单指南等方法学经验，开始研究和发布城市/社区层级温室气体核算指南、标准以及框架，并推动在世界范围内使用。

2009 年，地方可持续发展协会（Local Governments for Sustainability，ICLEI）借鉴《IPCC 国家温室气体清单指南》和世界资源研究所（WRI）、世界可持续发展商业理事会（WBCSD）发布的《温室气体核算体系：企业核算与报告标准》，发布了首个城市核算指南——《国际地方政府温室气体排放分析议定书》（*International Local Government GHG Emissions Analysis Protocol*，IEAP），为地方政府温室气体核算提供了参考。同年，在第五届世界城市论坛上，世界银行与联合国环境规划署、联合国人居署共同发布了《城市温室气体排放核算国际标准》（*International Standard for Determining GHG Emission for Cities*，ISC），并推荐 100 万以上人口的城市使用该标准。欧洲气候与能源市长联盟（Covenant of Mayors for Climate and Energy Europe，CoM）也发布了《基准线排放清单/监测排放清单》（*Baseline Emission Inventory/Monitoring Emission Inventory*，BEI/MEI），为签署"可持续能源行动计划"的欧洲城市提供核算方法，以帮助城市实现减排目标。

上述各大国际组织开发的碳核算方法学不完全可比，而它们又竞相要求加盟的地方政府遵守自己发布或认可的方法进行碳核算和报告，这导致了国际上核算报告的不一致，同时也削弱了地方政府的行动能力（C40，ICLEI，2011）。为解决上述问题，实现地方政府气候行动的"可测量、可报告、可核实"，2012 年，作为推动地方气候行动的两个有影响力的国际组织，C40 城市气候领导联盟和 ICLEI 签署了谅解备忘录，随后与 WRI 等机构合作，制定并发布了《城市温室气体核算国际标准》（*Global Protocol for Community-Scale Greenhouse Gas Emissions*，GPC），该标准在世界范围选择了 35 个城市开展试点，旨在统一全球城市层面的碳核算（ICLEI，2019）。但是实际上，该标准发布后并未实现全球通用，仍然有许多组织和地方政府陆续发布新的国际/地方城市核算标准，以满足自身需求。

2012 年，ICLEI 美国办事处制定并发布了《美国社区协议书》（*U.S. Community Protocol for Accounting and Reporting of Greenhouse Gas Emissions*，USCP），旨在作为管理框架，为美国城市及社区温室气体排放核算提供指导（ICLEI，2019）。2013 年，英国标准协会（BSI）发布了《城市温室气体排放评估规范》（*PAS 2070：Specification for the assessment of greenhouse gas emissions of a city*，PAS 2070），提供了"直接+供应链法"和"基于消费法"两种核算城市排放的方法，是首个利用投入产出模型进行城市碳核算的国际指南（BSI，2013）。同年，WRI 联合中国社科院城市发展与环境研究所、世界自然基金会（WWF）、可持续发展社区协会等机构，为中国城市开发了"城市温室气体核算工具"。该工具以 GPC 为基础，结合中国地方政府需求，设计了不同的报告格式（WRI，2013）。全球气候与能源市长联盟（Global Covenant of Mayors，GCoM）在 2018 年推出《一般报告框架》（*Common Reporting Framework*，

CRF），规范了加盟 GCoM 地方政府的碳核算方法和报告方式，同时为目标设置、气候风险和脆弱性评估、气候行动规划的编制提供指导（GCoM，2018）。2014 年后，我国部分省份的应对气候变化主管部门也发布了地市级清单编制指南，作为省级行政区内各市、县（区）温室气体清单编制的依据。

总体而言，目前国际上已发布多份城市层级碳核算的标准和指南，部分指南国际通用，部分指南则为某一国家和地区定制，但尚未形成类似于《IPCC 国家温室气体清单指南》的、国际统一和公认的城市层级温室气体核算指南（徐丽笑，2020）。大部分指南和标准都借鉴了《IPCC 国家温室气体清单指南》以及 WRI/WBCSD 发布的《温室气体核算体系：企业核算与报告标准》中的方法学，包括直接排放和部分间接排放，但具体的核算范围和报告要求又各有不同。本章 6.2 节和 6.3 节将详细介绍现有的主要国际和国内城市碳核算指南和标准。

6.2 国际实践

6.2.1 ICLEI 相关指南标准

ICLEI 是各国地方政府自愿成立的国际组织，自 1990 年建立至今，ICLEI 的成员单位遍布全球 125 个国家或地区。多年来，ICLEI 一直致力于通过地方行动减少温室气体排放，开展合作的地方/地区政府超过 2 500 个（ICLEI，2022）。在其与联合国、地方政府、国际组织合作的 30 余年里，ICLEI 发布和修订了多个城市/社区层级温室气体核算标准和指南，对各国地方政府制定减排目标、编制温室气体清单起到了十分重要的作用。以下重点对 ICLEI 独自或参与编制的 4 个城市温室气体核算标准/指南进行梳理分析。

（1）IEAP

ICLEI 于 2009 年发布的 IEAP 是世界范围内首个城市层级的温室气体排放报告指南和标准（Lombardi et al.，2017），该指南主要为市级地方政府编制，同时也适用于州、省层面政府机构。

IEAP 要求城市分别对全市排放和政府排放进行核算。指南将城市碳排放的核算边界分为"政府组织边界"和"地理边界"。"政府组织边界"指受地方政府直接控制的所有设施，如政府建筑、公共交通设施、公共废弃物处理设施等；"地理边界"指地方政府具有管辖权的物理区域，即城市的实际地理边界，"政府组织边界"是"地理边界"的一部分。按照"政府组织边界"可以核算由政府自身运营产生的温室气体排放，即"政府清单"；按照"地理边界"可以核算地方政府所管辖的行政区域内所有活动产生的排放，即"城市清单"（ICLEI，2009），分别对两个边界进行核算有助于政府部门开展自身直接控制措施以及整个城市边界内的温室气体排放管控。

在核算内容方面，IEAP 明确了核算的气体种类和时间尺度。IEAP 核算方法要求地方政府对 6 种温室气体排放量进行核算，包括 CO_2、CH_4、N_2O、PFCs、HFCs 以及 SF_6。考虑到不同城市的数据基础不同，IEAP 并未像《公约》相关决议一样要求发达国家统一以 1990 年为国家温室气体清单基年，而是希望各地方政府根据实际能力确定最初清单年份，为当地气候行动计划和成效评估提供有力支持。

在核算范围上，由于城市跨边界活动频繁，IEAP 除核算边界内排放源产生的排放（直接排放）外，还要求对边界内活动导致的边界外排放（间接排放）进行核算。因此在划分排放源时，IEAP 将 IPCC 清单指南的"部门分类"和 WRI/WBCSD《温室气体核算体系：企业核算与报告标准》的"范围分类"相结合。按部门分类，将排放分为能源活动（包括固定源、交通、逸散排放）、IPPU、农业，土地利用、LULUCF 及废弃物处理共五大部门，在每个部门下还可细分为子部门和具体活动；按照范围分类，将排放分为"范围一"排放、"范围二"排放和"范围三"排放，但上述范围分类与企业排放的范围定义又有所区别，具体内容如表 6-1 所示。

表 6-1　IEAP 不同边界下范围的定义

范围	WRI/WBCSD《温室气体核算体系：企业核算与报告标准》定义（WBCSD，WRI，2011）	IEAP 定义	
		政府组织边界	地理边界
范围一	企业直接排放的温室气体	地方政府拥有或运营的直接排放源产生的排放	位于城市区域内的所有直接排放源产生的排放

续表

范围	WRI/WBCSD《温室气体核算体系：企业核算与报告标准》定义（WBCSD，WRI，2011）	IEAP 定义	
		政府组织边界	地理边界
范围二	企业外购电力、供热/制冷，或蒸汽自用而产生的间接排放量	地方政府消费电力、冷、热产生的间接排放	在城市区域内，由于消费电力、冷、热而产生的间接排放
范围三	除范围二以外的其他间接温室气体排放量	地方政府有重要控制或影响的其他间接和隐含排放源产生的排放，如政府雇员上下班驾驶车辆产生排放	由于城市内活动而产生的其他间接和隐含排放，如在城市边界外处理边界内产生的废弃物

IEAP 采用活动水平乘排放因子的方法计算排放量，并为不同国家或地区的活动水平数据的选取提供有针对性的指导，排放因子推荐选用国家或地方政府机构发布的，或选择国际组织、学术机构、行业的研究结果，政府清单和城市清单在排放因子选取上应保持基本一致。在核算排放量时，城市清单中能源部门的"范围一"排放需要包括市内发电上网或区域供暖/冷设施产生的直接排放，无论电、热、冷是否外供，"范围二"排放包括消耗电力、暖、冷产生的所有排放，因此"范围一"和"范围二"可能存在重叠，所以为避免重复计算，IEAP 要求将发电和供暖供冷消耗的燃料数据单列，以便于在报送时将市内电厂和供暖供冷设施产生的直接排放扣减。

在报告编制和报送方面，IEAP 同时规定了地方政府温室气体清单的报告要求。采用 IEAP 进行清单编制的政府需要明确边界和清单年份，在城市清单中，地方政府应该报告除边界内发电设施和垃圾填埋设施之外的所有"范围一"排放，以及消费电、热、冷产生的所有"范围二"排放，"范围三"排放则只需要报告边界外处理边界内废弃物导致的排放。IEAP 要求清单编制者记录所有排放源信息，以及核算排放量所选用的数据层级。此外，为便于地方政府对其温室气体排放情况进行报送，ICLEI 联合联合国环境规划署建立了Carbonn 线上系统，为各国地方政府制定气候变化目标、开展排放核算、衡量减排成效等提供披露和对比的平台。

由于是首份城市碳核算指南，IEAP 方法存在着一定的局限性。IEAP 虽然纳入了"范围三"排放，但只有废弃物部门需要进行报告，未考虑城市消耗的外购食物、建筑材料和水等产生的间接排放，因此部分专家学者认为 IEAP 并不是一份完善的城市碳核算指南。但尽管如此，IEAP 作为第一份城市层级的温室气体清单指南，填补了当时城市温室气体核算的空白，为地方政府提供了有益参考和帮助，也对 ICLEI 后续开发的 GPC、USCP 等城市核算指南奠定了初步基础（ICLEI，2019）。

（2）GPC

2012 年，ICLEI 与 C40 城市气候变化领导小组、世界银行、联合国环境规划署、联合国人居署及世界资源研究所合作完成了《城市温室气体核算国际标准（测试版 1.0）》（以下简称"GPC 测试版 1.0"），2013 年 5—10 月，GPC 测试版 1.0 在全球范围内启动核算试点，包括温哥华、墨西哥城、伦敦、墨尔本、东京等在内的 35 个城市参与了此项工作。试点城市根据 GPC 测试版 1.0 中方法编制城市温室气体清单，不断讨论交流形成反馈意见，以便于 ICLEI 等机构对标准进行修改和完善，同时为其他城市提供经验（WRI，2013）。2014 年 12 月，ICLEI 正式发布修订后的最终版本 GPC1.1。

GPC 的应用范围不局限于城市。虽然 GPC 主要是为城市温室气体核算而设计的，但其核算框架适用性强，可应用于城镇、地区、县、地、省和州等行政区域碳核算，标准中所提到的"城市""社区"等词可以指代以上任何一个层级的行政区域，按照地理边界确定某一区域温室气体核算边界（ICLEI，WRI，C40，2014）。根据清单的编制用途，边界可以是地方政府的行政边界、城市中的一个区或自治区、行政区划的组合、大都市地区或另一个地理上可识别的实体。

GPC 的核算内容较为丰富，涵盖的气体种类、排放部门较为全面。GPC 涵盖的温室气体包括《京都议定书》以及《京都议定书多哈修正案》规定的 7 种温室气体：CO_2、CH_4、N_2O、PFCs、HFCs、SF_6 和 NF_3。与 IEAP 类似，GPC 也同时借鉴了"部门"分类和"范围"分类。按部门划分，GPC 将城市活动产生的温室气体排放分为能源活动（包括固定源的燃烧和逸散，以及交通），废弃物处理，IPPU，农业、林业和其他土地利用（AFOLU）四个部门。按"范围"划分，将排放分为"范围一""范围二"和"范围三"，"范围三"排放只要求包括电力输配损失、城市运输到边界外处理的废弃物以及跨边界交通产生的排放（ICLEI，WRI，C40，2014）。

GPC 同样采用排放因子法来计算各类排放量，并在指南中使用了大量的篇幅，为每个排放源的核算方法提供指导。在活动水平数据的选取上，GPC 推荐选用地方和国家权威、公开以及经同行评议的统计数据，而不是国际数据。如果需要获取新的数据，GPC 推荐采用调查法，尽管有时调查法较为昂贵和耗时。活动水平数据与城市地理边界不一致时，GPC 建议将数据按人口比例等参数进行扩展或收缩。在排放因子的选取上，GPC 建议首先选用地方、区域或国家排放因子，如果上述因子不可得，则应选用 IPCC 缺省因子，或引用 IPCC 排放因子数据库（Emission Factor Database，EFDB）和其他国际机构发布的、能够反映国家情况的排放因子。

在进行年度清单编制时，GPC 要求城市采用两个有区别但互补的框架进行排放核算和报告："范围框架"和"城市诱发框架"。"范围框架"要求核算所有"范围一""范围二""范围三"排放，其中"范围一"排放为边界内的所有直接排放，包括电厂发电上网产生的排放，以及边界外运输到边界内处理的废弃物产生的排放等，"范围框架"可以展示与城市活动相关的所有排放源，但此种算法可能存在重复计算内容（如城市发电上网在"范围一"中用燃料消耗量进行了计算，"范围二"计算电力消费产生的排放时会有重复），因此"范围框架"下排放量不能够相加成为排放总量，但能够较为全面地展示各排放源情况。与"范围框架"不同，"城市诱发框架"考虑到排放的实际责任主体，不包括"范围一"中边界内发电上网、外供冷供暖产生的排放，以及"范围三"中边界外运输到边界内处理的废弃物产生的排放，排放量可以进行加总。城市诱发框架为地方政府提供了两个报告级别："初级核算"（BASIC）和"中级核算"（BASIC+），两种级别要求涵盖的排放源种类有所区别。"初级核算"的核算内容只涉及固定源、边界内交通，以及边界内产生的废弃物，计算方法学和数据较容易获取。"中级核算"覆盖的范围更加全面，在"初级核算"报告内容的基础上，添加了 IPPU、AFOLU 部门的排放，以及跨边界运输、能源输配损失产生的"范围三"排放。由于纳入内容较多，"中级核算"的数据收集和计算程序更为复杂，清单编制具有一定的挑战性（ICLEI，WRI，C40，2014），GPC 两种层级包含的具体排放源见表 6-2。如果地方政府核算了其他"范围三"排放，不可以计入"初级核算"和"中级核算"的排放总量中，应该单独列出。

表 6-2　GPC 城市诱发框架下不同层级报告要求

部门	排放分类	初级核算 BASIC	中级核算 BASIC+
固定源	范围一	√ 不包括上网电力、外供暖供冷等能源生产设施，但包括区域内的电力自发自用、自供暖供冷	√ 不包括上网电力、外供暖供冷等能源生产设施，但包括区域内电力自发自用、自供暖供冷
	范围二	√ 边界内消耗电网电力、区域供冷供暖产生的排放，不管这些能源是否在城市边界内生产	√ 边界内消耗电网电力、区域供冷供暖产生的排放，不管这些能源是否在城市边界内生产
	范围三	×	√ 仅包括消耗上网电力、供暖供冷产生的能源输配损失
交通	范围一	√	√
	范围二	√ 城市边界内交通活动消耗上网电力产生的排放	√ 城市边界内交通活动消耗上网电力产生的排放
	范围三	×	√ 仅包括跨边界交通排放，以及消耗上网电力、供暖供冷产生的能源输配损失
IPPU	范围一	×	√
AFOLU	范围一	×	√
废弃物处理	范围一	√ 不包括在城市边界内处理边界外产生的废弃物	√ 不包括在城市边界内处理边界外产生的废弃物
	范围三	√ 在城市边界外处理边界内产生的废弃物	√ 在城市边界外处理边界内产生的废弃物
其他"范围三"排放	范围三	自愿核算，不计入总量	自愿核算，不计入总量

注："√"表示有报告要求，"×"表示无报告要求。

　　GPC 在制定过程中开展了大量城市试点工作，具备一定的实践经验，GPC 发布后也获得了多家国际组织的认可，曾被市长契约评价为"社区规模排放报告的全球公认新标准"（CoM，2014）。GPC 提出的层级报告格式给予了地方政府自由选择报告内容的空间，能源活动、IPPU、废弃物处理等部门的核算内容比较完善，但也由于排放源和气体种类较多，清单的编制会比较复杂，对数据要求高。有学者认为，GPC 过于关注清单的完整性而忽视了相关性，由于 GPC 要求核算许多非重点排放源，地方政府可能耗费大量精力编制清单，但却难以通过清单进行精准决策（Erickson，Morgenstern，2016）。

（3）USCP

USCP 是地方政府与地方可持续发展协会美国办事处（ICLEI USA）专门为美国地方政府开发的温室气体核算指南。该标准与 GPC 同年（2012 年）发布，2019 年进行了修订并形成版本 1.2，该标准旨在鼓励和指导美国地方政府对其所在的行政区域进行温室气体核算和报告（ICLEI，2019）。

USCP 也要求对直接排放和间接排放进行计算，但并未参照 IPCC 的部门分类，也未引入"范围"概念。USCP 以地方政府的行政管辖边界为核算边界，按照排放的不同来源，划分了 7 个部门：建筑环境、交通及其他移动源、固体废物、废水及饮用水、农业牲畜、森林及土地，以及社区活动的上游影响，前 4 个排放部门有强制的核算内容，后 3 个排放源则可按实际能力有选择地进行核算。同时，USCP 对"排放源"和"活动"进行了明确，将排放分为：①社区边界内"排放源"产生的温室气体排放；②由于社区"活动"导致的温室气体排放，二者的排放存在重叠，但也有所区别（ICLEI，2019）。

"排放源"分类考虑排放实际发生的地点，包括城市边界内产生的所有温室气体；而按照"活动"进行核算，考虑了城市作为消费者应该负担的排放责任，因此核算城市"活动"产生的排放包含了外购电力、供应链等的间接排放。USCP 要求地方政府至少对五大基本"活动"进行核算，如表 6-3 所示。USCP 的这种排放分类方法有助于地方政府根据实际需求选择合适的报告内容。按照"排放源"进行核算，可以得到社区管辖边界内的排放量；按照城市"活动"进行排放核算，可以得到由于城市消费商品和服务产生的边界内和边界外排放，反映社区效率（ICLEI，2019）。

表 6-3　USCP 要求必须纳入核算范围的五大基本"活动"

序号	五大基本"活动"	描述
1	城市用电	边界内消耗电力产生的排放，无论电厂是否位于城市边界内

续表

序号	五大基本"活动"	描述
2	住宅和商业固定燃烧设备的燃料使用	社区边界内燃烧设备消耗燃料产生的排放,不包括发电和外部供冷供暖消耗燃料产生的排放
3	公路客运和货运机动车行驶	公路客运和货运机动车使用燃料产生的排放
4	饮用水、废水处理和输送使用的能源	社区内饮用水的处理和输送、废水的收集和处理消耗能源产生的排放,无论供水设施和废水处理设施是否位于城市边界内
5	社区产生的废弃物	城市当年产生的废弃物在未来产生的所有排放,无论废弃物是否在城市边界内进行处理

为帮助美国地方政府进行排放量核算,USCP 提供了 8 个附录文件,对每一个部门提供详细的核算指导。在提供的核算方法中,大部分排放源的核算方法都基于活动水平数据和排放因子,一小部分排放源在核算时采用直接测量法。活动水平数据主要源自美国公共和私人机构的统计和调查结果(如美国温室气体报告系统中的设施数据、地方政府统计数据等),或通过模型进行估算(如交通模型、废弃物衰减模型等)。在排放因子部分,USCP 推荐使用由第三方核证过的设施专属排放因子,如果该因子不可得,则选取地方和区域层面排放因子(如核算电力排放量可采用 EPA eGRID 区域电网因子)。如果地方政府需要核算能源消费产生的生命周期排放,USCP 推荐使用美国国家可再生能源实验室(National Renewable Energy Laboratory,NREL)燃料和能源燃烧前生命周期清单(Fuels and Energy Pre-combustion Life Cycle Inventory,LCI)数据库中的排放因子。

USCP 为美国地方政府制定了多种报告框架。针对美国地方政府可能存在的不同需求,USCP 提供了地方政府重大影响、政府消费、边界内排放源、社区活动、社区商业生命周期排放、独立行业部门、家庭消费、完全基于消费的排放清单共 8 个框架,每个框架要求报告的排放源各有不同。地方政府可以根据清单编制的目的,选择 USCP 推荐的一个或者多个报告框架来编制清单报告。例如,若地方政府想为城市设置减排目标并确定减排行动,则应选用"政府重大影响"框架;如果地方政府编制清单主要为了对社区居民进行低碳教育,USCP 则推荐采用"家庭消费框架"进行清单报告。

USCP 与 GPC 是同年发布的,二者均对直接排放和间接排放有核算要求，主要采用排放因子法进行核算，但在排放的分类上存在一定的区别。编制USCP 的主要目的是规范美国地方政府的排放核算，同时指导地方政府对管辖社区的温室气体排放进行核算和报告，并强调来源和活动。因此，为满足美国地方政府对清单编制的特定需求，USCP 中的核算方法、推荐的数据源主要基于美国的最佳实践，部分内容可能不适用于美国以外的地区使用，这一点与适用于国际各地方政府的 GPC 不同。USCP 也考虑到了与 GPC 的衔接性问题，因此在指南中为美国地方政府如何满足 GPC 要求进行了指导说明（ICLEI，2019）。

（4）中国城市温室气体核算工具

"中国城市温室气体核算工具"是 WRI、中国社会科学院城市发展与环境研究所、世界自然基金会和 ICLEI 共同开发的、针对中国城市的温室气体核算工具。该核算工具以 GPC 测试版 1.0 为主要依据，同时参考了 IPCC、中国省级清单指南等，在 GPC 的基础上进行修改和完善（WRI，2013），具体包括《城市温室气体核算工具指南（测试版 1.0）》，以及一份 Excel 温室气体核算模型。后续，WRI 又于 2015 年对核算工具进行了更新，同时发布《城市温室气体核算工具 2.0 更新说明》，使用核算工具时需要将指南和更新说明结合阅读。

核算工具在方法学和核算内容上与 GPC 基本保持一致。由于核算工具主要基于 GPC 开发，核算工具的气体种类、部门分类、范围分类均与 GPC 中的要求差别不大，但核算工具未纳入 GPC 中包含的第七种温室气体（NF_3）。在核算边界的确定上，核算工具推荐采用城市行政区划作为地理边界，行政区划意义上的城市、大城市圈、建成区和园区等都可以作为核算边界（WRI，2013）。根据数据可得性以及清单的数据颗粒度，核算工具为各排放源的活动水平数据收集提供了建议，清单编制者可通过《中国能源统计年鉴》、城市统计年鉴、行业管理部门、行业年鉴等获得活动水平数据，或对各个行业的排放源进行实际调研和数据汇总。核算工具内嵌了缺省排放因子，化石燃料燃烧的排放因子选用 WRI 以往研究成果，电力排放因子选用 2010 年国家发展改革委发布的省级电网因子，其他部门的缺省排放因子源于省级清单指南（WRI，2015）。

虽然核算工具参考了大部分 GPC 中的方法学和核算内容，但其与 GPC 在报告格式上有一些区别。GPC 作为一份国际城市温室气体核算指南，设计的

"初级核算""中级核算"等框架主要适用于国际核算报告。为更满足我国地方政府的需求，WRI 等机构将核算工具的报告模式进行了扩充，除 GPC 报告格式外，还设计出了省级清单、重点领域、排放强度、产业排放等报告模式，报告页面可以自动链接相关数据，无须编制者重新进行排放分类和汇总。同时，在核算工具的 GPC 报告格式中，核算工具要求在"初级核算"层级中纳入 IPPU 产生的"范围一"排放，而这些排放在 GPC1.0 指南中的"中级核算"才要求纳入，具体覆盖排放源如表 6-4 所示。

表 6-4　核算工具 GPC 报告格式下不同层级覆盖的排放源

部门	范围	初级核算 BASIC	中级核算 BASIC+	高级核算 EXPANDED （方法学未发布）
固定排放源	范围一	√	√	√
	范围二	√	√	√
	范围三		√ 能源输配损失	√ 能源输配损失
移动排放源	范围一	√	√	√
	范围二	√	√	
	范围三		能源输配损失； 跨边界交通	能源输配损失； 跨边界交通
IPPU	范围一	√	√	
AFOLU	范围一		√	√
废弃物处理	范围一	√	√	√
	范围二			
	范围三	√ 城市边界内产生、边界外处理	√ 城市边界内产生、边界外处理	
其他范围三排放	范围三			√ 所有其他间接排放 （算法尚未开发）

注："√"表示有报告要求，"×"表示无报告要求。

整体而言，"中国城市温室气体核算工具"沿用了 GPC 的核算内容和核算要求，但在报告框架上参考了中国省级清单指南。作为一份中国城市清单编制模型，该核算工具较为人性化且应用灵活，为清单编制机构和组织提供了一定指导。但由于核算工具开发的年份比较早，模型中内嵌的缺省排放因子主要基于以往研究，可能不足以反映近年来的城市排放情况。此外，由于我国各城市发展状况不同，数据水平参差不齐，核算工具在我国的实际应用较为有限。

6.2.2 ISC 标准

ISC 标准是在第五届世界城市论坛上，由世界银行与联合国环境规划署、联合国人居署共同发布的城市温室气体核算标准。该标准很大程度上参考了 IPCC 国家温室气体清单指南和 ICLEI 发布的城市碳核算指南，以地理边界为核算边界，部门划分同《IPCC2006 指南》完全一致，包含能源活动、IPPU、AFOLU 以及废弃物，气体类型为《京都议定书》中的 6 种温室气体，包括 CO_2、CH_4、N_2O、PFCs、HFCs 以及 SF_6，并要求使用 IPCC 最新发布的评估报告中的全球增温潜势（GWP）值折算非 CO_2 气体排放。ISC 认为城市活动会引发许多区域外的排放，因此除要求地方政府核算城市或区域内的所有直接排放（"范围一"排放）外，还要求对消耗外部电力、市外向市内供暖供冷产生的间接排放（"范围二"排放），以及电力输配损失、从城市离开的航运水运、边界外处理城市废弃物产生的排放（"范围三"排放）进行核算，调出电力、向市外供暖供冷、在市内处理外部废弃物导致的排放应从城市排放总量中扣除。同时，ISC 认为清单编制者还应核算城市消费燃料、食物和水、建材等产生的间接排放，并以信息项的形式进行披露，以避免地方政府仅采取政策措施降低边界内排放，忽略跨边界消费的管控进而导致间接排放上升（UNEP et al., 2010）。

在城市清单编制和报告方面，ISC 标准并未提供具体的温室气体核算流程，但提供了标准化的报告模板，编制者需要参考其他指南中的核算方法学进行核算，之后按照规范的格式进行报告，除报告各类排放量外，ISC 还要求填写各排放源的活动水平数据和排放因子。ISC 标准建议人口数超过 100 万人的城市采用该指南进行碳核算，人口数不足 100 万人的城市则推荐选用报告要求较宽松的指南，如欧盟的 BEI/MEI 框架（UNEP et al., 2010）。

6.2.3　CoM/GCoM 指南

为更好地推进地方政府实现应对气候变化的目标，加强地区间的交流沟通，全球范围内的地方政府间还自发建立了相关联盟，如 CoM 和市长契约（Compact of Mayors）。CoM 于 2008 年建立，是全球范围内成立较早、最有影响力的地方政府联盟之一，该联盟旨在帮助地方政府应对气候变化，使市民获得安全、可持续和负担得起的能源。目前 CoM 主要在欧洲地区开展活动，已有来自 54 个国家或地区的 9 000 余个地方和区域政府机构加入，并发布了 BEI/MEI 指南指导城市碳核算。市长契约于 2014 年在 C40 城市气候领导小组、ICLEI、联合国人居署等机构的支持下建立，是一个由市长和城市官员组成的全球联盟，致力于推动城市温室气体减排。

2017 年，上述两个地方政府联盟进行了合并，组建了全球气候与能源市长联盟 GCoM。截至目前，GCoM 是世界上最大的城市和地方政府联盟组织，具有很强的影响力，已有来自六大洲的 1 万余个城市自愿加入。GCoM 还按照地理区域建立了多个地区/国家级盟约分支（其中 CoM 作为欧洲分支进行活动），用于在指定的地理区域内开展工作。各分支盟约可以因地制宜地对各项规则和要求进行调整，以确保 GCoM 符合地区或国家的重点发展事项。由于 GCoM 覆盖范围广，为在全球层面上进行各城市的排放数据汇总和比照，同时适应各地方和地区的特定情况，GCoM 于 2018 年发布了通用报告框架（CRF），该框架建立在现有报告框架的基础上，如前期 CoM 发布的 BEI/MEI 指南等。本章分别对 BEI/MEI 和 CRF 进行介绍。

（1）BEI/MEI

编制温室气体清单是 CoM 对签约的地方政府提出的要求。加入 CoM 的地方政府需要提交可持续能源行动计划（SEAP）或可持续能源与气候行动计划（SECAP），并制定温室气体减排目标。无论地方政府何时加入 CoM，以及提交哪一种行动计划，CoM 均要求地方政府在其提交的计划中报告基年的温室气体排放情况，即基准线排放清单 BEI，并在后续年份中定期提交监测排放清单 MEI，用于追踪和评估地方政府的气候和能源行动进展和目标完成情况（CoM，et al.，2016）。为帮助地方政府编制行动计划，CoM 与欧盟委员会联合研究中心（JRC）合作，陆续发布了 BEI/MEI 的编制和报告框架。

BEI/MEI 框架中强制性的核算内容较少。该框架要求将地方政府拥有管辖权的行政边界作为核算边界，推荐以《京都议定书》中规定的发达国家减排目标基年 1990 年为基年，同时各地方政府还可以根据自身实际可得数据年份情况进行更改。在核算内容上，BEI/MEI 框架只要求核算最终能源消耗产生的 CO_2 排放，子部门包括市政建筑及设备/设施、商用建筑物及设备/设施、住宅、市政交通、公共交通、私人和商业交通，但对非能源部门、非 CO_2 排放不做要求，地方政府可以自愿在附加类别中单独报告。值得注意的是，由于 BEI/MEI 框架按最终能源消耗进行核算，能源种类不仅限于煤炭、石油和天然气等一次化石能源，还包含电力消费导致的间接温室气体排放，核算时采用排放源的电力消耗量乘以排放因子的方法。为避免重复计算，虽然按照燃料消耗乘以排放因子方法计算地方政府管辖范围内的发电设施发电过程中的排放量，但这部分排放不计入清单的直接排放总量。同时，地方政府所承诺的减排范围仅限于可被政府影响的部门（如住房、服务、城市交通等）消费能源产生的排放，而核算边界内参与碳排放交易体系的设施所产生排放通过限额和交易计划进行监管，不受地方政府影响，因此 CoM 不建议将参与碳排放交易体系的设施和工厂纳入核算范围（CoM et al., 2018）。

BEI/MEI 框架采用最终能源消耗量乘以排放因子的方式计算排放量，根据盟约的要求，签约的地方政府需要提交各部门的最终能源消耗数据，地方政府可以从区域/国家级政府机关、市场运营商、调查和预测结果中获取活动水平数据。根据数据和因子选取的不同，有两种计算方法：基于活动的方法，以及生命周期（LCA）方法。CoM 提供了《CoM 排放因子表—2017 版本》，基于活动的方法中固定源燃烧部分的标准排放因子为《IPCC2006 指南》缺省值，同时地方政府也可以采用可靠的地区或国家特定排放因子。电力消费排放部分建议采用国家或地方政府发布的电网排放因子；LCA 方法则考虑了燃料全供应链中的排放，包括开采、运输、加工、消费等环节，核算难度较高。BEI/MEI 框架为清单编制者提供了缺省 LCA 排放因子，主要引用欧洲生命周期数据库（European Life Cycle Database，ELCD）的相关内容。

在报告方面，CoM 重视基年清单报告和后续年份的成效跟踪评估。地方政府编制的 BEI 需要作为其行动计划的一部分，一起向 CoM 提交。除此之外，地方政府还需要阶段性地提交 MEI，CoM 规定 MEI 至少每 4 年提交一次，同时在数据可获得的情况下，还需要编制目标年份排放清单（CoM et al.，2016）。在进度跟踪方面，CoM 建立了"我的联盟"（My Covenant）线上平台，供各地方政府提交报告、跟踪进展并分享其他相关资料。各地方政府提交了相关报告后，CoM 还会组织专门的专家组对报告内容进行审核，并对结果进行反馈。

BEI/MEI 是专门为加入联盟的成员城市设计的，旨在约束和跟踪地方政府行为，因此该框架的温室气体种类和排放源都比较少，是一份较为简单的城市层级温室气体核算框架。由于 CoM 对加盟的地方政府有硬性的减排目标约束，同时具备较为完善的跟踪评估流程，BEI/MEI 的核算和报告框架在联盟的各成员城市得到了较好的应用。2009—2021 年，CoM 已经收到数千份行动计划和清单报告，并在地方政府提交报告的基础上形成了最佳实践，产生了较好的应对气候变化效益（ICLEI et al.，2014）。

案例分析 1：BEI/MEI 在苏格兰邓迪市《气候行动计划》中的应用

邓迪市是苏格兰的第四大城市，拥有约 12.8 万人口。邓迪市政府在 2018 年正式加入 CoM，并于 2019 年 12 月提交了《邓迪气候行动计划》。在其计划中，邓迪市政府承诺与 2005 年相比，到 2030 年实现至少 40% 的温室气体减排，并最终在 2045 年实现温室气体净零排放目标，这与《苏格兰气候变化法案》中提出的目标是一致的。

邓迪市政府在其行动计划中包含了 BEI 和最新年份（2015 年）的 MEI。其中 BEI 以 2005 年为基年（该年份是能够获取可靠数据的最早年份），通过将国家层级的能源数据分解到部门获取活动水平数据，再乘以排放因子得到排放量。虽然框架只要求核算受政府影响的排放部门，但邓迪市清单核算范围不局限于 BEI/MEI 框架中要求的市政建筑、商业建筑、住宅、道路照明设施，还覆盖了工业、交通和废弃物等排放源。

根据其清单报告，2005 年邓迪市温室气体排放量为 109.77 万 $t CO_2$ 当量，2015 年排放量为 83.47 万 $t CO_2$ 当量，在 10 年间实现了 24% 的温室气体减排。其中，住宅和商用建筑作为邓迪市最大的温室气体排放源，排放量分别占据了总排放量的 33% 和 26%，邓迪市政府在 10 年间作出了大量努力，住宅和商业部门分别实现了 40% 和 35% 的减排（Dundee City Council，2019）。

（2）通用报告框架（CRF）

与 CoM 类似，为使各地方政府通过标准化的方式报告排放数据、展示减排成效，同时跟踪进展，2018 年 GCoM 与多位专家学者合作，参考 CoM 发布的 BEI/MEI 和 ICLEI 等机构发布的 GPC，发布了通用报告框架（CRF）。在 CRF 中对城市减排目标、温室气体核算、报告框架等内容作出了一系列要求（GCoM，2018）。

在方法学上，CRF 的核算边界按照地方政府所管辖的行政边界划分，其中强制性的核算内容较少，但比 BEI/MEI 的要求略高一些，气体类型涵盖 CO_2、CH_4 和 N_2O 共 3 种气体。在排放源种类上，CRF 只对能源的固定源、交通及废弃物的排放源有强制核算要求，IPPU、AFOLU 部门，以及上游活动产生排放为可选项。因此，各城市可以按照自身实际能力和需求，有选择地进行温室气体清单编制和报告。另外，与 BEI/MEI 不同的是，CRF 还建议地方政府纳入碳排放交易体系范围内的设施和排放源。

CRF 同样采用排放因子法计算排放量，活动水平数据建议从公用设施或燃料供应商获取，或开展行业调查和模型预测，排放因子同样分为基于活动的排放因子和基于生命周期的排放因子。为便于横向对比，GCoM 建议选用基于活动的排放因子进行计算，因子应采用符合 IPCC 要求的地方/地区/国家级排放因子，电网因子必须能够反映地域特性，但如果地方政府采用了 LCA 因子，则必须同意 GCoM 采用标准化的基于活动的排放因子重新计算排放量，以便于横向对比。在温室气体核算和报告编制方面，GCoM 对加盟城市也有具体要求：地方政府需在加入 GCoM 后的两年内提交全市范围的温室气体排放清单（与 CoM 要求提交的 BEI 一致），并在之后每两年提交一次排放清单。地方政府可以采用 GCoM 合作伙伴开发的工具进行报告输出，如 CDP（Carbon Disclosure Project）统一报表系统、城市清单报告与信息系统（CIRIS）、ICLEI ClearPath GHG 清单工具、可持续能源和气候行动计划（SECAP）模板等（GCoM，2019）。

可以将 CRF 视作 BEI/MEI 指南的国际版本，能够指导 GCoM 城市评估其温室气体排放情况、气候变化风险和相关缺陷，并制定全面清晰的规划和报告，是追踪城市气候行动进展、激励地方政府决策的综合型指南。由于 CRF 中的温室气体清单编制要求较为简单，因此城市人口数量少、对目标跟踪有需求的地方政府也可以用其作为清单编制的指南，也正因为 CRF 较为简单，其覆盖的排放源不够全面，因此与 BEI/MEI 类似，对于极度依赖进口商品服务或工业较为发达的城市来说，管控的温室气体排放领域以及产生的减排效应较为有限。

6.2.4　PAS 2070

PAS 2070 是在伦敦政府资助下、英国标准协会（BSI）推动建立的国际通用城市层级温室气体核算标准。该标准于 2013 年发布，2014 年进行了一次修订。

PAS 2070 的核算内容较为充实，以城市/区域的地理边界为核算边界，涵盖了 CO_2、CH_4、N_2O、PFCs、HFCs、SF_6 共 6 种温室气体。与其他国际核算方法不同，PAS 采用了两种互补的核算方法，即"直接+供应链法"（Direct Plus Supply Chain method，以下简称"DPSC 法"）和"基于消费的方法"（Consumption-based method，以下简称"CB 法"），将城市分别视为商品服务的生产者和消费者计算温室气体排放量（BSI，2014）。

DPSC 法是基于 ICLEI 等机构发布的 GPC 开发的，主要对城市行政辖区内的温室气体排放以及与城市供应链相关的温室气体排放进行核算，排放源的部门划分与《IPCC 国家温室气体清单指南》基本一致，但由于包含供应链产生的排放，除固定源和交通（二者对应 IPCC 能源活动部分）、IPPU、AFOLU、废弃物 5 个部门外，还额外添加了商品与服务部门。其中，固定源部分要求纳入电力、供暖供冷部分的排放，直接排放不包括发电上网和区域供暖供冷设施，但包括市内非上网电力和非区域供暖供冷设施；间接排放要求包含城市消耗的所有电网电力和区域供暖供冷，与发电和供暖供冷设施的地理位置无关。商品与服务部门只统计城市边界外生产、边界内消费的主要商品和服务产生的供应链相关排放，但 PAS 2070 中涉及的供应链排放源种类较为有限。BSI 要求清单编制者选择"对城市温室气体清单有显著贡献"的排放源，其中只包括供水、食物及饮料和建筑材料，对其他排放源无核算要求（BSI，2014）。在 DPSC 方法下，排放主要通过活动水平数据乘以排放因子的方式进行核算，PAS 2070 分别给出了选用活动水平数据和排放因子数据源的先后顺序：活动水平数据按照行业统计数据、城市调查研究成果、国家统计数据、国家研究报告的顺序获取能源消耗数据。排放因子推荐选用政府、行业或学术机构的数据源，清单编制者应优先选用能够反映区域地理特性的排放因子，而后选用国家或国际缺省排放因子。

CB 法是一种基于消费端的核算方法，使用环境扩展投入产出模型（Environmental Expanded Imput Output Model，EEIO），基于国家或区域经济核算数据，以及财务流量数据和环境数据，对上游和下游供应链排放进行核算。CB 法的核算内容包括居民的住宅和车辆化石燃料燃烧产生的温室气体直接排放，以及居民消费所有商品和服务产生的间接温室气体排放。在该方法中，温室气体排放被分配给服务和商品的终端消费者，因此不包含从该城市出口到其他地区消费的商品及服务产生的排放（BSI，2014）。在该方法中，清单编制者首先需要收集住宅、市政府和国家政府、商业资本支出三部门的各类经济消费数据，然后利用 EEIO 模型得到每一商品和服务类别的温室气体排放量。

DPSC 法和 CB 法是指南中平行的两种方法，编制者需要分别采用两种方法进行清单编制，并将结果在同一份报告中展示。PAS 2070 篇幅较短，并未像 IPCC、GPC、USCP 等指南标准一样用单独章节详细说明各排放部门和排放源的计算公式和数据收集方法。为更好地让指南使用者了解 PAS 2070 的具体用法和核算流程，BSI 提供了一份应用案例，对伦敦市如何通过该标准核算城市温室气体清单进行了详细说明（Greater London Authority，2014）。PAS 2070 还要求清单编制者对支撑清单编制的基础数据进行记录和归档，并至少保存 3 年。

案例分析 2：采用 PAS 2070 标准对英国伦敦市温室气体排放进行核算

英国伦敦市早在 2004 年就开始对其城市范围内的温室气体排放进行核算并逐年发布《伦敦市能源与温室气体清单》（*The London Energy and Greenhouse Gas Inventory*，LEGGI），但 LEGGI 中只涵盖伦敦城市边界内化石燃料燃烧产生的 CO_2 排放。在 BSI 发布的案例中，BSI 分别采用 DSPC 和 CB 法对伦敦市 2012 年温室气体排放量进行核算和报告，并将核算结果与 LEGGI 清单结果进行了横向对比。根据 LEGGI 的核算结果，2012 年伦敦市排放温室气体量为 4 444 万 t CO_2 当量，DSPC 方法核算结果为 8 106 万 t CO_2 当量，CB 法核算结果为 11 410 万 t CO_2 当量，由于覆盖的排放源范围不同，三种方法排放量有明显的差异（BSI et al.，2014）。

PAS 2070 也存在一定的局限性。首先，在核算方法上，投入产出模型较为复杂，地方政府需要具有相应技术能力，且需投入较大的时间精力，由于各城市数据基础和能力不同，部分城市可能无法采用该方法进行核算，这一点削弱了 PAS 2070 的应用范围。其次，虽然 PAS 2070 的 DPSC 法要求城市对供应链排放进行核算，但由于 BSI 对"具有显著排放贡献的商品和服务"的定义是较为模糊和有争议的，因此只纳入水、食物和建材的供应链排放可能不符合某些城市的实际情况。尽管存在上述局限，PAS 2070 引入 CB 方法学的做法是值得鼓励的，因为此举避免了只采用 DPSC 法导致的间接排放源覆盖不全的问题，也避免了 DPSC 法中核算和加总各类排放量时可能出现的重复计算。

6.3　国内进展

我国参与国际城市温室气体减排联盟的地区数量较为有限，以 GCoM 为例，除香港特别行政区及台湾地区部分城市外，我国暂未有其他城市加入。为服务于省级以下地方政府开展应对气候变化工作，我国部分省份开展了市县级温室气体清单编制的探索，包括发布核算指南以及定期或不定期开展清单编制等。此外，各地区在落实省级碳强度约束性目标时也会将目标分解到市县级以及评估考核目标进展，因此也会开展相应的碳核算。本节主要介绍国内在城市层级碳核算方面的工作进展。

6.3.1　市县（区）级温室气体清单编制

2010 年，我国发布了《省级温室气体清单编制指南（试行）》，用于规范和指导各省份开展省级温室气体清单编制工作，为各省份编制一致和可比的省级清单提供了参考。但省级指南应用到省级以下地区时，还存在数据来源、处理方法以及边界划分不适用等问题。为了进一步规范省级以下地区（如市、县一级）的温室气体清单编制，使同一省份内不同地区的数据横向可比，浙江、广东等部分省份还研究制定了用于指导本省辖域内市县级清单指南的方法学规范，并组织开展了清单编制。其中，浙江省在 2014 年就开展了省内 11 个设区市和桐庐、海宁、庆元等 9 个试点县 2010—2013 年度的温室气体清单报告编制试点工作；随后，基于试点工作的经验编写和发布了《浙江省市县温室气体清单编制指南》，该指南成为全国首个地方性的清单指南，后续每个年份又对其进行修订和完善，并实现了年度设区市清单编制。2020 年，广东省发布了《广东省市县（区）温室气体清单编制指南（试行）》，并要求各地级以上市生态环境局建立清单编制团队，编制 2018 年起每一个偶数年的市级温室气体排放清单，后续再将清单编制工作逐步扩大到县和区，其中 2018 年清单需要在 2020 年年底前提交。广东省希望通过上述工作摸清各市县（区）温室气体排放现状和趋势，完善温室气体排放统计核算制度。

与大多数国际指南不同的是，我国市县级清单编制指南主要以 IPCC 国家温室气体清单指南和我国发布的《省级温室气体清单编制指南（试行）》为主要依据，只核算直接排放和电力调入调出排放。以广东和浙江发布的城市核算指南为例，核算内容包括能源活动、IPPU、农业活动、土地利用变化和林业、废弃物处理五大部门的排放源，涉及 CO_2、CH_4、N_2O、PFCs、HFCs、SF_6 共 6 种温室气体。两份指南都要求核算 5 个部门产生的直接排放，间接排放仅需核算电力调入调出产生的 CO_2，但只在报告中作为信息项，不计入当地的温室气体排放总量。

在数据源上，广东和浙江发布的指南中推荐了活动水平数据来源，包括省级政府统计数据（如能源平衡表）、市县区统计数据、行业企业数据或通过地方政府和行业协会开展电话调查和实地调查，广东省碳交易试点的企业报告数据也可以用于广东省内各市的清单编制，部分较难获得的数据（如垃圾填埋量和成分等）可以采用定期检测以及专家判断等方法获取。由于市县级统计数据基础较为薄弱，缺少许多全口径数据（如全市的能源消费量），市县清单指南对此类情况提供了多种处理方法，如通过占全省人口、GDP 或建筑面积等的比例推算等。指南也提供了排放因子缺省值，主要来自《IPCC 国家温室气体清单指南》《省级温室气体清单编制指南（试行）》《广东省企业（单位）二氧化碳排放信息报告指南》等文件，个别排放因子通过调查和专家判断的方式确定。指南中的大部分排放源都要求采用缺省排放因子，仅在核算部分排放源（如 IPPU 排放等）的排放量时，指南建议优先采用本地实测的排放因子（浙江省生态环境厅，2022；广东省生态环境厅，2020）。

在报告要求上，两份指南均规范了市县（区）级温室气体清单编制报告的格式和大纲。广东的报告分为两部分：总报告和分部门报告。在总报告中，地方政府需要分部门、温室气体种类进行核算和报告，同时在报告中明确报告范围、编制方法。分部门的清单报告中需要详细列出活动水平数据来源、排放因子选取等。浙江对清单报告的内容要求更为严格，除各类排放量外，还需要对 CO_2 排放强度等指标进行报告，同时要求提供不确定性分析、2010 年以来排放趋势分析和重点领域对策建议。

除上述两个省份外，上海市生态环境局也起草了《上海市区级温室气体清单编制技术指引》，以促进市内各区的温室气体清单编制工作，目前正在征求意见阶段。该指引与浙江和广东发布的指南类似，以行政管辖区为核算边界，要求对边界内的能源活动、IPPU、农业活动、LULUCF 以及废弃物处理五大领域温室气体排放，气体种类为《京都议定书》中规定的 6 种主温室气体。但与浙江省和广东省不同的是，上海市各区的核算内容更少，许多排放源都不要求纳入区级的核算，比如上海市的许多"百千"企业、公用电力企业（纯发电及热电比小于 100%的）、上海化工区重要工业生产企业（共 25 家）、航空客货运企业、水上客货运企业、农/林/牧/渔业能源活动，考虑到数据核算和管理情况，上述排放源由市级统筹，排放均不计入各区清单总量中，但是废弃物处置产生的温室气体排放应按照废弃物产生地计入各区，各区消耗电力热力的 CO_2 间接排放也需要单独计算，并汇总计入本区温室气体排放总量（上海市生态环境局，2022）。

在核算方法上，上海市核算指引主要采用基于活动水平的排放因子法，少部分排放源核算时采用物料平衡法和实测法进行补充。在数据收集方面，上海市规定了活动水平和排放因子来源的优先顺序：活动水平以统计部门数据为主，其次是部门数据，然后是调研数据和专家估算数据；排放因子应尽量准确反映上海市情况，优先选用本地排放因子，其次是省级排放因子、国家排放因子或 IPCC 排放因子。在报告方面，上海指引提供了清单报告大纲，要求明确阐述排放源和核算方法、所用的活动水平数据来源、排放因子，以及排放情况，并提供不确定性分析。与浙江省和广东省相比，上海市的城市化程度更高，城市面积更小，各区经济都很发达，因此发电、化工、交通等服务于全市的行业企业产生的大量排放由市级统一管理，排放不计入各区，能够更好地协调市内生产供应和发展。

与国际城市级碳核算指南规范相比，我国市县级温室气体清单指南大多基于 IPCC 指南和省级清单指南进行编制，核算的范围主要是区域内的直接排放和电力调入调出隐含的间接排放，其他间接排放覆盖较少，核算范围相对清晰，所需数据量相对较少，数据获取难度相对较低。由于核算的主要是基于生产端的直接排放，我国市县（区）级清单的核算方法基本为排放因子法、物料平衡法或实测法，不包括投入产出等消费端排放核算方法。

6.3.2 碳强度下降率核算

除各地区自主开展的市县（区）级温室气体清单编制工作外，大部分地区在落实省级碳强度约束性目标时也会分解到市县（区）级，并进行评估考核，因此也会开展相应的碳强度下降率核算。以北京市为例，2016 年发布的《北京市"十三五"时期节能降耗及应对气候变化规划》中明确提出把全市"十三五"节能减碳目标纵向分解到各区，按年度对各区实施目标责任考核考评（北京市政府，2016）。年度考核中，各区在核算碳排放量时，需要核算终端消费煤炭、油品、天然气的排放，各区发电消耗的燃料不计入各区排放，但需要计算本地区电力消费蕴含的 CO_2 排放，采用北京市统计局核定的能源消费量作为活动水平数据，与规定的排放因子相乘，将各类排放量加总得到各区碳排放总量。

除前文所述的政府层面开展的市县（区）级碳核算外，我国还有许多专家学者在城市碳核算方面开展了大量的研究工作。主要分为两大类，一是按照现有国际和国内城市碳核算指南标准，对我国部分城市开展温室气体清单编制。如白卫国等开展了 2010 年广元市清单编制，邓娜等对 2000—2009 年天津市温室气体排放进行核算，张晓梅等开展了 2010 年吉林市清单编制等（张晓梅

等，2018；白卫国等，2013；邓娜等，2011），这些研究均采用宏观层面活动
水平统计数据与排放因子相乘的方法计算排放量。另一类研究侧重于开展基于
空间网格分布的高精度城市碳核算。如蔡博峰等基于 GIS 平台构建了天津市
全市 1km 空间网格（共 11 954 个），根据设施位置、区县农业人口比例等将全
市排放量分摊到网格中，汇总形成各区县碳排放量，后续又建立了覆盖范围更
广的温室气体排放网格数据库（GHRED）（Cai et al.，2018；Cai et al.，2014；
蔡博峰，王金南，2013；蔡博峰等，2012）；廖虹云等对北京市中心城区开展
了 2017 年度高分辨率 CO_2 排放清单研究，核算边界确定为关键排放设备（如
电站锅炉、水泥回转窑、道路汽车和机动车等），采用排放因子法核算北京市
CO_2 排放量，然后基于 GIS 平台建立北京市 1km 空间网格，对 CO_2 排放进行
空间分解，经分解后的排放量可以根据空间位置汇总为北京各区的 CO_2 排放
量（廖虹云等，2021）。

6.4　小结

　　城市的生产和消费是全球温室气体排放的主要来源。由于地方层面应对气
候变化工作的逐渐深入，城市与国家和省级的排放特点差距较大等原因，国内
外开发了多个城市层级碳核算方法学指南，用于指导、规范城市碳核算工作。
这些指南标准间有较多共性，也存在一定的差异。

　　① 在核算边界上，部分指南标准为城市地理边界或者城市行政边界，如
GPC、ISC、USCP、BEI/MEI 和 CRF。另有个别指南，如 IEAP 强调地方政府
运营产生的排放，因此在核算时要求将政府组织边界和城市地理边界分别进行
核算。

　　② 在核算范围/内容上，化石燃料燃烧是城市温室气体排放最主要的来
源，因此在核算直接排放时，所有指南都将能源活动纳入了强制核算范围内。
但对于其他直接排放源要求不尽相同，如 BEI/MEI 指南主要核算地方政府影
响范围内的排放源，因此并不建议纳入参与排放交易的本地发电设施。在间接
排放部分，几乎所有指南都考虑到了消耗电力、热力和制冷导致的间接排放，
许多指南也将跨边界交通、跨边界废弃物处理纳入强制核算范围，如 GPC、

ISC 等，个别指南还要求对供应链生命周期的间接排放进行核算，如 PAS2070 纳入了水、食物饮料和建筑材料。

③ 在核算方法上，大部分指南都采用了排放因子法核算城市直接排放和间接排放，其中活动水平数据需要地方城市收集，排放因子基本上都是优先采用可以反映本地特性的排放因子，其次采用国家或国际缺省排放因子。开展城市层面消费视角的碳核算时，要求采用环境扩展投入产出法，如 PAS 2070。

④ 在清单报告上，考虑到不同的应用需求，部分指南采用层级报告格式，如 IEAP 要求报告政府运营排放和城市地理边界排放，GPC 要求选择初级、中级报告框架等。部分指南则针对特定国家和地区的需求设置多种报告框架，如 USCP 为美国政府设计的 8 种不同框架，以及中国温室气体核算工具为中国地方政府开发的重点领域、排放强度等报告框架。

总而言之，现有城市指南间在核算方法上差别不大，但是在强制核算内容和报告格式上仍存在一定的差异，这种差异主要是由数据基础和需求导致的。可以认为，城市温室气体清单编制是目标导向的，基于不同的温室气体管控需求和目的，城市及以下层级核算指南在核算方法的选择、核算内容的确定、报告方式等方面也会有所差异。建议我国在城市碳核算方面可由各省份出台本地区核算指南，规范不同排放源的核算方法，指南应为直接排放、电热冷间接排放及其他间接排放提供相应核算方法，以及多种报告框架。由于我国城市间差距较大，有些城市为生产型城市，如钢铁大市唐山，全市绝大部分排放来自钢铁生产的燃料燃烧和 IPPU 直接排放；有些城市为消费型城市，如丽江等旅游城市，间接排放量大，另外城市间统计数据基础差异较为明显。建议各地区可根据自身排放特点和数据可获得性确定核算内容以及温室气体管控目标的范围：对于生产型且统计基础薄弱的城市，应侧重直接排放和电力调入调出的间接排放；对于消费型且数据基础较好的城市，除核算直接排放和外购电力排放外，还应将其他重点产品与服务的间接排放纳入核算，核算报告应列清核算的范围以及相应的排放量，逐步形成方法一致、核算和管控内容立足地方实际的城市碳核算和管理体系。

参 考 文 献

白卫国，庄贵阳，朱守先，等，2013. 中国城市温室气体清单核算研究——以广元市为例

[J]. 城市问题，（8）：13-18.

北京市人民政府，2016. 北京市人民政府关于印发《北京市"十三五"时期节能降耗及应对气候变化规划》的通知[EB/OL]. https://www.ccchina.org.cn/nDetail.aspx?newsId=63102&TId=60.

蔡博峰，王金南，2013. 基于 1km 网格的天津市二氧化碳排放研究[J]. 环境科学学报，33（6）：1655-1664.

蔡博峰，2012. 中国城市温室气体清单研究[J]. 中国人口·资源与环境，22（1）：21-27.

邓娜，陈广武，崔文谦，等，2013. 城市温室气体清单编制与分析——以天津为例[J]. 天津大学学报（自然科学与工程技术版），46（7）：635-640.

广东省生态环境厅，2020. 广东省市县（区）级温室气体清单编制指南（试行）[EB/OL]. http://gdee.gd.gov.cn/shbtwj/content/post_3019513.html.

廖虹云，赵盟，李艳霞，2022. 北京市高分辨率 CO_2 排放清单研究[J]. 气候变化研究进展，18（2）：188-195.

徐丽笑，2018. 城市碳排放核算研究进展[J]. 经济统计学（季刊），（02）：15-37.

张晓梅，庄贵阳，刘杰，2018. 城市温室气体清单的不确定性分析[J]. 环境经济研究，3（1）：8-18，149.

Arioli，M. S.，D'Agosto，et al.，2020. The evolution of city-scale GHG emissions inventory methods：A systematic review[J]. Environmental Impact Assessment Review，80，106316. https://doi.org/10.1016/j.eiar.2019.106316.

Baldasano J M，Soriano C，et al.，1999. Emission inventory for greenhouse gases in the city of Barcelona，1987—1996[J]. Atmospheric Environment，33（23），3765-3775.

Bofeng Cai，Sai Liang，Jiong Zhou，et al.，2018. China high resolution emission database（CHRED）with point emission sources，gridded emission data，and supplementary socioeconomic data[J]. Resources，Conservation & Recycling，129.

BSI，2014. PAS 2070：2013+A1：2014 Specification for the assessment of greenhouse gas emissions of a city. Direct plus supply chain and consumption-based methodologies[M]. https://shop.bsigroup.com/products/specification-for-the-assessment-of-greenhouse-gas-emissions-of-a-city-direct-plus-supply-chain-and-consumption-based-methodologies/standard.

BSI，Mayor of London，2014. Application of PAS 2070-London，United Kingdom，An assessment of greenhouse gas emissions of a city[EB/OL]. https://museudoamanha.org.br/sites/default/files/PAS2070_case_study_bookmarked.pdf.

C40，ICLEI，2011. C40 and ICLEI to establish global standard on greenhouse gas emissions from cities. [EB/OL]. https://www.prnewswire.co.uk/news-releases/c40-and-iclei-to-establish-global-standard-on-greenhouse-gas-emissions-from-cities-145372605.html.

Cai，B.，Zhang，L.，2014. Urban CO_2 emissions in China：spatial boundary and performance comparison[J]. Energy Policy 66，557-567.

CoM，2014. Cities：Mayors compact，action statement. Compact of mayors，New York city. [EB/OL]. http://www.un.org/climatechange/summit/wp-content/uploads/sites/2/2014/09/CITIES-Mayors-compact.pdf.

CoM，EU JRC，2016. The covenant of mayors for climate and energy reporting guidelines. [EB/OL]. https://www.covenantofmayors.eu/IMG/pdf/Covenant_ReportingGuidelines.pdf.

CoM，EU JRC，2018. Guidebook "How to develop a Sustainable Energy and Climate Action Plan（SECAP）". [EB/OL]. https://publications.jrc.ec.europa.eu/repository/handle/JRC112986.

Dundee city council，2019. Dundee Climate Action Plan.[EB/OL]. https://mycovenant.eumayors.eu/storage/web/mc_covenant/documents/8/aR9P9RSNqatmLHQcuiMvHc3V7TTD5XpP.pdf.

Erickson，P.，Morgenstern，T.，2016. Fixing greenhouse gas accounting at the city scale[J]. Carbon Manag. 7，313-316. https://doi.org/10.1080/17583004.2016.1238743.

GCoM，2018. Common Reporting Framework Version 6.1.[EB/OL]. https://www.globalcove nantofmayors.org/our-initiatives/data4cities/common-global-reporting-framework/.

GCoM，2019. Explanatory note accompanying the global covenant of mayors common reporting framework. [EB/OL]. https://www.globalcovenantofmayors.org/wp-content/uploads/2019/08/Data-TWG_Reporting-Framework_GUIDENCE-NOTE_FINAL.pdf.

Greater London Authority，2014. Application of PAS 2070：London case study[EB/OL]. https://data.london.gov.uk/dataset/application-pas-2070-london-case-study.

ICLEI，2009. International local government GHG emissions analysis protocol（IEAP）. Version 1.0.[EB/OL]. https://carbonn.org/fileadmin/user_upload/carbonn/Standards/IEAP_October2010_color.pdf.

ICLEI，2019. U.S. Community Protocol for accounting and reporting of greenhouse gas emissions，version 1.2.[EB/OL]. https://icleiusa.org/us-community-protocol/.

ICLEI，2022. About Us. https://iclei.org/about_iclei_2/.

ICLEI，WRI，C40，2014. Global protocol for community-scale greenhouse gas emission inventories：an accounting and reporting standard for cities. [EB/OL]. https://ghgprotocol.org/

greenhouse-gas-protocol-accounting-reporting-standard-cities.

Lombardi，et al，2017. Assessing the urban carbon footprint：an overview[J]. Environ. Impact Assess. Rev. 66，43-52. https://doi.org/10.1016/j.eiar. 2017.06.005.

UNEP，UN-HABITAT，World Bank，2010. International standard for determining greenhouse gas emissions for cities，version 2.1.[EB/OL].https://www.citiesalliance.org/sites/default/files/CA_Images/GHG%20Global%20Standard%20-%20Version%20June%202010.pdf.

WBCSD，WRI，2011. The greenhouse gas protocol：a corporate accounting and reporting standard. [EB/OL]. https://ghgprotocol.org/corporate-standard.

World Bank，2021. Cutting global carbon emissions：where do cities stand.[EB/OL]. https://blogs.worldbank.org/sustainablecities/cutting-global-carbon-emissions-where-do-cities-stand.

WRI，2013. 能源消耗引起的温室气体排放计算工具指南（2.1 版）[R]. [EB/OL]. https://ghgprotocol.org/sites/default/files/GHG-Protocol-Tool-for-Energy-Consumption-in-China-V2%201_0.pdf.

WRI，2015. 中国城市温室气体核算工具 2.0 更新说明. [EB/OL]. https://wri.org.cn/sites/default/files/2022-01/Update-Greenhouse-Gas-Emissions-Accounting-Tool-Chinese-Cities-2.0.pdf.

第 7 章　企业碳核算

　　"企业"在经济学范畴中是指按照一定的组织规律有机构成的经济实体，是市场经济活动的主要参与者。企业生产或经营活动通常需要消耗大量的能源，是全球人为温室气体排放的主体。准确核算企业或生产设施层面的碳排放是各国开展温室气体排放控制、实现国家自主贡献目标的基础，也是全球应对气候变化大背景下企业制定自身减排目标、主动参与国际贸易或国内外减排机制的内在要求。

　　企业碳核算是国家和地方温室气体排放和吸收核算体系的重要组成部分，可为国家和地方碳核算提供重要基础数据。开展企业碳核算、建立企业温室气体报告制度可有效提升国家和地区碳核算的数据质量。目前，美国、欧盟和澳大利亚等国家或地区都从企业温室气体报告系统中获取国家温室气体清单编制所需的排放因子等数据。从有效管控企业碳排放的角度看，碳核算也是必不可少的一项基础性工作。以碳市场中的配额交易为例，高质量的碳排放数据也是交易机制有效设计和健康运行的基础。首先，经过第三方核查后的企业碳排放量，是碳交易体系初始配额分配的主要依据；其次，进入碳交易履约阶段后，参与交易的控排企业需要依据其分配到的配额量和经主管部门核准后的实际排放量来衡量配额盈亏，进而确定下一步的交易策略。由此可见，碳交易的可信度及市场信心正是来自准确的排放信息，碳排放数据质量是碳交易能否行稳致远的关键因素之一。此外，企业碳核算和报告也是制定其他控制温室气体排放政策措施（如碳税、碳排放影响评价、碳排放标准等）的基础。

　　本章重点介绍国内外企业碳核算的核算方法、核算和报告制度等，对比分析出我国在企业碳核算方面存在的不足和有待改进之处，并提出了未来进一步完善的方向和建议。

7.1 国际经验

根据发布机构的类型和应用目的的不同，企业层面的碳核算方法通常可以分为国家或区域应对气候变化主管部门根据辖域内企业温室气体管控需求发布的核算技术规范，以及国际各类专业研究机构、国家或区域标准化计量或检验机构、行业协会组织等根据专业研究或行业分析目的等发布的核算标准规范两大类。前一类包括欧盟碳交易制度（EU ETS）下《关于监测和报告温室气体排放的条例》（以下简称《监测和报告条例》）中规定的不同类型重点设施的监测及报告规范，美国《温室气体强制报告制度》下分行业、分层级受管控的企业重点设施的核算方法、澳大利亚《国家温室气体和能源数据报告法案2007》下的《国家温室气体和能源数据报告（测量）决议》等。上述核算方法技术规范通常与报告制度配合出台，企业除开展碳核算外还需要按照规定的流程或模式进行数据报告，且通常这些核算技术规范及企业的报告义务被纳入国家或区域的法律法规，具有较强的约束力，为国家采用不同的措施开展温室气体排放管控提供基础；后一类的典型代表包括世界资源研究所（WRI）和世界可持续发展工商理事会（WBCSD）共同发布的温室气体核算体系（GHG Protocol），国际标准化组织（ISO）发布的 14064 系列标准等。

7.1.1 主要发达国家或地区

7.1.1.1 欧盟

2005 年开始执行的 EU ETS 是全球第一个跨国碳排放交易体系，包括所有的欧盟成员国以及冰岛、列支敦士登、挪威 3 个国家。该系统覆盖了欧盟10 000 多个设施，包括能源、工业等固定源和欧洲经济区内的航空公司等，上述设施碳排放量占欧盟总排放的 40% 左右，已成为欧盟落实控排目标最主要的手段。

EU ETS 的发展经历了四个阶段：2005—2007 年、2008—2012 年、2013—2020 年和 2021—2030 年。其中，阶段一即第一履约期为试点阶段，特点包括仅覆盖发电和能源密集型工业（如炼油、钢铁、水泥、石油、玻璃和造纸等）的 CO_2 排放，所有配额免费发放，不履约的惩罚碳价为 40 欧元/t CO_2。由于配额供给过度，配额价格曾一度降至 0 欧元/t。阶段二即第二履约期为过渡期，新增了硝酸生产的 N_2O 排放，扩展至冰岛、列支敦士登和挪威，免费配额下降至 90%、部分国家配额实行拍卖制，不履约的惩罚碳价上升至 100 欧元/t CO_2，自 2012 年起，纳入航空部门，但起降来自非欧盟国家的航班暂缓纳入。由于 2008 年全球金融危机，能源相关行业产出减少，碳排放量大大下降，从而导致配额过量，配额交易价格仍处低位运行。阶段三即第三履约期为改革期，主要变化包括新增纳入碳捕集和封存设施、石化和化工产品生产设施等，配额由免费分配逐步过渡到拍卖，免费分配方法统一使用基准法，其中电力行业全部采用拍卖的方式进行配额分配，同时还建立了市场稳定储备来平衡市场供需等；从 2021 年开始，EU ETS 进入第四个发展阶段，配额年度下降幅度进一步加大。

（1）核算报告制度

企业温室气体监测和报告制度与 EU ETS 同步推进。2003 年，欧洲议会和欧盟理事会提出了关于在欧盟内部建立温室气体排放配额交易机制的指令（2003/87/EC），该指令是 EU ETS 的重要法律基础，规定了配额、交易及监测报告的基本准则，并在附件中规定了覆盖的设施及气体种类。为支撑第一履约期（2005—2007 年）碳市场数据报告，2004 年又发布了《建立符合 2003/87/EC 的温室气体监测和报告指南》（2004/156/EC 决议），其在附件中详细规定了燃烧设施、石油炼制、炼焦、金属冶炼、钢铁、水泥、石灰、玻璃、陶瓷、造纸等行业的排放监测和报告要求；经过第一履约期的实践，欧盟于 2007 年 7 月发布了《建立符合 87 号令的温室气体监测和报告指南》（2007/589/EC 决议），对 2004 年版指南进行了更新和升级，包括提升了对监测方法成本有效的一些规则，扩展了缺省排放因子信息，更加严格了监测计划的相关要求，增加了一个专门的附件详细规范了温室气体在线连续监测（CEMs）方法，这个修订版本支撑了 EU ETS 第二个履约期（2008—2012 年）纳管企业的排放监测和报告；2012 年，随着碳市场第二个阶段进程的结束，欧盟废除了 2007/589/EC 决议，重新发布了《关于监测和报告温室气体排放的条例》[委员会条例（欧盟）第 601/2012 号]，作为第三履约期（2013—2020 年）的监测和报告要求，（欧盟）委员会 601/2012 号条例相比 2004/156/EC 决议和 2007/589/EC 决议有了非常大的调整，主要体现在一是增加了航空运营商的监测和报告要求，二是增加了非常详细的监测计划制定、修改和报告要求，三是增加了对不同类型设施各种源流在不同层级下活动水平数据的不确定度要求的对照表，四是增加了电子系统数据报告要求以及物料分析频率要求等。2018 年，欧盟基于第三期碳市场运行及运营商监测、报告、核查的经验又对该条例进行了三次修订，发布了（欧盟）委员会第 2018/2066 号条例，该条例自 2021 年 1 月 1 日起生效，用于支撑第四履约期，（欧盟）委员会第 2018/2066 号条例总体上基本仍遵循了（欧盟）委员会第 601/2012 号条例的条款，主要变化包括增加了转移 CO_2 量化确定的新要求，增加了对 N_2O 转移或利用的认定要求；减少了对航空运营商监测方法学中关于方法学层级的要求并简化了对航空运营商不确定度来源的规定，增加了基于监测的方法学的相关公式等。每年在 EUETS 制度下设施依据上述方法学报告温室气体排放量，包括化石燃料燃烧、工业生产过程（IPPU）以及其他温室气体排放源，且均为直接排放，不包括设施电、热消耗或其他原材料消耗蕴含的间接排放。

　　欧盟对于设施的碳核算按照设施排放体量大小和源流排放量的大小进行了分类和界定，固定设施根据历史排放量大小分为 A、B、C 三类，A 类设施排放量相对较低，年排放量等于或低于 50 000 t CO_2 当量，B 类设施是排放量高于 50 000 t CO_2 当量，但等于或低于 500 000 t CO_2 当量，C 类设施排放量高于 500 000 t CO_2 当量；除按照排放门槛区分设施类别外，运营商还需要将设施源流分为主要源流、次要源流和极小源流，次要源流年排放量低于 5 000 t 化石源 CO_2 或低于设施排放值的 10%，但总量不超过 100 000 t CO_2 当量，二者取最大值，极小源流年排放量低于 1 000 t 化石源 CO_2 或低于设施排放值的 2%，但总量不超过 20 000 t 化石源 CO_2，二者取最大值，其余均为主要源流。进行上述分类和界定的主要目的是确定不同的设施或源流需要采用的监测方法学层级。虽然欧盟以"监测"命名其方法学，但实际上欧盟将排放量化的方法分为两类，一类为基于计算的方法，一类为基于 CEMs 的方法，计算方法又进一步划分为排放因子法和质量平衡法两种。与美国、澳大利亚等国按照不同的数据颗粒度或数据获取方式规定分层级的核算方法不同，欧盟以通用的核算方法原则介绍为主，在其附件中分行业规定了不同源流的活动水平和排放因子数据层级。其中不同层级活动水平数据对应不同的不确定性，层级越高不确定性要求越低。这种针对不同设施和源流分层级管理的方式，一方面降低了企业的监测成本，另一方面尽量保证了碳核算结果的准确度。CEMs 是指根据温室气体排放口的温室气体流量测量值和浓度测量值相乘计算得出的温室气体排放量。欧盟对于硝酸、己二酸、乙二醛等生产过程中产生的 N_2O 排放以及 CO_2 的转移明确要求采用 CEMs 方法；如果企业可提供证据证明其监测数据的不确定度符合设施的不确定度范围要求，则企业也可以对 CO_2 排放源采用基于 CEMs 的方法学。

根据欧盟近年发布的碳市场运行报告，欧盟绝大部分设施采用核算法，2020 年，仅 153 个设施采用 CEMs 法，比 2019 年和 2018 年分别减少了 2 家和 29 家，占 2020 年所有报告设施的比例仅为 1.6%，分布在德国、法国和捷克等（欧盟委员会，2021，2019，2018）。总体而言，欧盟碳交易范围下采用 CEMs 方法的企业比较有限，主要集中在化工设施的 N_2O 排放源；按照要求，如果数据质量满足要求，也可采用 CEMs 方法确定 CO_2 排放量，但由于使用 CEMs 方式需要专门安装配套的监测设施且运行投入高，同时烟气中相关温室气体浓度监测等工作具有较高的专业性，对于小型运营商而言较难具备上述能力和条件，且流量监测还有较大的不确定性，因此欧盟较少采用 CEMs 方法确定设施 CO_2 排放。

（2）数据质量管理

欧盟在 EU ETS 设施监测和报告数据质量监管方面有非常严格的要求，一方面从设施或航空运营商的角度，制定了详细的监测计划报告和执行要求，运营商需要执行严格的内部数据质量管理和控制标准。从监管端，欧盟委员会专门发布了《温室气体排放及吨公里报告核查与核查机构认证条例》（以下简称 AVR 条例），其中，第三履约期是委员会条例（欧盟）第 600/2012 号，第四履约期发布了最新的修订版委员会条例（欧盟）第 2018/2067 号，对核查规范、核查机构要求、认可规范、认可机构要求、信息共享机制等进行了规定，并配套出台《AVR 导则》《航空业核查指南》等十余份指南导则，对核查基本程序规范、现场核查的技术细节、核查机构的认证与管理、AVR 与已有的国际标准关系等做了规定，上述法律文件和技术导则构成了欧盟碳交易的核查制度（郑爽等，2017）。

　　在核查机构要求方面，根据 AVR 条例等规定，申请成为核查机构需具备符合要求的核查员、主核查员、独立复查员、技术专家等专业人员，同时要具备内部持续培训和提高核查能力的机制。合格的申请者可从各成员国的国家认可机构获得分核查专业领域的核查资质证书，该证书有效期为 5 年。另外，欧盟还允许国家认可机构认证自然人成为核查员并独立进行核查活动。国家认可机构通过文件评审、现场考察、年度监察、再评估、非常规评估、投诉程序等方式，确定、更新或终止核查机构资质。国家认可机构对核查机构的评估和认可过程也需符合欧盟的相关法律规定，且每年需向各成员国的主管部门提交对核查机构开展的监督和评估活动计划。为了增强国家认可机构工作的信任度，强化对国家认可机构的监督和管理，欧盟认可合作组织建立了统一的评估标准，通过同业评估的方式进一步对国家认可机构实施独立评估。

　　在核查技术规范方面，核查机构需遵循 AVR 条例规定的核查技术规范和程序开展专业的核查活动，核查过程中核查机构应评估的基本内容包括：排放报告的完整性以及是否符合监测和报告条例的要求，报告主体是否按照在主管部门备案的监测计划实施了监测活动，排放报告中数据是否存在实质性错误以及与排放主体数据有关的活动信息、内部控制制度等。核查机构在签订服务合同之前，需要对核查对象及自身是否能够承担核查工作进行评估，核查机构需要以文件审核和现场核查的方式对排放设施的数据、核算方法、监测计划的应用、缺失数据处理方法等进行核查和交叉校对，特定情况下经批准可简化核查流程，省略现场核查环节。欧盟对核查的技术流程，包括过程分析、抽样、现场访问、核查报告等指南方式作了具体规定。

　　除上述核查制度外，各成员国主管部门还对数据质量开展专门的合规检查和执法。根据欧盟 2021 年碳市场运行报告，2020 年所有成员国都对固定设施年度排放报告、绝大部分成员国都对航空排放报告开展了完整性检查，20 多个国家和地区的报告中还采用其他数据对固定设施以及航空排放进行了交叉检查。根据检查结果，由于缺失排放报告或者排放报告没有完全满足监测和报告条例，2020 年，有 8 个国家的主管部门对 58 个固定设施的排放量进行了保守估算，即主管部门根据监测计划里企业列明的原因有针对性地进行估算，包括核算方法无法实施时使用的保守性估算方法或依据合理方法将排放量按最大化情景计算，保守估算后的排放量为 330 万 t CO_2，另外 8 个国家和地区针对 23 个航空运营商的缺失数据进行了保守估算，保守估算后的排放量为 24 万 t CO_2。除上述方法对排放报告的检查外，26 个国家和地区对固定设施、13 个国家和地区对航空运营商开展了现场检查。2020 年，9 个国家和地区报告了对 20 个固定装置超标排放的处罚、6 个国家和地区报告了对 8 个飞机运营商超标排放的处罚。除上述未足额清缴配额的处罚外，2020 年常见的违法行为包括无证经营、未按照批准的监测计划和监测报告条例监测排放、未按时提交经核查的排放报告、未在报告年度的 12 月 31 日前通知对设施的产能、活动水平和运营方案的计划或有效变化等，针对固定设施，2020 年 10 个成员国报告了和上述违法行为相关的 27 项处罚和 2 项正式通知，2020 年的具体处罚行为无监禁，但包括总额为 240 万欧元的罚款；针对航空运营商，2020 年仅波兰报告了总额为 43 万欧元的罚款，原因是未能按时提交经核查的排放报告（欧盟委员会，2021）。

7.1.1.2 美国

美国企业层面温室气体排放数据报告的主要依据是美国国家环境保护局（EPA）于 2009 年 10 月通过的《温室气体强制报告制度》（GHGRP），该制度涵盖 41 个排放源类别，要求美国联邦境内温室气体排放量超过 25 000 t CO_2 当量的重点设施自 2010 年起每年向 EPA 报告其温室气体排放数据。每年 9 月，EPA 会发布新一年度的 GHGRP 相关报告数据，根据最新发布的 GHGRP 数据，2019 年共有超过 8 000 个设施（包括直接排放设施和供应设施如燃气集团）向 EPA 报告了排放数据，报告的总排放量为 28.5 亿 t CO_2 当量，占当年美国国家清单排放量 65.58 亿 t 的 43.4%。

（1）核算报告制度

EPA 不断完善报告制度，陆续发布了 40 多个核算和报告方法学（CFR 40 PART 98），这些方法学是执行强制报告制度的重要基础，其方法学体系由通用的固定源化石燃料燃烧核算/监测、报告方法及针对细分行业的过程/逃逸排放源的行业方法学组成。通用的固定源燃料燃烧方法学由 4 个层级构成，是各个细分行业核算和报告固定燃烧源排放的依据。其中，层级 1 方法按企业记录的燃料燃烧量，乘以分燃料品种的默认高位发热量，再乘以默认的单位热值 CO_2 排放因子计算；层级 2 方法计算公式同层级 1，不同之处在于燃料高位发热量必须由企业按照规定的频率对燃料进行抽样监测获得。天然气的抽样监测频率为每半年一次；对煤炭或燃料油则每次燃料入厂时进行一次代表性抽样分析，对其他固体燃料要求每周取样并每月分析一次；对燃料油之外的液体燃料或天然气之外的气体燃料，至少每季度抽样检测一次。层级 3 方法按企业记录的燃料燃烧量，乘以燃料实测的含碳量计算。层级 4 方法为 CEMs 方法，通过在燃烧设备尾气出口处安装监测设备对尾气排放的流量、温度、压力及 CO_2 浓度进行连续监测，再按每小时的平均值计算该燃烧设备的 CO_2 排放率。对于过程排放，不同行业给出的核算方法各不相同，大部分为计算方法。但对于一些固定设施，其过程排放和化石燃料燃烧排放采用集中的一个或几个烟囱时，部分行业也要求采用 CEMs（如水泥行业）。对于一些无组织排放或者排放口较多、排放间歇性比较明显的排放源，一般需要监测/测试有代表性的排放因子，再结合活动水平数据核算设施排放量，如油气设施的 CH_4 排放、硝酸和己二酸生产设施的 N_2O 排放等。

美国加利福尼亚州（以下简称"加州"）是美国最早颁布州级温室气体强制报告制度的地区。早在 2006 年，加州就通过了控制温室气体排放的《加利福尼亚州应对全球变暖法案》（*California Global Warming Solutions Act of 2006*）（以下简称"AB32 法案"），为控制温室气体排放确立了坚实的法律基础。2016 年加州又通过了 SB32 法案，明确了温室气体量化减排目标，引导通过碳交易市场等行动不断推动州内碳减排。在相关法律法规的保障下，2013 年，加州启动了覆盖电力、石化、钢铁、造纸、水泥等行业以及相关燃料供应商的碳交易市场，并先后与加拿大魁北克省和安大略省碳交易市场实现了国际链接，成为全球碳交易制度的重要典范之一。在核算方法方面，2007 年，加州就通过了其首版《温室气体强制报告法规》，要求重点设施要开展温室气体报告，并于 2010 年、2012 年、2013 年、2014 年分别对报告法规进行了修订和完善。在方法学设计方面，加州碳交易市场的核算方法充分与美国国家环境保护局强制报告制度对接和协调，方法学逻辑基本与 CFR 40 PART 98 类似。

（2）数据质量管理

不同于欧盟开展第三方核查，美国联邦层面的排放报告由主管部门通过对每年报告的数据实施电子核查的方式进行审查，在其 GHGRP 电子系统中，EPA 设计了超过 4 000 条校验规则，包括有效性校验、算法校验、统计校验、年度校验和行业区间校验等，在用户向国家环境保护局提交报告之前，为他们提供实时数据质量反馈，用户提交报告后如果经过 EPA 电子核查系统核查可能存在数据质量问题，EPA 还将与企业进行沟通联系并督促企业修改后提交，EPA 认为这种核查方式总体成本负担较轻，且能够不断扩大其数据资源池。

而加州碳交易下的排放报告类似欧盟，建立了完整的第三方核查制度，包括对第三方核查技术规范、核查机构认可与管理等作出了法律规定。对于技术指南，加州没有像欧盟那样制定专门的核查指南，而是将核查要求纳入排放报告相关技术指南，以进一步细化核查要求（郑爽等，2017）。

在机构和人员的准入与监督方面，加州相较欧盟更加严格，即对机构和人员同时进行认可和认证管理。核查机构应具有 2 名以上经认证的主核查员，全职人员不少于 5 人，有 400 万美元的专业责任保险，拥有内部防范利益冲突的机制和技术培训程序，每次认可有效期为 3 年。主核查员与核查员需要满足相关要求，并通过主管部门批准的培训和考试后获得认证。核查员工作满两年并至少完成 3 次核查任务后，可申请成为主核查员。此外，对特定行业和减排项目核查员的认证还有进一步的专业要求。加州非常重视事前监管，除了对核查机构和核查员采取认证准入，还特别要求核查机构在开展每项核查业务之前，必须向主管部门提交潜在的利益冲突评估和开展该项核查工作的详细申请说明，得到书面批准后方可进行核查。主管部门每年对各家核查机构及其核查员进行审查，并对同一行业由不同核查机构进行的核查进行审查，以保证不同核查机构核查工作的一致性。审查发现的问题或建议会通知核查机构，在核查机构和核查员申请更新认可和认证时，主管部门还会对其之前工作进行绩效评审。

在核查技术规范方面，包括制订核查计划、现场访问、制订采样计划、核查数据和核算方法的符合性、交叉核对数据、独立技术评估和编写核查报告等。在进行核查时，必须有至少 1 名认证过的行业或工艺过程排放的专业核查员参加。加州规定在每个履约周期（2～3 年）的第一年必须进行涵盖以上所有程序的完整核查，之后，在上年度核查结论为肯定且不存在排放量较上年变化超过 25%、企业所有人发生变更以及核查机构变更等情况时，经主管部门批准后可以进行简化的不完全核查，即只进行文件核查和数据核对，不进行现场访问。

在《加州法律法规汇编》（*California Code of Regulations*）第 10 章气候变化中第 95800 至 96023 条都是关于碳排放总量控制与交易机制的法律规定，其中第 96014 条的规定，如果有减排义务的企业没有按照碳交易法第 95856 或

95857 的规定充分履行减排义务；没有根据第 95857 条规定按时履约且超过 45
天；所提交的报告及记录中涉及虚假陈述、隐瞒、掩盖重要事实、欺诈等情
况；或违反其他有义务向加州空气资源管理委员会真实、准确、完整的上报义
务的情形，将会由加州空气资源管理委员会根据《加州健康与安全法》第
38580 条和 42403（b）条的规定进行评估和决定处罚。具体而言，如果一个减
排义务企业没有在履约期内完成减排义务，可以被处以超出配额部分 4 倍的处
罚；此外，如果该企业没有在处罚生效 30 日内履行义务，则将被加州空气资
源管理委员会处以超出配额部分每个配额每 45 天 25 000 美元的罚款，同时，
加州空气资源管理委员会还有权对减排义务企业的碳排放账户采取暂停、撤
销、限制等措施（戴凡等，2014）。

7.1.1.3　澳大利亚

（1）核算报告制度

澳大利亚制定了《2007 年国家温室气体和能源数据报告法案》《国家温室
气体和能源数据报告（测量）决议》以及《国家温室气体和能源数据报告指
南》，并以温室气体排放总量或能源生产/消费量为指标规定了动态的上报门
槛，覆盖固、液、气态化石燃料燃烧，煤炭开采，油气开采，化工行业，金属
冶炼，废水处理等行业。从 2008 年 6 月 1 日开始，澳大利亚的约 1 000 家公
司必须依照这些规定上报其名下所有符合上报门槛的工厂和设施的温室气体排
放数据、能源生产数据以及能源消费数据。澳大利亚的方法学与美国的方法学
有诸多相似之处，主体同样是针对设施。与欧盟和美国不同的是，澳大利亚设
施温室气体排放核算不仅覆盖范围一，即设施的直接温室气体排放，还包括范
围二，即设施外购电力的温室气体间接排放，针对设施的生产活动，澳大利亚
分别提供了详细的核算/监测方法。在具体的量化方法上也区分了四类方法，
其中方法一基本采用国家层面平均的排放因子，方法二和方法三是将方法一的
相关参数进行了非常细化的分解，并对每个数据的获取方式进行了来源规定，
如方法二通常规定了参数的测量方法需要符合澳大利亚相关参数测量/检测的
国标要求，但取样方法没有详细规定，而方法三则对每一个细化分解后的参数
均规定了参数的取样标准和检测标准；澳大利亚的方法学中方法四是基于监测
的方法，其中不仅规定了在线连续监测方法的相关要求，同时也规定了间歇监

测的应用范围（如对排放因子的测量）和具体监测要求。范围二的排放主要来自外购电网电力或其他来源的电力产生的排放，计算方法只能采用排放因子法，外购电网电力有分区域的电网因子缺省值，其他来源的电力可以采用供应商提供的电力排放因子，如没有也可以采用电网因子。

（2）数据质量管理

澳大利亚《2007年国家温室气体和能源数据报告法案》中明确了如果主管机构认为企业排放数据存在造假嫌疑，则可以指定审计机构或者要求企业自己寻找审计机构对其排放数据进行审计并出具报告，主管机构负责对审计机构资质进行审核和注册监管。《国家温室气体和能源数据报告法案2007》提出了非常完备的监管处罚要求，法案中单独列出了民事处罚的情形和判罚规定，且在方案的具体条款中规定了相应条款违反后的处罚力度，以对排放报告的要求为例，法案要求，纳入报告范围的企业需要每个财年向主管部门提供包括温室气体排放、能源生产、能源消费等排放内容在内的排放报告，如果违反相关规定将给予2 000单位的罚款，而如果企业故意向主管部门提供虚假信息或误导性信息将触犯刑法典相关条款。

7.1.2 国际机构

7.1.2.1 WRI

WRI是关注和研究温室气体排放核算和报告方法较早的机构之一。2001年9月，WRI联合WBCSD发布了第一版《温室气体核算体系：企业核算与报告标准》，该标准早期得到了国际上许多企业、非政府组织、政府等的认可和采纳，如知名的汽车企业福特汽车公司、信息技术企业IBM等都是早期采用该标准的企业代表。基于企业对第一版企业标准的应用反馈，2004年，WRI对该标准进行了修订。修订后的标准结合具体的案例详细阐述了包括确定核算边界及核算范围的方法和原则，如在确定核算组织边界方面，规定了可以按照股权比例法和控制权法两种原则。在核算运营边界方面规定了三个范围的排放，范围一是指公司持有或控制的排放源的直接排放；范围二是公司消耗的外购电力、热力等产生的排放；范围三是指其他间接排放，一般指所有不属于范围二的间接排放，即由企业的业务导致的，但排放源不由企业拥有或控制的，且不属于外购电力、热力、蒸汽、冷气所导致的温室气体排放，如购买原材料的生产过程产生的碳排放或销售的产品使用过程中产生的碳排放等，一般要求公司必须报告范围一和范围二排放。该标准不仅提供了企业开展温室气体排放量核算的方法和原则，同时还规定了企业如果实施减排时减排量核算方法指导，此外还有一个特色是指导企业如何制定减排目标。

7.1.2.2　ISO 14064

ISO 14064 作为一个温室气体量化、报告与审验的实用工具，旨在以一个相对通用的标准来提升温室气体量化与报告的可靠性和一致性，以及提升报告结果的可比性。ISO 14064 由三部分组成，分别为《第一部分：组织层面温室气体排放和移除的量化和报告指南》《第二部分：项目层面温室气体排放减量和移除增量的量化、监测和报告指南》以及《第三部分：有关温室气体声明审定和核证指南》，这三部分指南分别以组织层面（包括企业）、项目减排以及核查核证的原则和要求为目标，详细定义了设计、编制、管理、报告和核查某一组织温室气体排放的通用流程和原则性要求。这一系列指南并未细分到具体的行业，因此缺乏对具体排放源的详细指导。其核算边界确定方法以及覆盖的核算范围与 WRI 基本一致，在核算范围上区分为直接排放、消耗的外部电力、热力生产而造成的能源间接排放以及除能源间接排放之外的其他间接排放。2021 年 5 月，国际标准化组织拟发布 ISO 19694《固定源排放——高能耗行业的温室气体排放量化方法》系列标准，目前已发布的是其第一部分通用部分；该标准在核算范围方面虽然在大类上仍然区分为直接排放、能源间接排放和其他间接排放三个类别，但定义了更为细化的排放源种类，如直接排放下又进一步细分为 5 类排放源，分别是固定燃烧源直接排放，移动燃烧源直接排放，工业过程直接排放，人为活动干扰导致的逸散直接排放，以及土地利用、LULUCF 导致的直接排放。在量化方法方面，ISO 19694 在通用方法中规定了两大类方法，即碳质量平衡法和连续监测法，其中碳质量平衡法除常规的碳流入流出差值的质量平衡计算外还涵盖了排放因子法。

7.2　国内实践

2009 年，在《联合国气候变化框架公约》第 15 次缔约方会议即哥本哈根气候大会上，我国向世界作出了庄严承诺：到 2020 年我国单位国内生产总值 CO_2 排放比 2005 年下降 40%～45%。为缓解资源环境压力以及履行上述承诺，我国开展了一系列节能减排和控制温室气体排放的行动。碳排放权交易制度作为控制温室气体排放的一种市场化手段，具有以较低成本实现全社会减排等优势，因此 2011 年发布的《中华人民共和国国民经济和社会发展第十二个五年规划纲要》（以下简称《"十二五"规划纲要》）提出建立完善温室气体统计核算制度，逐步建立碳排放交易市场。2011 年 10 月，国家发布《关于开展碳排放权交易试点工作的通知》，批准在北京、天津、上海、重庆、湖北、广东和深圳 7 个省市开展碳排放权交易试点工作。2017 年年底，我国以发电行业为突破口，启动了全国碳交易市场；2021 年 7 月，全国碳交易市场启动了上线交易。为支持全国碳排放权交易市场建设，我国配套出台了 24 个行业企业温室气体核算与报告指南，其中 11 个指南被陆续转化成国家标准。从 2016 年起，我国组织发电、钢铁、水泥、石化和化工等八大行业年度温室气体排放量达到 2.6 万 t CO_2 当量的企业报送了 2013 年以来的排放数据。7 个碳排放权交易试点地区根据需求，也陆续出台了试点地区企业温室气体排放核算方法与报告指南。此外，随着全国碳市场工作的推进以及企业碳监测试点工作的启动，我国还开展了设施层面的碳核算和企业层面的碳监测。

7.2.1 核算技术规范

7.2.1.1 国家发布

从 2012 年年初开始，全国碳市场主管部门组织国家应对气候变化战略研究和国际合作中心、清华大学等研究机构，在挪威政府和联合国开发署支持下，先后开展了钢铁、化工、电力、电解铝、水泥、平板玻璃、陶瓷、航空、煤炭和油气开采等行业的企业温室气体排放核算和报告方法研究工作，并发布了 24 个行业企业温室气体排放核算方法和报告指南，涉及的行业详见表 7-1。自 2015 年起，上述指南陆续转化成国家标准；截至目前，已有 11 个方法指南转化成了推荐性国家标准。

表 7-1　企业温室气体排放核算与报告指南涉及行业

第一批指南 （2013 年发布）	第二批指南 （2014 年发布）	第三批指南 （2015 年发布）
发电、电网、钢铁、化工、电解铝、镁冶炼、平板玻璃、水泥、陶瓷和民航	石油和天然气生产、石油化工、独立焦化、煤炭生产	造纸、其他有色金属冶炼、电子设备制造、机械设备制造、矿山、食品、公共建筑运营、陆上交通、氟化工、工业其他行业

上述核算指南或标准参考了 IPCC 的国家温室气体清单系列指南、WRI/WBCSD 的《温室气体核算体系：企业核算与报告标准》、EU ETS 的"监测和报告条例"等。指南或标准的基本框架包括明确其适用的行业范围、核算的边界和涉及的排放源及气体种类、针对每一类排放源的具体计算方法及推荐的数据获取方式，此外还对数据质量控制和质量保证等提出了相应的要求。在核算和报告主体上，不同于欧盟、美国等的重点排放设施，我国的核算主体是企业法人。以下分别介绍国家发布的行业企业温室气体核算和报告指南或标准的基本原则和核心要素。

（1）基本原则

在国际范围内，温室气体排放报告一般遵循"谁排放谁报告"原则。我国企业温室气体排放报告也采纳这一基本原则。此外，企业温室气体排放报告还遵循完整性、一致性、可比性、透明性、客观性等原则。完整性是指需要核算指南或标准中包括的化石燃料燃烧、IPPU 以及废弃物处理等产生的温室气体排放，不缺项、不漏项。一致性是指企业应使用指南或标准中规定的核算方法学，并且对于同一企业的同一种生产活动，其不同年份的碳核算方法应保持不变。透明性是指企业应该以透明的方式获得、记录、分析温室气体排放相关数据，包括活动水平数据、排放因子数据等，从而确保核查人员和主管机构能够复原排放的计算过程。客观性是指企业应保证排放量的计算和相关数据的确定没有系统性错误或者人为错误，排放量计算结果能够真实地反映报告企业（单位）的实际情况。

（2）范围和边界

我国企业层面温室气体核算指南或标准通常都规定了适用的行业范围，同时规定了当企业存在多种业务经营的情况时，每种业务经营应灵活采用对应的核算方法指南。在核算和报告主体的组织边界方面，国际上有股权比例法和控制权法两种常用的企业温室气体排放核算边界确定方法。依据我国企业管理相关法规，结合企业温室气体排放特点，我国目前基本采用了运营控制权法划分核算边界，即企业应核算并报告处于其运营控制下的所有经营、运营的设施或活动产生的排放。具体到某个企业，一般是指最低一级法人企业或视同法人的独立核算单位运营范围内的所有设施或活动排放。

（3）排放源和气体种类

在排放源种类方面，不同于欧美企业仅报告直接排放，我国既包括直接排放，也包括电、热消费引起的间接排放。直接排放主要是指企业内的主要生产系统（如核心产品生产车间）、辅助生产系统（如动力部门、检验部门、维修部门和运输部门等）、附属生产系统（如职工食堂、车间浴室和保健站等）由于燃烧化石燃料用于动力、热力供应，原辅材料加工转换过程中物理化学变化，生产活动导致气体逸逸等原因产生的温室气体排放。这些排放源基本与《IPCC 国家温室气体清单指南》中能源活动、IPPU 和废弃物处理等领域的温室气体排放源类同。间接排放包括在企业边界内使用外部购入电力和热力所导致的、未直接发生在本企业边界内的排放，同 WRI/WBCSD 的《温室气体核算体系：企业核算与报告标准》和 ISO14064 中范围二定义一致。目前各个行业指南或标准包括的温室气体种类包括 CO_2、CH_4、N_2O、HFCs、PFCs、SF_6 以及 NF_3 共 7 大类。

（4）核算方法

企业指南或标准中的排放量化方法分为计算法和 CEMs 方法，计算法一般又视排放源的特点分为排放因子法和质量平衡法。排放因子法通常用于物料流转比较简单或者影响因素主要来源于边界之外（如供应商）的排放源核算，比如化石燃料燃烧排放、电力排放等。排放量的计算主要用活动水平乘以对应的排放因子［式（7-1）］，排放因子可能是简单的一个参数，也可能是由多个相关基础参数计算得到的；质量平衡法通常用于含碳物料流动和转化过程较为复杂的情况，比如石化、化工产品生产过程含碳原料在工艺过程中产生的排放，计算方法通常采用物料流入/流出的消耗量（产出量）及含碳量以碳质量平衡原理计算损失的碳量［式（7-2）］。CEMs 方法目前在国内应用的并不多，主要原因是监测设备成本较高、缺乏监测的技术规范等，煤炭生产企业温室气体排放核算方法和报告指南中提供了基于 CEMs 法进行量化的公式，主要原理见式（7-3）。

$$E = AD \times EF \tag{7-1}$$

式中，E——碳排放量；

AD——某排放源的活动水平数据；

EF——该类活动的排放因子。

$$E = \left(\sum C_{in} - \sum C_{out}\right) \times \frac{44}{12} \tag{7-2}$$

式中，E——碳排放量；

C_{in}——某设施或活动所投入的源流中总的碳的质量；

C_{out}——某设施或活动所产出的产品或废弃固体、液体源流中总的碳的质量；

$\dfrac{44}{12}$——碳和 CO_2 的转化系数。

$$E = \sum_{i=1}^{T} Con_{i,g} \times Flo_i \tag{7-3}$$

式中，E——通过监测法得到的排放量；

$Con_{i,g}$——单位时间内所监测温室气体种类的浓度；

Flo_i——报告期内气体种类的流量。

（5）数据获取

活动水平和排放因子数据的可获取性是企业碳核算的关键和核心。通常情况下，活动水平数据需要进行实测，同时企业应做好记录、质量控制和文件存档工作。排放因子数据的获取一般区分优先顺序，企业如果具备实测的条件应尽量采用实测数据，也可以委托有资质的专业机构定期抽样检测，测试方法要符合相关的国家标准或行业内公开认可的技术规范。如果企业无法对所有的参数进行实测也可以检测部分参数，其余参数选用缺省值从而得出相关排放因子，如化石燃料燃烧排放因子。此外，数据监测方法及数据源选择应满足时间序列上的一致性要求。需要注意的是，企业应该致力于不断提高数据质量，采用能够体现本企业相关工艺水平的特定参数。

（6）数据质量控制

数据质量控制是企业碳核算数据透明、准确、完整、一致和可比的重要保障。企业应建立温室气体排放核算和报告岗位，并指定专门人员负责相关工作，还应定期安排员工参加技术培训，确保温室气体数据收集人员的技术能力。企业应该建立健全能源消耗等活动水平数据的台账记录。根据温室气体排放报告的新要求，在原有能源消耗台账记录的基础上，建立起与企业温室气体排放报告制度相适应的企业温室气体排放和能源消耗台账记录。对计量仪表进行日常维护并定期进行调试和校准。排放因子相关参数的测量须引用相关国家标准或行业标准。企业应建立温室气体数据及相关文件的保存和归档制度。碳交易纳管企业还应根据第三方核查指南的要求，建立可核查、可追溯的数据管理系统。有条件的企业可建立温室气体排放数据库，用来存储数据记录和相关文件。为方便管理，应在档案文件中标注数据来源、收集时间和记录人。除此之外，企业还应建立温室气体排放报告内部审核制度，逐步提高企业温室气体排放信息的透明性、准确性、完整性、一致性和可比性，同时企业应注重数据内审工作的独立性和客观性，建立纠正错误机制，针对实际情况识别出产生错误的根本原因，避免错误的重复发生。

7.2.1.2　试点地区发布

我国碳排放权交易市场建设起步于地方试点。2011年10月以来，我国在北京、天津、上海、重庆、湖北、广东、深圳七省（市）开展了碳排放权交易地方试点，作为全国碳市场建设的重要基础工作。7个碳交易试点地区根据本地区的行业特色，分别出台了支撑本地区碳交易企业层面的温室气体排放核算方法。上海市在2012年分行业发布了《上海市温室气体排放核算与报告指南（试行）》及《上海市电力、热力生产业温室气体排放核算与报告方法（试行）》等覆盖电力或热力生产、钢铁、有色、化工、非金属矿物、纺织、造纸8个分行业企业温室气体排放核算与报告指南；北京市发布了《北京市企业（单位）二氧化碳核算和报告指南》，指南中的相关核算覆盖了电力、热力、水泥、石化、工业、服务业、交通运输业等行业；广东省发布了《广东省企业（单位）二氧化碳排放信息报告指南（2022年修订）》，指南中包括一个指南通则和覆盖火力发电、水泥、钢铁、石化行业的分行业指南；深圳市以ISO 14064-1:2006《组织层面上对温室气体排放和清除的量化与报告的规范及指南》和《温室气体核算体系：企业核算与报告标准》为基础，发布了不详细区分具体行业的《组织的温室气体排放量化与报告规范及指南》；另外 3 个碳排放权试点省市也先后发布了用于指导试点工作的企业温室气体排放核算与报告指南。

7 个试点地区发布的企业碳核算和报告指南纳入的内容不尽相同。从温室气体种类来看，试点地区核算和报告的均为 CO_2 气体。从核算边界来看，各个试点省市均以企业为核算和报告边界，大部分试点地区以企业边界下识别排放源为主要的核算和报告规则，形成企业—排放源的排放数据核算和报告模式；北京市要求纳管的企业基于固定设施识别化石燃料燃烧、IPPU 排放等排放源，并依据相关规则将排放设施区分为重点排放设施、耗电设施等，形成企业—设施—排放源的模式；广东省发布的指南中，推荐企业在识别 CO_2 排放活动后，可根据企业计量仪器配备情况，识别和划分 CO_2 排放单元和 CO_2 排放设备等，有利于企业不断推动碳排放精细化管理。在具体的核算方法上，上海、广东、湖北等均在指南中提及了企业可以采用 CEMs 方法进行温室气体量化，但均未对相关要求作详细规定。

7.2.2　设施的碳核算

随着全国碳市场工作的深入推进，我国逐渐明确了按设施（如火力发电企业的发电机组、水泥企业的水泥生产线等）进行管控的思路。为了获取设施层面的碳排放数据以及配额分配所需的生产数据，全国碳市场主管部门要求八大行业年度报送补充数据表，补充数据表对标于欧美企业层面温室气体报告制度的设施层级数据。2021 年 3 月，全国碳市场主管部门发布了《企业温室气体排放核算方法与报告指南　发电设施》，用于规范发电设施的碳排放核算；2022 年 3 月，进一步发布了《企业温室气体排放核算方法与报告指南　发电设施（2022 年修订版）》。且从 2020 年度数据开始，发电行业仅需报送发电机组的碳排放，不再需要报告企业边界碳排放，预计这也是全国碳市场其他行业的发展方向。与企业碳核算相比，设施碳核算存在以下几个方面的差异。

（1）核算边界不同

如本书 7.2.1 节中所述，企业碳核算的核算边界一般为最低一级的法人企业或视同法人的独立核算单位，这种边界界定仅统计核算单位的合计值，不进一步细化到具体的生产设施、附属生产系统等。以化石燃料燃烧为例，在企业边界下可能仅统计报告年度内企业消耗的某一品种化石燃料的总量，不区分到设施层面，假设企业存在多个设施均消耗该品种化石燃料，则采用企业层面核算方法难以体现出设施之间使用效率、排放系数差异等信息，而这些都是开展设施层面配额分配的关键信息。设施碳核算的核算边界为企业生产设施，以水泥生产线为例，核算边界为"从原燃材料进入生产厂区均化开始，包括熟料生产原燃料及生料制备、熟料烧成、熟料到熟料库为止，不包括厂区内辅助生产系统以及附属生产系统"。一般来说，设施碳核算边界小于企业碳核算边界，是企业中的某一个主要排放环节。

（2）排放源和覆盖气体种类不同

不同于企业层面对 7 种温室气体的全面核算，设施碳核算主要关注主生产业务或主要排放设施，报告的排放源类别各个行业基本一致，2020 年之前设施层面的数据只涉及 CO_2 气体，均为能源活动导致的排放，如化石燃料燃烧产生的排放、能源作为原材料产生的排放、消耗电力和热力产生的排放等。根据主管部门要求，全国碳市场设施层面的产品类型、数据填报范围在不断扩充，2020 年度数据报送后增加了硝酸生产设施的 N_2O 排放、HCFC-22 生产设施的副产 HFC-23 排放等。以某化工产品生产企业为例，图 7-1 和图 7-2 分别展示了企业层级和设施层级排放源类别。在企业层级，化工企业需要识别的排放源通常包括化石燃料燃烧排放、碳酸盐分解或原料加工转换的过程排放、企业边界下从外部净购入电力和热力隐含的排放等，涉及的温室气体包括 CO_2 和 N_2O 等温室气体；而在设施边界下，根据全国碳市场对化工重点产品的管控要求，电石、合成氨、甲醇、尿素等产品被纳入管控产品范围，排放源需要在这些产品的生产车间或生产线下进行识别，相关排放源的排放数据口径为车间或产品生产线所消耗的燃料、电力、热力等。

（3）基础参数的获取要求不同

设施碳核算数据用于全国碳市场配额分配以及履约，因此数据质量要求较企业碳核算更高。在设施碳核算中，报告的各类燃料、物料数据，以及设施内相关的排放口、排放设备或组件的位置等都需要按照发布的数据质量控制计划（2020 年之前称为"监测计划"）模板进行详细的报备；而企业碳核算中，对于细分到各个设施的燃料和物料源流的具体信息则没有强制性报告要求，相关

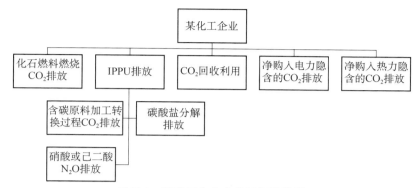

图 7-1　某化工企业企业层级排放源

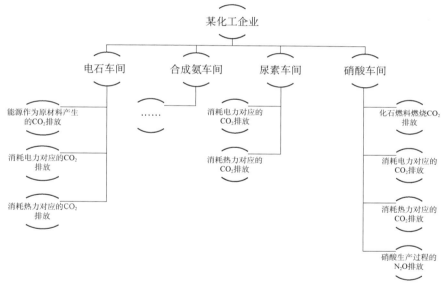

图 7-2　某化工企业设施层级排放源

参数的获取方式的区分仅限于实测值或缺省值，也并未对实测值的来源和方法作详细规定。

在企业和设施数据质量监管方面，我国采用了与欧盟类似的模式，即企业提交质量控制计划、排放报告等，核查技术服务机构进行独立核查。具体而言，从企业端，对拟纳入碳市场的八大行业中的重点设施，要求企业在数据报告中提供质量控制计划，质量控制计划中需要注明排放设施所有主要燃料、物料的数据获取方式，计量仪表位置等详细信息；从监管端，地方主管部门委托核查技术服务机构对企业提交的监测计划、排放报告、排放数据等进行核查，并出具核查报告。

自碳市场启动运行以来，为了强化碳市场数据质量，生态环境部从企业端、核查机构端、地方主管机构端提出了数据质量规范和提升要求，要求已经开展交易的发电企业自行核实和重视燃料消耗量、燃煤热值、元素碳含量等实测参数在采样、制样、送样、化验检测、核算等环节的规范性和检测报告的真实性，供电量、供热量、供热比等相关参数的真实性、准确性，企业生产经营、排放报告与现场实际情况的一致性，有关原始材料、煤样等保存时限是否合规等。发布了《企业温室气体排放报告核查指南（试行）》，并要求省级主管部门对核查技术服务机构内部管理情况、公正性管理措施、工作及时性和工作质量等进行评估。借助生态环境系统执法机构力量，并组织相关行业专家，2021 年年底以来，生态环境部成立工作组开展碳排放报告质量专项监督帮扶，以重点技术服务机构及其相关联的发电行业控排企业为切入点，围绕煤样采制、煤质化验、数据核验、报告编制等关键环节，开展现场监督检查，严管、严查碳排放数据管理违规现象，并于 2022 年 3 月公开碳排放报告数据弄虚作假等典型问题案例。

7.2.3　企业碳监测

碳监测有广义和狭义之分。广义上的监测是指对温室气体排放的量化，例如，欧盟区域级温室气体清单编制和设施级温室气体排放量化相关法规都以监测和报告决议命名（欧盟委员会，2012），但其中既包括核算法，又包括 CEMs 方法等。碳监测狭义上的概念和我国目前常规污染物监测类似，即通过一定的仪器或设备，按照一定的分析测试方法直接对温室气体排放进行测量，我国的碳监测一般指的是狭义概念。与核算方法相比，CEMs 方法能实时、自动地监测有固定排放口排放源的温室气体排放量，具有数据时效性强、显示直观、操作简便等优点。

不同于美国和欧盟 CEMs 已在部分行业企业得到应用，整体上来说，碳监测在我国尚处于研究和探索阶段。我国发布的 24 个行业企业核算指南或标准中仅少数行业如煤炭生产企业的 CH_4 逃逸量提供了 CEMs 方法，绝大多数方法规范仅提供了核算方法。7 个试点碳市场地区核算和报告指南中，尽管北京、上海、广东、深圳和湖北指南中提到允许使用 CEMs 方法确定温室气体排放量，且北京要求连续监测方法数据不确定性不能高于核算方法计算结果，上海要求 CEMs 方法量化的排放量应通过核算方法进行验证，然而这些指南对于如何应用 CEMs 方法缺乏详细的技术要求，如监测参数、布点位置、质量保证和质量控制措施等。实际上，进入碳排放数据报送实操阶段的试点碳市场和全国碳市场企业全部采用核算方法，由于缺少具体的监测和报告要求，没有企业报送采用 CEMs 方法量化的碳排放。

采用 CEMs 方法量化温室气体排放量，需要监测烟气流速、温室气体浓度、湿度、温度和压力等参数。出于研究目的，2012 年，我国首次在煤电厂安装温室气体在线监测系统，开展核算方法和 CEMs 方法下煤电厂碳排放对比研究。为了最大可能地降低对原有污染物 CEMs 设备运行的影响，该套温室气体在线监测系统充分利用了原有资源，将采样点布置在脱硫后的混合烟道。结果显示 CEMs 监测数据波动较大，稳定性欠佳，原因既包括采样点离烟囱入口位置较近容易产生烟气紊流，导致采样气体并不能完全代表真正的混合烟气情况，进而对 CO_2 浓度和流速监测值产生影响，也包括设备运行和维护缺乏标准造成数据测量误差，以及设备本身或系统缺陷等，该研究建议在 CEMs 设备安装、维护和校准以及监测数据明显偏差未得到解决之前，我国不宜采用 CEMs 方法开展碳监测（段志浩等，2014）。之后，我国又有少数电厂（如华能杨柳青热电厂等）自发安装了 CEMs 开展碳监测探索。部分研究认为，对于我国大部分电厂来说，由于已经安装了用以监测 SO_2、NO_x 等传统气态污染物的 CEMs，只需增加 CO_2 浓度监测模块就可以确定温室气体排放量，同时也提出 CEMs 监测设备精度等级和系统性误差要求是当前亟须解决的问题（胡永飞等，2019）。

现阶段 CEMs 在全国碳市场应用分析方面，李鹏等总结了目前面临的问题和挑战：一是应用范围有限。CEMs 主要适用于固定装置，尤其是排放量大的单一排放口，对于全国碳市场覆盖的航空排放、石化化工等排放口较多或者有色和造纸排放量较小的企业来说不适合采用 CEMs 方法，此外碳市场涉及的电热消耗导致的间接排放也无法采用 CEMs 方法量化。二是数据质量有待提升。影响碳监测结果的主要参数是 CO_2 浓度和烟气流速，CO_2 浓度监测数据不确定性较低，但烟气流速有些研究认为不确定性可高达 20%。三是相关成本较高。现有发电等企业安装的监测传统大气污染物的 CEMs 同时也会监测烟气流速、温度、压力、湿度等参数，如果这些监测参数可直接用于温室气体，则企业只需额外增加一个温室气体浓度监测模块，否则需要安装一套全新的温室气体排放监测系统（李鹏等，2021）。目前一套全新且质量较高的 CO_2 浓度测量设备和烟气流速测量设备的总采购成本为 7.14 万～24.28 万美元，如考虑运维则成本更高。四是需要建立一系列的支撑体系。我国现有污染物控制体系下发布的 CEMs 相关安装、认证、运行、维护、监管和数据报告技术指南和管理规范都不涉及温室气体排放的测量，因此亟须建立温室气体监测的相关支撑体系。五是一致性问题尚待解决。目前全国碳市场下纳管行业的配额分配基准线基于历年碳核算报送数据，如调整为 CEMs 方法还存在数据一致性问题。

2018 年，应对气候变化职能调整到生态环境部，主管部门也在考虑充分利用在电力、水泥、钢铁等行业大气污染物排放监测方面积累的丰富经验，采用 CEMs 方法确定碳排放量，以便在业务方面实现温室气体与污染物排放的协同监测。2020 年 6 月，生态环境部发布《生态环境监测规划纲要（2020—2035 年）》，其中提出温室监测要遵循"核算为主、监测为辅"的原则，结合现有污染源监测体系，对重点排放单位开展温室气体排放源监测工作，探索建立重点排放单位温室气体排放源监测的管理体系和技术体系，在火电行业率先开展 CO_2 排放在线监测试点。2021 年 1 月，生态环境部发布《关于统筹和加强应对气候变化与生态环境保护相关工作的指导意见》，提出要加强温室气体监测，逐步纳入生态环境监测体系统筹实施，在重点排放点源层面试点开展石油天然气、煤炭开采等重点行业 CH_4 排放监测。2021 年 9 月进一步印发《碳监测评估试点工作方案》，提出碳监测要坚持"面向管理、辅助核算""立足业务、兼顾科研"等原则，在重点行业方面选择火电、钢铁、油气开采、煤炭开采和废弃物处理五类重点行业开展温室气体试点监测，其中火电和钢铁行业以 CO_2 为主，油气和煤炭开采行业以 CH_4 为主，废弃物处理行业综合考虑 CO_2、CH_4 和 N_2O。试点目标包括明确监测点位、监测方法、质控要求等，构建重点行业温室气体监测技术体系；探索使用监测方法获取本地化排放因子，支撑、检验排放量核算；比较监测和核算数据的系统差异，评估使用直接监测法作为辅助手段，支撑企业层面温室气体排放量计算的科学性和可行性。

7.3　小结

企业碳核算在各个层级的碳核算中都是极为重要的环节，坚实的企业排放数据既是提升区域和行业碳核算数据质量的重要基础，如提供更多本地化排放因子，甚至直接"自下而上"加总得到行业碳排放，也是产品和项目碳核算的重要数据来源。我国在企业碳核算方面发布了系列指南标准，企业尤其是碳市场覆盖范围下的企业也开展了大量核算实践，但结合运行经验以及同国际比较，我国企业碳核算还存在以下方面的问题和挑战：

一是无法满足碳排放精细化管理需求。我国"十二五"期间发布的 24 个行业指南以摸清家底、匡算企业总量为主要目的，方法设计上以逻辑简单、数据易收集为主要原则。经过"十二五""十三五"以来的经验积累和深入研究，目前我国碳排放管理越来越趋于精细化，企业内部也越来越重视碳排放管理和减排路径挖掘，对精细化的排放核算方法也日趋紧迫，全国碳市场推进过程中企业指南无法满足碳市场管理需求的矛盾就日益突出。

二是大部分方法学较为单一。我国前期发布的企业核算方法指南中大多仅提供了单一层级的方法，而对于同一排放源提供多层级可选的方法是国际上的通用做法。IPCC 在其国家温室气体清单编制指南中便以层级 1、层级 2、层级 3 提供在不同数据获取情景下的方法学选择；美国、欧盟等也采用了基于不同层级的方法学，以美国为例，对于燃料燃烧产生的 CO_2 排放这一常见排放源，美国国家环境保护局在其方法学文件中规定了四个层级的核算方法，各有不同的适用条件或限制性要求，这四类方法为不同企业根据自己的数据获取能力和管理水平提供了选择，同时也为主管部门对数据质量分类评价提供了依据。

三是企业排放数据质量有待提升。目前除火力发电行业不实测将被强制采用高限值外，其他行业开展排放因子实测并报告实测数据的企业比例较少，绝大部分企业采用的是核算指南中提供的缺省值。与 CO_2 相比，非 CO_2 温室气体相关的实测数据更为欠缺，从而导致排放量核算结果不确定性较大。另外全国碳市场首个履约期，还发现存在部分企业自身，或者技术服务机构、检测机构协助企业人为弄虚作假的情况，干扰了碳市场的健康发展。

四是相关主体的能力薄弱。既包括企业对核算技术规范理解不准确（如法人边界和设施边界划分不清），自备电厂和其他设施划分不清，企业内部管理不健全或落实情况不佳（如企业台账和原始记录管理混乱，未及时检测样本等），还包括主管部门监管能力不强等因素，除碳交易试点地方外，大部分地区对碳排放数据了解有限，对核查技术服务机构以及企业碳排放数据质量监管能力欠缺。

针对上述问题和挑战，我国企业层级碳核算可以从以下方面进一步改进和完善：

一是不断完善技术规范。在生态环境部最新发布的发电行业数据报告要求中，结合前期的企业排放数据核算和报告经验，将《中国发电企业温室气体排放核算方法与报告指南（试行）》与补充数据表相结合，修订并发布了《企业温室气体排放核算方法与报告指南 发电设施》，将核算和数据报告细化到设施层级；其他行业也亟须细化报告层级及核算方法。此外，扎实做好碳监测试点工作，根据试点经验研究制定监测点位布置、运行维护、连续监测等一系列技术标准规范。

二是要加强对企业排放数据质量的监管。对控排企业碳排放数据质量管理由单纯依靠技术服务机构核查，转变为核查加日常抽查的模式，将碳排放数据质量纳入主管部门日常监督执法管理范畴。推动将核查技术服务机构、检测机构等纳入认可范围，开展多部门联合监管。通过智能化、信息化方式对排放数据开展校核，并通过同其他部门以及 CEMs 等多源数据比对等手段进一步识别潜在的数据质量问题。加快推进企业碳排放信息披露，充分发挥社会监督作用。另外，对发现的问题，要严格督促落实整改措施和处罚力度。

三是加强企业等相关核算主体的能力建设。依托行业协会、地方主管部门等力量，通过监督帮扶、政策标准解读培训等手段，帮助企业完善数据质量控制计划，健全完善与企业已有管理制度相衔接的碳排放数据质量管理体系。充实国家和地方主管部门企业碳排放监管人员队伍，强化相关人员的专业技术能力，为提升企业碳核算数据质量提供有力支撑。

参 考 文 献

段志洁，张丽欣，李文波，等，2014. 燃煤电力企业温室气体排放量化方法对比分析[J]. 中国电力，47（2）：120-125.

胡永飞，冯田丰，姚艳霞，等，2019. 连续排放监测法在我国发电行业碳交易应用前景探讨[J]. 电力科技与环保，35（3）：50-52.

李鹏，吴文昊，郭伟，2021. 连续监测方法在全国碳市场应用的挑战与对策[J]. 环境经济研究，（1）：77-92.

汪军，2021. 国外先进企业的碳中和目标制定有何启示？[J]. 可持续发展经济导刊，（3）：3.

郑爽，刘海燕，2017. 欧盟与美国碳市场核查制度建设经验及启示[J]. 中国能源，39（11）：28-32.

第 8 章　减排项目碳核算

　　温室气体减排项目（以下简称"减排项目"）是指项目级减少温室气体排放或者增加温室气体吸收的活动，该类型活动能够产生碳抵消信用，用于补偿其他地方的温室气体排放（Broekhoff et al.，2019）。实施减排项目主要是通过将减排项目的温室气体减排量（或温室气体吸收增量，本章以下的"减排"均包括增加的温室气体吸收量）应用于各类碳抵消机制，来最终达到完成国家减排目标、企业碳市场履约以及抵消企业、活动或个人的碳排放等，以实现减缓气候变化，促进可持续发展的目的。

　　减排项目碳核算是指对减排项目的温室气体减排效果进行核算，以定量反映实施减排项目对于减缓气候变化的实际影响。减排项目的温室气体减排量主要用于各类碳抵消机制，因此减排项目的碳核算方法通常取决于其所在的碳抵消机制下的该项目所属类型的具体方法学，并依据该方法学所提供的具体流程、方法和参数选择原则进行核算。不同的碳抵消机制对于减排项目碳核算的方法学以及实际的计算方法要求不完全相同，但大体均包括适用范围、基准线情景识别和额外性论证、减排量计算，以及监测要求等组成部分。此外，为保证在不同的碳抵消机制下各减排项目碳核算结果的准确性和可比性，各碳抵消机制不仅需要一整套完整、成熟的方法学标准，还要有严格的、独立的审定与核证程序，包括监测报告核证和认证规则、注册和执行系统等（World Bank，2015）。

　　本章主要介绍常见的碳抵消机制和减排项目碳核算的基本步骤，并以中国温室气体自愿减排交易机制（Chinese Certified Emission Reduction，CCER）方法学为例，介绍几种常见类型减排项目的碳核算方法。

8.1 碳抵消机制

目前，全球共有清洁发展机制（Clean Development Mechanism，CDM）、联合实施（Joint Implementation，JI）、澳大利亚碳农业倡议（Australia's Carbon Farming Initiative，AUCFI）、加州配额抵消计划（California Compliance Offset Program，CA COP）、CCER、魁北克配额总量控制和交易法规（Québec's Regulation respecting a Cap-and-Trade Allowances，Québec）、瑞士抵消计划（Switzerland's Offset Program，CHOP）、日本联合信用机制（Japan's Joint Crediting Mechanism，JCM）、气候行动储备（Climate Action Reserve，CAR）、黄金标准（Golden Standard，GS）、核证碳标准（Verified Carbon Standard，VCS）、美国碳注册登记簿（American Carbon Registry，ACR）、全球碳理事会（Global Carbon Council，GCC）和 REDD+ 交易架构（the Architecture for REDD+Transactions，ART）14 种碳抵消机制（表 8-1）。世界银行按照管理主体的性质，将上述碳抵消机制分为三类，分别为依据国际公约建立的碳抵消机制、国家或地区建立的碳抵消机制以及独立机制（葛新锋，2021；World Bank，2015）。其中 CDM、JI 是依托《京都议定书》建立的国际抵消机制，AUCFI、CA COP、CCER、Québec、CH OP、JCM、ACR、CAR、ART、GCC 等属于国家或地区建立的碳抵消机制，GS 和 VCS 等属于独立的抵消机制。各碳抵消机制都有明确的管理机构、清晰的注册程序、完整的方法学体系和严格透明的审定与核证程序，确保项目公开、透明、可比。各类碳抵消机制全部要求减排项目具有额外性，减排量真实、永久有效的特点，并且要经过独立的第三方审定与核证。

虽然国际上的碳抵消机制众多，但是我国的减排项目实际能参与的只有 CDM、CCER、GS、VCS 以及 GCC 5 个。我国的减排项目主要是在 CDM 和 CCER 注册。截至 2021 年 12 月，我国在 CDM 注册的减排项目达到 3 764 个，约占全部 CDM 注册减排项目的 48%；我国 CDM 项目获签发的减排量约 11.2 亿 tCO_2 当量，约占全部 CDM 项目签发减排量的 51%。CCER 机制中的减排项目全部来源于我国内地，截至 2021 年 12 月，共有 1 315 个注册减排项目，签发的减排量约为 7 700 万 tCO_2 当量。我国有数百个减排项目应用于 GS 和 VCS 两个碳抵消机制：截至 2021 年 12 月，有 391 个减排项目注册于

表 8-1 全球碳抵消机制概况

抵消机制名称	类型	覆盖范围	起始时间	注册项目数量（截至 2021 年 12 月）	可交易减排量名称	签发的减排量（截至 2021 年 12 月）	碳信用主要使用者
CDM	《京都议定书》下的抵消机制，基于项目的减缓活动	全球范围内《京都议定书》缔约方中的发展中国家非附件 A 国家	2001 年制定了规则，并于 2005 年第一次签发减排量	7 850 个项目并于第 357 个规划类项目	核证减排量（CERs）	约 21.9 亿 t CO$_2$ 当量	《京都议定书》下有减排承诺的附件 A 国家、碳市场下的私营企业买家；自愿碳市场；参与国际航空碳抵消与减排机制（此机制下不独立开发减排项目，只接受其他碳抵消机制项目的碳抵消机制）的航空企业
JI	《京都议定书》下的抵消机制，基于项目规划的减缓活动	《京都议定书》缔约方中的发达国家（附件 B）	2001 年制定了一般规则，并于 2008 年第一次签发减排量	648 个	减排单位（ERUs）	约 8.71 亿 t CO$_2$ 当量（截至 2016 年 1 月，之后无新项目）	《京都议定书》下有减排承诺的附件 A 国家、碳市场下的私营企业买家（如欧盟碳市场）；自愿碳市场
AUCFI	基于项目的抵消机制	澳大利亚	2011 年 12 月	153 个（截至 2014 年 7 月）	澳大利亚碳信用单位（ACCUs）	超过 7 600 万 t CO$_2$ 当量（截至 2014 年 8 月）	需要履行 2011 年《清洁能源法案》责任的实体；自愿购买者；澳大利亚政府可能是主要购买者

续表

抵消机制名称	类型	覆盖范围	起始时间	注册项目数量（截至2021年12月）	可交易减排量名称	签发的减排量（截至2021年12月）	碳信用主要使用者
CA COP	基于项目的抵消机制	目前仅限于符合条件的美国地区以及通过碳市场链接的加拿大魁北克（方法中定义的地区）	2011年10月通过规则；2013年9月签发的第一笔信用	90个（截至2014年7月）	加州空气资源委员会抵消信用（ARB offset credits）	约7 348万t CO_2当量	加州和魁北克碳市场涵盖的实体；自愿买家
CCER	基于项目的抵消机制	中国	2012年6月；第一个项目于2013年注册；2014年第一次签发减排量	1 315个	中国核证减排量（CCERs）	约7 700万t CO_2当量	中国全国碳市场履约企业；试点碳市场履约企业；自愿买家；参与国际航空碳抵消与减排机制的航空企业
Quebec	魁北克碳市场下基于项目的抵消机制	魁北克（加拿大项目类型1）	2013年1月	0（截至2014年7月）	抵消量（Offsets）	0（截至2014年7月）	加州和魁北克碳市场涵盖的实体；自愿买家
CHOP	国家抵消机制；基于项目；也认可基于计划的减缓行动	瑞士	2008年	26个（截至2014年7月）	证明（Attestions）	16 000 t CO_2当量（截至2014年7月）	通常为汽车燃料生产商和进口商（2013年以后）以及化石火力发电厂运营商（2008年以后，不能用于瑞士碳市场履约）

续表

抵消机制名称	类型	覆盖范围	起始时间	注册项目数量（截至2021年12月）	可交易减排量名称	签发的减排量（截至2021年12月）	碳信用主要使用者
JCM	基于项目的双边抵消机制	国际JCM合作伙伴国家，包括孟加拉国、柬埔寨、哥斯达黎加、印度尼西亚、老挝、马尔代夫、墨西哥、蒙古、帕劳和越南等（截至2014年10月）	2013年1月首次签署双边协议（同蒙古国）	63个	减排单位目前不可交易（非交易型机制；后续可能会成为可交易机制）	131,601t CO_2当量	政府和私营部门都可以成为融资实体；政府和私营部门实体都可以被分配单位
CAR	基于项目的资源抵消机制；非盈利组织；被批准为加州限额与交易规划的履约抵消项目注册机构	美国和墨西哥	2001年	292个	气候储备吨（CRTs）	1.69亿t CO_2当量	美国的自愿购买者；CAR可以根据加州资源委员会履约抵消协议为某些项目类型发放抵消量，经转换为加州空气资源委员会抵消信用后，用于加州空气资源委员会碳市场的履约；参与国际航空减排抵消机制的航空企业

续表

抵消机制名称	类型	覆盖范围	起始时间	注册项目数量（截至 2021 年 12 月）	可交易减排量名称	签发的减排量（截至 2021 年 12 月）	碳信用主要使用者
GS	基于项目的自愿抵消机制；非营利组织；基于项目的自愿抵消机制，可用作 CDM 和 JI 项目的自愿项目的附加认证	全球	2007 年	1 589 个	黄金标准自愿减排量 GS-VER，黄金标准 CDM 减排量 GS-CER，黄金标准 JI 减排量 GS-ERU，黄金标准规划类项目减排量 GS-PER	1.96 亿 t CO$_2$ 当量	绝大多数自愿买家；GS CERs 和 ERUs——《京都议定书》部分附件 A 国家（例如端上）；碳市场覆盖的私人买家（例如，航空市场覆盖的航空市场；欧盟碳市场；参与国际航空减排与抵消机制的航空企业
VCS	基于项目的自愿抵消机制	全球	2007 年	1 766 个	VCU	8.4 亿 t CO$_2$ 当量	美国和欧洲的自愿购买者；VCS 可以为某些项目类型发放抵消，经转换为抵消用，用于加州碳市场履约；参与国际航空碳抵消与减排机制的航空企业
ACR	基于项目的自愿抵消机制	北美	1996 年	180 个	ROCs；ERTs	1.78 亿 t CO$_2$ 当量	美国加州总量控制与交易计划的履约企业；自愿碳市场的参与者；参与国际航空碳抵消与减排机制的航空企业

抵消机制名称	类型	覆盖范围	起始时间	注册项目数量（截至 2021 年 12 月）	可交易减排量名称	签发的减排量（截至 2021 年 12 月）	碳信用主要使用者
GCC	基于项目的自愿抵消机制	全球，但特别关注中东和北非地区	2016 年	2 个	批准的碳信用（Approved Carbon Credit, ACC）	145 143 t CO$_2$ 当量	自愿购买者
ART	基于项目的自愿抵消机制	全球	2021 年	0	Emission Reduction and Removal（ERR）	0	自愿购买者：参与国际航空碳抵消与减排机制的航空企业

注：基于世界银行（2015）的表格并更新至 2021 年 12 月。

VCS，约占 VCS 全部注册项目的 22%；有 213 个减排项目注册于 GS，约占 GS 全部注册项目的 13.4%。GCC 虽然也允许我国的减排项目参与，但目前仅有 2 个项目注册，还没有我国的减排项目参与。本节主要介绍我国减排项目可以参与的上述 5 个碳抵消机制。

8.1.1　基本情况

CDM 是依据《京都议定书》建立的碳抵消机制，其主要目的是协助《联合国气候变化框架公约》非附件一缔约方实现可持续发展和有益于《公约》的最终目标，同时也协助附件一缔约方以低成本方式实现其量化的限制和减少排放的承诺（国家发展和改革委员会，2011；UNFCCC，1997）。开发 CDM 项目和参与 CDM 基于自愿的原则，《京都议定书》非附件 B 缔约方可以开发 CDM 项目活动，附件 B 缔约方可以使用 CDM 项目所产生的温室气体减排量抵消碳排放。CDM 执行理事会要求参与 CDM 的国家指定一个国内主管机构，为国内企业开展 CDM 项目出具批准函。项目需采用 CDM 执行理事会批准的项目方法学，合理设置基准线假设，准确计算减排量，并合理安排监测计划，确保项目可持续性。经过审定与核证机构审定和核证后，CDM 执行理事会注册项目并签发项目减排量（UNFCCC，2005）。我国于 1998 年 5 月签署并于 2002 年 8 月核准了《京都议定书》，并指定国家发展和改革委员会作为我国的 CDM 国内主管机构。国家发展和改革委员会于 2005 年发布实施了《清洁发展机制项目运行管理办法》，并于 2011 年进行了修订（国家发展和改革委员会，2011），允许我国境内的中资或中资控股企业对外开展 CDM 项目合作。2018 年 4 月，应对气候变化职能划转至生态环境部，生态环境部作为我国的 CDM 国内主管机构，负责 CDM 项目国内审批工作。

CCER 是我国于 2012 年建立的项目级减排机制。2012 年，应对气候变化主管部门国家发展和改革委员会发布实施了《温室气体自愿减排交易管理暂行办法》（国家发展和改革委员会，2012a）和《温室气体自愿减排项目审定与核证指南》（国家发展和改革委员会，2012b），对温室气体自愿减排项目、减排量、方法学、审定与核证机构以及交易机构 5 个事项采取备案管理，对我国境内的温室气体自愿减排活动进行了规范，逐步建立了 CCER 制度体系和技术规范体系。2017 年 3 月，国家发展和改革委员会发布公告，暂缓受理 CCER 备案申请（国家发展和改革委员会，2017）。2018 年 4 月，应对气候变化职能划转至生态环境部，CCER 备案事项转由生态环境部管理。目前，生态环境部正在研究修订管理办法，完善自愿减排交易机制。

我国减排项目参与的其他国际碳抵消机制的情况比较类似。GS 是由世界自然基金会和世界可持续发展工商理事会等国际非政府组织于 2003 年建立的抵消机制，包括五个原则，分别是对气候安全和可持续发展贡献原则、保护原则、利益相关者包容性原则、减排成果的真实性原则、财务额外性和持续的财务需求原则（Golden Standard，2022）；VCS 是由气候组织、国际排放贸易协会、世界经济论坛和世界可持续发展工商理事会于 2005 年发起的抵消机制，由核证碳减排标准、独立审计、核算方法学和注册登记系统四部分组成（Verra，2022）。CDM、CCER、GS 和 VCS 于 2019 年被国际民航组织批准可以用于国际航空碳抵消与减排机制（ICAO，2019）。GCC 是由海湾研究与发展组织于 2016 年发起建立的区域碳抵消倡议，主要目的是帮助机构和组织减少碳足迹，通过采用低碳途径帮助部门实现多样化促进减缓气候变化（Global Carbon Council，2022）。

8.1.2 管理机构和注册程序

各碳抵消机制一般都设有管理机构负责项目申请注册、减排量签发、维护和更新方法学、管理审定与核证机构等。《京都议定书》缔约方大会是 CDM 的最高管理机构，可以就 CDM 的任何问题作出决定。CDM 执行理事会是缔约方大会授权的 CDM 管理机构，负责制定 CDM 有关规则、项目注册和减排量签发、维护项目方法、委任审定与核证机构等工作（UNFCCC，2005）。CCER 机制由包括生态环境部、外交部、科技部、财政部、农业农村部和中国气象局等部委参加的项目审核理事会管理，项目审核理事会负责对减排项目、方法学和审定与核证机构申请提出建议，生态环境部具体负责日常管理事务。GS、VCS 和 GCC 的日常运行管理机构都是非政府组织，都设有咨询委员会等机构，负责抵消机制的战略发展、监管和技术支撑等事务。

碳抵消机制项目注册的一般流程如图 8-1 所示，各碳抵消机制都有明确的注册程序，一般都包括项目设计、利益相关咨询、项目审定、完整性/一致性检查，直至注册成功。在注册的项目数量和签发的减排量方面，CDM 稳居国际碳抵消机制第一位，截至 2021 年 12 月，全球一共有 7 850 个 CDM 项目和 357 个 CDM 规划类项目注册成功（普通的 CDM 项目，指单一的项目；CDM 规划类项目，指同一个机构同样的方法学开发一批项目，一个 CDM 规划类项目可以包含很多个 CDM 项目），签发减排量约 21.9 亿 t CO_2 当量。

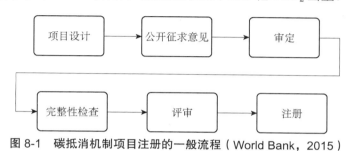

图 8-1　碳抵消机制项目注册的一般流程（World Bank，2015）

8.2　核算流程

8.2.1　基本步骤

减排项目的碳核算，即核算项目的温室气体减排量，需要符合减排项目所在的碳抵消机制的具体要求，一般可分为以下四个步骤：

① 选择合适的方法学。根据减排项目实际情况，确定适用的方法学，这是确保减排量准确、符合标准和要求的前提。

② 确定减排项目边界。主要用来确定核算的范围，包括排放源和排放温室气体种类，通常根据方法学的具体要求来确定。可以以厂为界，也可以以设施为边界，如果是发电项目，项目边界还包括项目所连接的电网边界。

例如，新建一个风力发电厂，其边界就是厂界及本项目接入的电网中所有发电厂。排放源是电网中化石燃料燃烧发电厂，排放的主要温室气体是 CO_2，次要温室气体是 CH_4 和 N_2O。

③ 识别基准线情景和论证额外性。这是非常关键的一步，减排项目的碳核算主要目的是对因为开发了这个项目而导致的温室气体排放量的变化情况进

行量化，因此减排项目的碳核算不仅需要核算项目本身的碳排放，还需要计算假设没有开展减排项目时的基准线情景碳排放和因为开展减排项目导致的碳泄漏情况。将项目的碳排放情况与基准线情景下的碳排放情况进行比较，结合项目的碳泄漏情况，才可以确定减排项目的实际减排量。设立基准线情景比较复杂，需要考虑很多假设。额外性是指减排项目活动所带来的减排量相对于基准线情景是额外的，即这种项目及其减排量在没有外来碳抵消机制支持情况下，存在具体财务效益指标、融资渠道、技术风险、市场普及和资源条件方面的障碍因素，靠国内条件难以实现。

④ 计算项目减排量。即计算在开展项目的情况下减排了多少温室气体，主要包括基准线情景排放、项目排放和项目泄漏核算。

对于一般的减排项目，项目的减排量可由式（8-1）计算：

$$ER=BE-PE-LK \tag{8-1}$$

式中，ER——项目减排量，单位为 $t\,CO_2e$；[①]

BE——项目基准线情景碳排放，单位为 $t\,CO_2e$；

PE——项目情景碳排放，单位为 $t\,CO_2e$；

LK——项目碳泄漏，单位为 $t\,CO_2e$。

对于碳汇或温室气体去除类的项目，项目的减排量可由式（8-2）计算：

$$\Delta C = \Delta C_P - \Delta C_{BL} \tag{8-2}$$

式中，ΔC——项目碳汇量，单位为 $t\,CO_2e$；

ΔC_P——减排项目情景各种碳储库的变化量之和，单位为 $t\,CO_2e$；

ΔC_{BL}——基准线情景各种碳储库的变化量之和，单位为 $t\,CO_2e$。

对于不同类型的项目，基准线情景碳排放的内涵可能存在一些差别：对于一般项目来说，项目基准线情景碳排放是指在不开展减排项目活动的情况下的温室气体人为源排放量（UNFCCC，2017a）（例如，减排项目是新建风力发电厂来替代化石燃料发电厂，那么基准线情景碳排放即是被替代的化石燃料发电厂的碳排放量）；对于碳汇或碳去除类的项目来说，基准线情景碳排放是指其基准线情景下的碳汇变化量，即基准线情景下项目边界内各碳储库中的碳储量变化量之和。减排项目碳排放是指项目实施过程中由于消耗化石燃料或者生产

---

① 公式中 CO_2e 表示 CO_2 当量。

工艺产生的温室气体排放。项目碳泄漏是指由减排项目活动引起的、发生在项目边界之外的、可测量的温室气体源排放的增加量。

8.2.2　方法学选择

碳抵消机制的核心是项目减排量的真实、可测量和长久有效。为此，各碳抵消机制均发布了针对不同类型减排项目的一系列方法学，要求申请方按照规定的方法学开发减排项目，各减排项目应采用恰当的方法学来计算其温室气体减排量。各类方法学一般包括适用范围、基准线情景识别和额外性论证、减排量计算，以及监测要求等部分。其中，适用范围主要是规定了方法学可以应用的范围、引用的工具等基本要求；基准线情景识别和额外性论证则规定了项目边界、具体的基准线情景识别步骤、额外性论证过程；减排量计算详细列出了计算公式、需要的参数；监测要求部分规定开展项目需要监测和收集的参数。

不同的碳抵消机制对项目类型的划分和侧重的领域不同，但基本可分为温室气体减排、温室气体销毁和碳封存三大类（葛新锋，2021），具体还可以分为能源行业、制造业、化学工业、建筑业、交通运输、采矿、金属生产、燃料的逃逸、废物处置和农林等领域。我国减排项目能参与的碳抵消机制的方法学数量和覆盖范围见表 8-2。减排项目在进行碳核算时应当慎重考虑项目将要参加的碳抵消机制，并仔细阅读碳抵消机制下的方法学要求文件，严格按照要求选择适合该减排项目的方法学来进行碳核算。

表 8-2　常见碳抵消机制方法学情况

抵消机制名称	方法学数量 / 个	覆盖领域
CDM	220	可再生能源、节能和提供能效、燃料替代、资源综合利用、CH_4 减排、N_2O、HFCs 和 SF_6 减排等 15 个领域
CCER	200	能源工业、能源分配、能源需求、制造业、化工行业、建筑行业、交通运输业、矿产品、金属生产、燃料的飞逸性排放、HFCs 和 SF_6 的生产和消费产生的飞逸性排放、溶剂的使用、废物处置、造林和再造林、农业 15 个领域
GS	21	农林碳汇、燃料转换、可再生能源、废弃物处置和航运能效
VCS	49	能源、工业过程、建筑产业、交通运输、废弃物、采矿、农业、林业、草地、湿地、牲畜和粪便管理
GCC	3	可再生能源发电、节能、动物粪便和废弃物管理

8.2.3 基准线情景识别和额外性论证

识别基准线情景是计算项目减排量的关键，对于减排项目的碳核算结果具有决定性的影响。基准线情景的识别较为复杂，需要考虑不同的政策、可能的技术选择，并做出相应的假设，非常烦琐和耗时。

CDM 中的基准线情景是指在没有 CDM 项目的情况下，按照东道国的技术水平、经济特征估算国内项目最可能出现的温室气体排放水平（王灿等，2000）。CDM 执行理事会为了简化，定义了一个标准化基准线（Standard Baseline）方法框架。标准化基准线定义了一个各部门的标准化基准线情景、基准线排放系数和/或额外性标准，这些标准可能适用于该部门的所有减缓温室效应的活动。CDM 还提供了一个分步骤的适合所有类型项目的组合工具（UNFCCC，2017b），通过论证减排该项目是此类型第一个项目、识别替代情景、障碍分析、投资分析和普遍实践分析 5 个步骤来识别基准线情景和论证额外性。在某些情况下，该工具可能要求方法学进行调整或者解释，包括列出相关的替代情景以及所有相关类型的障碍。项目按照该工具的步骤论证额外性，并识别基准线情景，就可以得到 CDM 的认可。虽然该工具在一定程度上简化了额外性论证和基准线情景识别，但是需要结合各个项目的实际情况，操作过程仍较为复杂。

CCER 没有发布自己的基准线和额外性论证工具，直接引用 CDM 相关工具。GS 未提出自己的基准线和额外性论证工具，接受使用 CDM 的额外性工具或者 GS 批准的额外性工具确保项目的基准线情景准确合理和具有额外性。VCS 于 2011 年制定了基准线和额外性工具——基准线和额外性的标准化方法（Standardized Methods for Baselines and Additionality），并于 2013 年发布了标准化方法指南（VERRA，2013）。GCC 直接使用 CDM 的基准线和额外性论证工具。

8.3 核算方法学

我国的减排项目主要参加的碳抵消机制是 CDM 和 CCER。但 2012 年后，欧盟要求其碳市场管控企业主要使用来自最不发达国家的 CDM 项目的减排量履约，同时由于全球经济萧条、"后京都时代"发达国家减排责任未能落实等原因，CDM 市场持续萎缩，目前 CDM 项目申请已基本停滞。CCER 在经历了全面暂停的低谷后开始重新回到温室气体减排项目的潮头，一方面是随着 2021 年全国碳市场的全面启动，碳市场控排企业允许使用一定比例的 CCER 减排量来履约（生态环境部，2021），碳市场覆盖企业对于 CCER 减排项目的需求持续上升；另一方面是我国提出"双碳"战略后，各相关部门、行业加紧部署实施，社会各界参与减排项目的热情日益高涨。预计 CCER 重启后，申请注册的减排项目会出现较大增长。因此，本节将重点梳理 CCER 下的减排项目碳核算方法学，并分类别进行详细介绍。

目前 CCER 有 200 个减排项目碳核算方法学，覆盖了能源、制造业、化工、建筑、交通运输、含氟气体、碳汇等 15 个领域。其中，能源大领域包括能源工业、能源输配和能源需求 3 个领域，每个领域的方法学可以具体分为可再生能源、低碳电力、能源效率、燃料/原料转换 4 类，也可以按照能源消费部门分为电力生产和供给、工业能源、交通能源、家庭和建筑能源 4 类；能源以外其他领域的方法学可以分为可再生能源、能源效率、温室气体销毁、避免温室气体排放、燃料/原料转换、碳汇类以及温室气体密集型产出替代 7 类。CCER 方法学具体类型及数据量分布见表 8-3 和表 8-4。

表 8-3　CCER 方法学类型分布（能源大领域）　　　　　单位：个

方法学领域	类型	电力生产和供应	工业能源	交通能源（燃料）	家庭和建筑能源
1 能源工业	可再生能源	7	5	2	5
	低碳电力	6	5	—	—
	能源效率	8	11		4
	燃料/原料转换	2	3		1
2 能源输配	可再生能源	1	—	—	—
	低碳电力	—	—		
	能源效率	8			1
	燃料/原料转换	1	1		
3 能源需求	可再生能源	—	—		2
	低碳电力	—			

续表

方法学领域	类型	电力生产和供应	工业能源	交通能源（燃料）	家庭和建筑能源
3 能源需求	能源效率	1	9	—	14
	燃料/原料转换	1	5	—	3

注：一个方法学可能涉及多个领域和类型。

表 8-4 CCER 方法学类型分布（其他领域）　　　　单位：个

方法学领域	可再生能源	能源效率	温室气体销毁	避免温室气体排放	燃料/原料转换	碳汇类	温室气体密集型产出替代
4 制造业	6	11	1	5	11	—	5
5 化工工业	2	3	6	2	8	—	6
6 建筑行业	—	—	—	1	1	—	—
7 交通运输业	2	13	—	1	2	—	—
8 矿产品	1	1	3	1	2	—	—
9 金属生产	—	5	—	3	1	—	—
10 燃料的飞逸性排放（固体燃料、石油和天然气）	—	—	3	3	3	1	2
11 碳卤化合物和 SF_6 的生产和消费产生的飞逸性排放	—	—	4	5	3	—	—
12 溶剂的使用	—	—	—	—	—	—	—
13 废物处置	1	1	8	10	—	—	—
14 造林和再造林	—	—	—	—	—	6	—
15 农业	—	—	4	4	1	2	—

CCER 项目备案的方法学中，能源效率类方法学最多（共 90 个），其次是燃料/原料转换方法学（49 个）、避免温室气体排放方法学（35 个）和可再生能源方法学（34 个）等。但是，已备案的 1 315 个 CCER 项目仅涉及 35 个方法学（表 8-5），其中 91.3% 的项目使用了可再生能源相关的方法学，11.7% 的

项目使用了燃料/原料转换方法学，16.3%的项目使用了温室气体销毁相关方法学，6.8%的项目使用了能源效率相关的方法学，3.4%的项目使用了避免温室气体排放相关的方法学，2.1%的项目使用了碳汇类的方法学。

表 8-5　已备案的 CCER 项目方法学占比情况

方法学类型	CCER 项目备案数量/个*	占比/%
可再生能源	1 200	91.3
燃料/原料转换	154	11.7
温室气体销毁	214	16.3
能源效率	89	6.8
避免温室气体排放	45	3.4
碳汇类	27	2.1
温室气体密集型产出替代	20	1.5
低碳电力	1	0.1

*注：一个项目可能同时使用多个方法学。

　　本节将详细介绍使用较多的可再生能源、燃料/原料转换、温室气体销毁、能源效率、避免温室气体排放和碳汇类的方法学。

8.3.1　可再生能源类

（1）方法学介绍

　　可再生能源类碳核算方法学涉及各种可再生能源使用，包括风力发电、水电、太阳能发电、太阳能炉灶、生物质燃烧锅炉等（UNFCCC，2021a）。CCER 涉及可再生能源的方法学有 34 个，包括能源、制造业、交通运输等领域，涵盖可再生能源发电、供热、生物质发电等类型，其中可再生能源并网发电方法学（CM-001-V02）应用最为广泛。

　　以 CM-001-V02 为例，该方法学适用于新建、扩建、改建或者替代现有发电厂的可再生能源并网发电活动，包括风电、水电、太阳能发电、地热发电等，适用于装机容量 15 MW 以上的减排项目（国家发展和改革委员会，2016）。

　　项目减排量按照式（8-1）计算，其中基准线情景排放按照式（8-3）计算：

$$BE = EG_{PJ} \times EF_{grid,CM} \qquad (8\text{-}3)$$

式中，EG_{PJ}——实施可再生能源发电项目产生的净上网电量，$MW \cdot h/a$；

$EF_{grid,CM}$——通过 CDM 电力系统排放因子计算工具[①]（UNFCCC，2018）计算所得年度并网发电的组合边际 CO_2 排放因子，$t\,CO_2e/(MW \cdot h)$，具体计算方法为式（8-4）。

$$EF_{grid,OM} = EF_{grid,OM} \times W_{OM} + EF_{grid,BM} \times W_{BM} \qquad (8\text{-}4)$$

式中，$EF_{grid,OM}$——电力边际排放因子，$t\,CO_2e/(MW \cdot h)$，可直接采用国家主管部门公布的数值；

$EF_{grid,BM}$——容量边际排放因子，$t\,CO_2e/(MW \cdot h)$，可直接采用国家主管部门公布的数值；

W_{OM}——电力边际排放因子权重，风力发电和太阳能发电项目 W_{OM} 为 0.75；对于其他类型可再能源项目，第一计入期 W_{OM} 为0.5，其他计入期 W_{OM} 为 0.25；

W_{BM}——容量边际排放因子权重，风力发电和太阳能发电项目 W_{BM} 为 0.25；对于其他类型可再能源项目，第一计入期 W_{BM} 为0.5，其他计入期 W_{BM} 为0.75。

可再生能源发电项目碳排放按照式（8-5）计算：

$$PE = PE_{EF} + PE_{GP} + PE_{HP} \qquad (8\text{-}5)$$

式中，PE_{EF}——由化石燃料燃烧所产生的排放，$t\,CO_2e/a$；

PE_{GP}——地热发电厂运行过程中不凝气体释放所产生的排放，$t\,CO_2e/a$；

PE_{HP}——水力发电厂的水库所产生的排放，$t\,CO_2e/a$。

本方法学不考虑减排项目碳泄漏情况。在减排周期内，需要监测的参数包括该可再生能源发电厂的上网电量和下网电量，地热发电项目需要监测所产生的蒸汽量，以及蒸汽中 CO_2 的平均质量分数、CH_4 的平均质量分数，水力发电项目需要监测水库面积。区域电网排放因子中电力边际排放因子 $\left(EF_{grid,OM}\right)$ 和容量边际排放因子 $\left(EF_{grid,BM}\right)$ 来自国家主管部门公布的官方数据。

---

① 该方法学转化自 CDM 方法学，因此使用 CDM 计算工具。后续介绍的方法学基于同样原因使用 CDM 计算工具。

（2）案例分析

假如在某地新建一个 49.5 MW 的风力发电厂，2014 年净上网量为 100 000 MW·h。案例项目的基准情景为新建风电厂生产的电量完全由该省所在区域电网中其他电厂和新增发电源替代，假设该风电厂所在区域电网 2014 年的区域电网电量边际排放因子（$EF_{grid,OM}$）为 0.957 8 t CO_2e/（MW·h），容量边际排放因子（$EF_{grid,BM}$）为 0.451 2 t CO_2e/（MW·h），组合边际排放因子 $EF_{grid,OM}$ 利用式（8-4）计算：

$$EF_{grid,OM} = 0.75 \times 0.957\,8 + 0.25 \times 0.451\,2 = 0.8311\,t\,CO_2e/(MW \cdot h)$$

案例项目基准线情景的碳排放量按式（8-3）计算：

$$BE = 100\,000\,MW \cdot h \times 0.831\,1\,t\,CO_2e/MW \cdot h$$
$$= 83\,110\,t\,CO_2$$

对于风电项目，案例项目的碳排放（PE）和碳泄漏（LK）可忽略不计。按照式（8-1），该风电案例项目的 2014 年度减排量核算结果为

$$ER = BE - PE - LK = 83\,110\,t\,CO_2e$$

8.3.2　燃料/原料转换类

（1）方法学介绍

燃料/原料转换类方法学一般是指用碳密集度较低的化石燃料替代碳密集型化石燃料，从而减少温室气体排放，例如，从煤炭转向天然气、使用不同的原材料来避免温室气体排放、使用不同的制冷剂来避免温室气体排放、使用混合水泥以减少需求用于能源密集型熟料生产（UNFCCC，2021a）。CCER 涉及原料/原料转换的方法学有 49 个，覆盖能源、制造业、化学工业、矿产品生产、燃料的飞逸性排放、碳卤化合物和 SF_6 的生产和消费飞逸性排放等领域，涉及电厂燃料转换、水泥生产原料转换、废气回收、油田伴生气回收、CH_4 回收利用、冰箱制冷剂替换等类型。

以使用全球增温潜势（GWP）较低制冷剂的民用冰箱的制造和维护方法学（CM-048-V01）为例，该方法学适用于使用 GWP 小于 50 的制冷剂替代 GWP 较高的制冷剂（HFC-134a）制造家用或小型商用冰箱实现温室气体减排的项目活动（国家发展和改革委员会，2014b）。

基准线情景是继续使用原有的 HFC-134a 制冷剂制造和维护冰箱，基准线情景排放包括制冷电器制造和维护过程中的排放以及相关分配损失，按照式（8-6）计算。按照方法学，基于保守计算，制冷电器在达到使用寿命后丢弃的排放不包括在内。

$$BE_{CO_2e,y} = BE_{MANF,y} + BE_{DSTR,MANF,y} + BE_{SERV,y} + BE_{DSTR,SERV,y} \qquad (8-6)$$

式中，$BE_{CO_2e,y}$——第 y 年（项目活动年份）基准线排放总量，t CO_2e/a；

$BE_{MANF,y}$——第 y 年制造制冷电器的基准线排放，t CO_2e/a，包括工厂制冷剂分配系统的物理泄漏、充气过程中充气头的损失、制造和处置次品过程中导致的泄漏排放，方法学作了简化处理，仅考虑制造和处置次品过程中导致的泄漏排放，可通过式（8-7）计算；

$BE_{DSTR,MANF,y}$——第 y 年制造活动分配损失的基准线排放，t CO_2e/a，可通过式（8-8）计算；

$BE_{SERV,y}$——第 y 年维护活动分配损失的基准线排放，t CO_2e/a，可通过式（8-9）计算；

$BE_{DSTR,SERV,y}$——第 y 年制冷电器维护的基准线排放，t CO_2e/a，可通过式（8-10）计算。

$$BE_{MANF,y} = \frac{TIC_{BL,v} \times EF_{BL,MANF,v} \times GWP_{HFC134a} \times}{1\,000}$$
$$\frac{\left(\sum_i PN_{HOSTC,i,v} \times AF_{MARSR,v} + PN_{EXPO,CAPP,v} \right)}{\sum_i PN_{i,v}} \qquad (8-7)$$

式中，$TIC_{BL,v}$——给属于第 v 年（参考年份）的制冷电器初始充入的基准线制冷剂总量，kg；

$EF_{BL,MANF,v}$——第 v 年制造过程中的 HFC-134a 基准线排放因子，可采用保守默认值（家用制冷电器默认值为 0.002，小型商用制冷电器默认值为 0.005）（IPCC，2000）或者实测排放因子；

$GWP_{HFC134a}$——制冷剂 HFC-134a 的 GWP，取值为 1 430（IPCC，2006）；

$PN_{HOSTC,i,v}$——第 v 年制造商制造和销售的属于项目活动的型号 i 制冷电器的数量；

$AF_{MARSR,v}$——第 v 年参与项目活动的制造商在东道国销售制冷电器占市场份额变化的调整因子；

$PN_{EXPO,CAPP,v}$——第 v 年制造和出口的属于项目活动的制冷电器数量，以历史平均出口数量封顶；

$PN_{i,v}$——第 v 年制造和销售的属于项目活动的型号 i 制冷电器数量。

$$BE_{DSTR,MANF,y} = \frac{\left(TIC_{BL,y} + ML_{BL,y}\right) \times EF_{DSTR,MANF} \times GWP_{HFC134a}}{1\,000} \times$$

$$\frac{\left(\sum_i PN_{HOSTC,i,v} \times AF_{MARSR,v} + PN_{EXPO,CAPP,v}\right)}{\sum_i PN_{i,v}} \quad (8\text{-}8)$$

式中，$TIC_{BL,y}$——给属于第 v 年的制冷电器初始充入的基准线制冷剂总量，kg；

$ML_{BL,y}$——属于第 v 年的制冷电器在制造过程中损失的制冷剂总量，kg；

$EF_{DSTR,MANF}$——第 v 年制造活动分配过程中的 HFC-134a 分配损失的排放因子，可采用 IPCC 默认值 0.02（IPCC，2000）。

$$\begin{cases} BE_{SERV,y} = \dfrac{\sum_i FRR_{i,v,y} \times TIC_{BL,y} \times EF_{SERV} \times GWP_{HFC134a} \times AF_{MARSR,v}}{1\,000}, \quad v \leqslant y < \left(v + t_L\right) \\ BE_{SERV,y} = 0, \quad v > y \text{或} y \geqslant \left(v + t_L\right) \end{cases}$$

$$(8\text{-}9)$$

式中，$FRR_{i,v,y}$——返修率，即第 y 年重新充入制冷剂且属于第 v 年的型号 i 制冷电器所占的比例；

EF_{SERV}——制冷电器维护的排放因子，取初始充入量 120%，并假定 20%的制冷剂损失调；

t_L——项目活动涉及的制冷电器 i 型号的生命周期，a。

$$BE_{DSTR,SERV,y} = BE_{SERV,y} \times EF_{DSTR,SERV,y} \times AF_{MARSR,y} \quad (8\text{-}10)$$

式中，$BE_{SERV,y}$——第 y 年制冷电器维护的基准线排放，t CO_2e/a；

$EF_{DSTR,SERV,y}$——维护活动中分配损失的排放因子。

项目排放包括制冷电器制造和维护过程中产生的排放以及相关分配的损

失，通过式（8-11）计算：

$$PE_{CO_2e,y} = PE_{MANF,y} + PE_{DSTR,MANF,y} + PE_{SERV,y} + PE_{DSTR,SERV,y} \quad (8-11)$$

式中，$PE_{CO_2e,y}$——第 y 年项目排放总量，t CO$_2$e/a；

$PE_{MANF,y}$——第 y 年制造制冷电器的项目排放，t CO$_2$e/a，可通过式（8-12）计算；

$PE_{DSTR,MANF,y}$——第 y 年制造活动分配损失的项目排放，t CO$_2$e/a，可通过式（8-15）计算；

$PE_{SERV,y}$——维护活动分配损失的项目排放，t CO$_2$e/a，可通过式（8-16）计算；

$PE_{DSTR,SERV,y}$——第 y 年制冷电器维护的项目排放，t CO$_2$e/a，可通过式（8-17）计算。

$$PE_{MANF,y} = \frac{TIC_{PJ,v} \times EF_{PJ,MANF,v} \times GWP_{PR}}{1\,000} \quad (8-12)$$

式中，$TIC_{PJ,v}$——给制造商在第 v 年的制冷电器初始充入的项目制冷剂的总量，kg；

$EF_{PJ,MANF,v}$——第 v 年制冷电器的项目排放因子，可通过式（8-13）计算。

$$EF_{PJ,MANF,v} = \frac{ML_{PJ,v}}{TIC_{PJ,v}} \quad (8-13)$$

式中，$ML_{PJ,v}$——属于第 v 年的制冷电器在制造过程中项目制冷剂的总损失量，kg，可通过式（8-14）计算。

$$ML_{PJ,v} = \sum_i RN_{i,v} \times IC_{PJ,i} \quad (8-14)$$

式中，$RN_{i,v}$——造成制冷剂泄漏和再填充并且属于第 v 年的型号 i 制冷电器的次品数量；

$IC_{PJ,i}$——型号 i 的制冷电器单台初始充入的项目制冷剂的量；

GWP_{PR}——项目制冷剂的 GWP。

$$PE_{DSTR,MANF,y} = \frac{(TIC_{PJ,v} + ML_{PJ,v}) \times EF_{DSTR,MANF} \times GWP_{PR}}{1\,000} \quad (8-15)$$

式中，$\mathrm{EF_{DSTR,MANF}}$ ——制造活动中分配损失的排放因子。

$$\begin{cases} \mathrm{PE_{SERV},\mathit{y}} = \dfrac{\sum_i \mathrm{FRR}_{i,v,y} \times \mathrm{TIC_{PJ},\mathit{v}} \times \mathrm{EF_{SERV}} \times \mathrm{GWP_{PR}}}{1\,000}, & v \leqslant y < (t + t_L) \\ \mathrm{PE_{SERV},\mathit{y}=0}, & v > y \text{ 或者} y \geqslant (v + t_L) \end{cases}$$

（8-16）

式中，$\mathrm{FRR}_{i,v,y}$ ——返修率，即在第 y 年重新充入制冷剂且属于第 v 年的型号 i 制冷电器所占分数；

　　　　$\mathrm{EF_{SERV}}$ ——制冷电器维护的排放因子。

$$\mathrm{PE_{DSTR,SERV},\mathit{y}} = \mathrm{PE_{SERV},\mathit{y}} \times \mathrm{EF_{DSTR,SERV}}$$

（8-17）

式中，$\mathrm{PE_{SERV},\mathit{y}}$ ——第 y 年制冷电器维护活动的项目排放；

　　　　$\mathrm{EF_{DSTR,SERV}}$ ——维护活动中分配损失排放因子。

由于该类型项目活动没有显著的泄漏源，所以该方法学规定不考虑泄漏。

开展项目活动需要监测的参数主要包括制冷电器的型号、数量、每种型号制冷电器的制冷剂容量、涉及重填制冷剂的制冷电器维护的数量、用于制造过程的制冷剂的产量以及运输过程中气罐内用于重新填装的制冷剂的量。

（2）案例分析

假设某企业生产家用制冷冰箱，年产量 100 万台，使用 HFC-134a 作为制冷剂，每台冰箱的 HFC-134a 填充量为 200 g。为减少温室气体排放，该企业拟使用 HC-R600a 制冷剂替代 HFC-134a 制冷剂并保持同等效率。为了简化，假设该企业生产的冰箱型号只有一种，更换制冷剂后该企业的市场份额没有发生变化，生产的冰箱全部在国内销售，没有出口。

项目基准线情景排放按照式（8-6）计算：

制冷剂填充总量：$\mathrm{TIC_{BL},\mathit{v}} = 1\,000\,000 \times \dfrac{200}{1\,000} = 200\,000 \text{ kg}$

制造过程中排放因子采用保守默认值即 $\mathrm{EF_{BL,MANF}}$ 为 0.002，不考虑出口和市场份额调整情况，所以 $\mathrm{BE_{MANF},\mathit{y}}$ 为 5\,720 t CO_2e。

制造活动分配损失的基准线排放：

$$\mathrm{BE_{DSTR,MANF},\mathit{y}} = \dfrac{(200\,000 + 200\,000 \times 0.002) \times 0.02 \times 1\,430}{1\,000} = 5\,731.44 \text{ t } CO_2 e$$

假设该型号冰箱的返修率为 0.01%，维护活动分配损失的基准线排放：

$$BE_{SERV,y} = \frac{0.01\% \times 200\,000 \times (1+20\%) \times 0.2 \times 1\,430}{1\,000} = 6.86 \text{ t } CO_2e$$

所以，项目年度基准线情景排放量：

$$BE_{CO_2e,y} = 5\,720 + 5\,731.44 + 6.86 = 11\,458.3 \text{ t } CO_2e$$

由于 HC-R600a 的 GWP 值为 0.1。项目排放 $PE_{CO_2e,y}$ 按式（8-11）计算，其中制造过程中的排放按式（8-12）计算，$PE_{MANF,y} = \dfrac{200\,000 \times 0.002 \times 0.1}{1\,000} = 0.4$ t CO_2e；

制造活动中分配损失按式（8-15）计算，$PE_{DSTR,MANF,y} = \dfrac{(200\,000 + 200\,000 \times 0.002) \times 0.02 \times 0.1}{1\,000} = 0.400\,8 \text{ t } CO_2e$；

制冷电器维护活动的项目排放按式（8-17）计算，$PE_{SERV,y} = \dfrac{0.01\% \times 200\,000 \times (1+20\%) \times 0.2 \times 0.1}{1\,000} = 0.000\,48 \text{ t } CO_2e$。

所以，项目排放 $PE_{CO_2e,y} = 0.4 + 0.400\,8 + 0.000\,48 = 0.801\,28 \text{ t } CO_2e$。

项目年度减排量按照式（8-1）计算：

$$ER = 6\,310.30 - 0.801\,28 - 0 \approx 11\,457.5 \text{ t } CO_2e$$

8.3.3 温室气体销毁类

（1）方法学介绍

温室气体销毁类方法学涉及通过燃烧或者催化转化等方式销毁温室气体的活动，例如，沼气或垃圾填埋气（CH_4）燃烧和 N_2O 催化分解等（UNFCCC，2021a）。CCER 涉及温室气体销毁的方法学有 29 个，涉及能源、制造业、化学工业、矿产品、燃料的飞逸性排放、含氟气体、废弃物处理、农业等领域，覆盖 CH_4 回收和销毁、N_2O 分解、含氟气体销毁等类型。

以硝酸生产过程中所产生 N_2O 的减排（CM-009-V01）为例，通过在硝酸的生产过程中引入二级减排或三级减排，催化分解副产品 N_2O。在只引入二级减排的情况下，减排项目的基准线情景和项目碳排放的主要温室气体是

N_2O，不考虑 CO_2 和 CH_4 排放。在引入三级减排的情况下，项目基准线情景排放的主要温室气体仍是 N_2O，但三级减排过程所产生的 CO_2 排放需要纳入项目碳排放，故而项目碳排放的主要温室气体排放包括 N_2O 和 CO_2（国家发展和改革委员会，2013b）。该方法学提供了默认的排放因子，即生产 1t NHO_3 的 N_2O 排放因子（表 8-6）。此外也可通过监测 NHO_3 生产尾气中的 N_2O 浓度和总流量，得到该生产周期内的排放因子。

表 8-6　单位 HNO_3 的 N_2O 排放因子

年份	排放因子 $kgN_2O/tHNO_3$	年份	排放因子 $kgN_2O/tHNO_3$
2005	5.10	2017	2.80
2006	4.90	2018	2.70
2007	4.70	2019	2.50
2008	4.60	2020	2.50
2009	4.40	2021	2.50
2010	4.20	2022	2.50
2011	4.10	2023	2.50
2012	3.90	2024	2.50
2013	3.70	2025	2.50
2014	3.50	2026	2.50
2015	3.20	2027	2.50
2016	3.00	2028	2.50

项目的减排量按式（8-1）计算。硝酸生产项目的基准线情景碳排放按式（8-18）计算：

$$BE_t = P_{HNO_3,t} \times EF_t \times GWP_{N_2O} / 10^3 \tag{8-18}$$

式中，$P_{HNO_3,t}$ ——t 年 NHO_3 的年产量，t；

EF_t ——t 年 N_2O 的排放因子；

GWP_{N_2O} ——N_2O 的 GWP，取值为 298。

硝酸生产减排项目的碳排放包括项目活动产生的没有被销毁的 N_2O 排放 PE_{N_2O}，如果安装了三级减排设施，项目排放还包括 N_2O 三级减排设施运行产生的 CO_2 排放 PE_{CO_2}，具体可按照式（8-19）计算：

$$PE = PE_{N_2O} + PE_{CO_2} \tag{8-19}$$

该方法学不考虑碳泄漏的情况。在减排周期内，需要监测的主要参数包括项目监测期中 HNO_3 的年产量、项目减排周期中 HNO_3 的年产量。

（2）案例分析

假设有一条产能为 10 万 t 的硝酸生产线开展 N_2O 减排，实际年产 HNO_3 8 万 t，安装了二级 N_2O 催化装置，项目计入期为 2011—2020 年。

案例项目的基准线情景碳排放按照式（8-18）计算，其中计入期内 HNO_3 年产量为 8 万 t，排放因子根据表 8-6 按年份选取，得到的计入期内历年基准线排放量如表 8-7 所示。

表 8-7　案例项目的基准线情景碳排放量　　　　单位：t CO_2e

年份	排放量	累计排放量
2011	97 744	97 744
2012	92 976	190 720
2013	88 208	278 928
2014	83 440	362 368
2015	76 288	438 656
2016	71 520	510 176
2017	66 752	576 928
2018	64 368	641 296
2019	59 600	700 896
2020	59 600	760 496

案例项目中，项目的碳排放为 0，项目的碳泄漏为 0，按照式（8-1），最终得到该 HNO_3 生产减排案例项目 10 年计入期内的减排量核算结果为 760 490 t CO_2e。

8.3.4　能源效率类

（1）方法学介绍

能源效率类碳核算方法学是指通过采取措施提高特定系统能源效率，减少能源消耗，从而达到减少温室气体排放的目的，例如，使用更高效的汽轮机、冰箱、荧光灯以及废热和废气回收利用等（UNFCCC，2021a）。CCER 中有关能效提高的方法学有 75 个，涉及能源、制造业、化学工业、交通运输、金属制造、矿产品、含氟气体等领域，覆盖废能回收和利用、尾气回收利用、冰箱制造、节能改造等类型。

以快速公交系统方法学（CM-032-V01）为例，该方法学主要适用于通过建设和运营城市快速公交系统代替城市中公交车、汽车、摩托车和出租车等出行方式，减少温室气体排放（国家发展和改革委员会，2014a）。

碳减排量按照式（8-1）计算。基准线情景排放按式（8-20）计算：

$$BE = \sum \left(EF_{p,i} \times P_i \right) \tag{8-20}$$

式中，BE——基准线排放，$t\ CO_2e$；

　　　$EF_{p,i}$——各种类型车辆的单位乘客排放因子，$gCO_2e/$人；

　　　P_i——基准线情景每种车辆乘客出行的数量。

快速公交系统项目的碳排放有两种计算方法，一种是基于燃料消耗数据进行计算，如式（8-21）：

$$PE = \sum_x \left[FC_{PJ,x} \times \left(EF_{CO_2,x} + EF_{CH_4,x}, + EF_{N_2O,x} \right) \right] \tag{8-21}$$

式中，$FC_{PJ,x}$——项目年度燃料 x 消耗量总量，L；

　　　$EF_{CO_2,x}$——燃料 x 的 CO_2 排放因子，gCO_2/L；

　　　$EF_{CH_4,x}$——气态燃料 x 的 CH_4 排放因子，gCO_2e/L；

　　　$EF_{N_2O,x}$——气态燃料 x 的 N_2O 排放因子，gCO_2e/L。

另一种是基于燃料消耗率和距离数据进行计算，如式（8-22）和式（8-23）：

$$EF_{KM,j} = \sum_x \left[SEC_{j,x} \times \left(EF_{CO_2,x} + EF_{CH_4,x}, + EF_{N_2O,x} \right) \right] \tag{8-22}$$

式中，$EF_{KM,j}$——快速公交系统项目中 j 类型的车辆的单位距离排放因子，gCO_2e/km；

　　　$SEC_{j,x}$——快速公交系统项目中 j 类型的车辆的年度燃料类型 x 的能量消耗率，L/km；

　　　$EF_{CO_2,x}$——燃料 x 的 CO_2 排放因子，gCO_2/L；

　　　$EF_{CH_4,x}$——燃料 x 的 CH_4 排放因子，gCO_2e/L；

　　　$EF_{N_2O,x}$——燃料 x 的 N_2O 排放因子，gCO_2e/L。

快速公交系统项目的项目排放可按式（8-23）计算：

$$PE = \left[\left(EF_{KM,TB,j} \times DD_{TB}\right) + \left(EF_{KM,FB,j} \times DD_{FB}\right)\right] \times 10^{-6} \qquad (8\text{-}23)$$

式中，$EF_{KM,TB,j}$——快速公交系统项目干线公交车单位距离的排放因子，gCO_2e/km；

$\qquad DD_{TB}$——快速公交系统项目干线公交车总行驶里程，km；

$\qquad EF_{KM,FB,j}$——快速公交系统项目支线公交车单位距离的排放因子，gCO_2e/km；

$\qquad DD_{FB}$——快速公交系统项目支线公交车总行驶里程，km。

快速公交系统项目的碳泄漏主要考虑项目引起的基准线情景交通系统满载率的变化 $LE_{负载变化}$、快速公交系统路线外道路拥堵减少和交通出行量反弹效应 $LE_{反弹效应}$ 以及与基准线情况相比，项目使用更多的气态燃料导致的气体燃料上游排放 LE_{GAS}，可以通过式（8-24）计算：

$$LE = LE_{负载变化} + LE_{反弹效应} + LE_{GAS} \qquad (8\text{-}24)$$

在项目减排周期，需要监测的参数包括乘客数量、快速公交系统乘客在没有该项目情况下选择的出行方式和对应比例、快速公交系统车辆的燃料消耗和运营里程。

（2）案例分析

假设某个城市居民交通出行系统由 3 000 辆柴油公交车、5 000 辆汽油出租车和 15 万辆汽油私家车以及非机动车构成。该城市拟新建 5 条快速公交线路，线路总长 100 km，采用载客量更大的柴油公交车替代其他公交车、出租车和私家车出行，提高交通效率，降低单人次出行的温室气体排放强度，减少温室气体排放。

案例项目的基准线情景就是在不实施快速公交系统项目的情况下，该城市市民继续使用目前的交通系统出行。项目情景是实施项目的过程中使用快速公交车代替了普通公交车、汽车和出租车出行。案例项目的碳泄漏情况主要考虑项目导致的拥堵情况的变化，如车速增加、反弹效应等。

案例项目基准线情景碳排放和项目碳排放仅考虑 CO_2。基准线情景主要考虑现有公交车、出租车和私家车的碳排放。按照式（8-20）计算，需要获取的数据包括每种类型车辆的数量、平均单位里程、每种车辆类型的单位里程温室气体排放。

假设公交车平均单位里程 CO_2 排放量为 800 gCO_2/km，人均排放量为 300 $gCO_2/$人，公交车全年总行驶里程为 2 亿 km，出租车平均单位里程 CO_2 排放为 180 gCO_2/km，人均排放 1 600 $gCO_2/$人，出租车全年总行驶里程为 5 亿 km，私家车平均单位里程 CO_2 排放为 200 gCO_2/km，人均排放量为 1 300 $gCO_2/$人，私家车全年总行驶里程为 30 亿 km。假设没有案例项目时，城市居民的出行方式比例为公交车 78%、出租车 10%、私家车 6%、非机动车 5%、不出行 1%。案例项目运营后，每年乘坐快速公交系统的人数为 1.5 亿人次。快速公交系统公交车燃料消耗量，单位为 L，年度消耗为 1 800 万 L，EF_{CO_2} 为公交车燃料的 CO_2 排放因子为 2 600gCO_2/L。

案例项目的基准线情景排放计算如下：

$$BE = \sum(EF_{p,i} \times P_i) = (1.5\times10^8\times78\%\times300+1.5\times10^8\times10\%\times1\,600+$$
$$1.5\times10^8\times5\%\times1\,300) = 68\,850\ t\,CO_2$$

案例项目的碳排放为快速公交系统公交车实际燃料消耗产生的温室气体，采用基于燃料消耗数据方法进行计算，即按照式（8-21）计算，具体如下：

$$PE = 1\,800\times10^4 \times 2\,600 = 46\,800\ t\,CO_2$$

为简化计算过程，我们假设案例项目的碳泄漏为 0。

综上，按照式（8-1），快速公交系统案例项目的年度减排量核算结果为

$$ER = 68\,850 - 46\,800 - 0 = 22\,050\ t\,CO_2$$

8.3.5 避免温室气体排放类

（1）方法学介绍

避免温室气体排放类方法学涉及减少或避免温室气体排放到大气中的各种活动，比如避免生物质的厌氧腐烂、减少化肥使用等（UNFCCC，2021a）。CCER 方法学中涉及避免温室气体排放的方法学有 45 个，主要涉及制造业、燃料的飞逸性排放、含氟气体使用、废弃物处理、农业等领域，覆盖避免 CH_4 减排、SF_6 减排、PFCs 减排、HFCs 分解和回收等类型。

以多选垃圾处理方式方法学（CM-072-V01）为例，该方法学适用于在固

体垃圾处理点采用多种工艺处理新鲜垃圾的项目活动，包括采取焚烧、气化、堆肥、厌氧消化等方式对固体垃圾进行处理（国家发展和改革委员会，2014c）。

方法学的基准线情景排放按照式（8-25）计算：

$$BE_y = \sum_t (BE_{CH_4,t,y} + BE_{WW,y} + BE_{EN,t,y} + BE_{NG,t,y}) \times DF_{RATE,t,y} \qquad (8\text{-}25)$$

式中，BE_y——第 y 年项目的基准线情景排放，$t\,CO_2e$；

$BE_{CH_4,t,y}$——第 y 年来自固体垃圾处理厂（SWDS）的 CH_4 基准线情景排放量，$t\,CO_2e$，使用 CDM 固体废物处理站的排放工具计算（UNFCCC，2017c），具体可通过式（8-26）计算；

$BE_{WW,y}$——项目活动不存在的情况下，开放式厌氧塘中的污水或污泥池的泥浆厌氧处理过程中产生的 CH_4 基准线情景排放量，$t\,CO_2e$，并且基准线情景中处理的废水不包括任何排放废水，其结果可通过 CDM 厌氧消化池项目和泄漏排放的计算工具（UNFCCC，2017d）和使用 CH_4 转换因子［式（8-27）］两种方式计算，并选取两个结果中的较小值；

$BE_{EN,t,y}$——项目与能源生产相关的基准线情景排放，$t\,CO_2e$，包括单独发电、单独产热或者热电联产等情况，其中单独发电的基准线排放使用 CDM 电力消耗导致的基准线、项目和/或泄漏排放计算工具（UNFCCC，2017a）计算，单独产热相关基准线情景排放通过式（8-31）计算，热电联产相关的基准线情景排放通过式（8-32）计算；

$BE_{NG,t,y}$——与天然气使用相关的基准线情景排放，$t\,CO_2e$，通过式（8-33）计算；

$DF_{RATE,t,y}$——考虑 $RATE_{cmpl,t}$ 的折减因子，通过式（8-34）计算。

$$BE_{CH_4,t,y} = \varphi_y \times (1-f_y) \times GWP_{CH_4} \times (1-OX) \times \frac{16}{12} \times F \times DOC_{f,y} \times$$
$$MCF \times \sum_{x=1}^{y} \sum_j W_{j,x} \times DOC_j \times e^{-k_j \times (y-x)} \times \left(1 - e^{-k_j}\right) \qquad (8\text{-}26)$$

式中，φ_y——第 y 年模型不确定性修正系数，取自固体废物处理站的排放计算工具（UNFCCC，2017c），默认值为 0.85；

f_y——在固体垃圾处理站和火炬中，第 y 年避免 CH_4 排放到大气中采取的燃烧或者其他捕获的 CH₄ 的比例；

　　GWP_{CH_4} ——CH₄ 的 GWP；

　　OX——氧化因子，按照《2006 年 IPCC 国家温室气体清单指南》，默认值为 0.1（IPCC，2006）；

　　F——固体废物填埋气中 CH₄ 体积比率（体积比），按照《2006 年 IPCC 国家温室气体清单指南》，默认值为 0.5（IPCC，2006）；

　　$DOC_{f,y}$ —— 第 y 年特殊条件下在固体垃圾处理站可降解有机碳（DOC）比例，按照《2006 年 IPCC 国家温室气体清单指南》，默认值为 0.5（IPCC，2006）；

　　MCF ——CH₄ 修正因子，按照《2006 年 IPCC 国家温室气体清单指南》，默认值为 0.8（IPCC，2006）；

　　x——固体垃圾在固体垃圾处理站处理的年限；

　　DOC_j——垃圾 j 中可降解有机碳的质量分数（湿基），取值参照《2006 年 IPCC 国家温室气体清单指南》（IPCC，2006）；

　　k_j ——垃圾类型 j 的降解率，取值参照《2006 年 IPCC 国家温室气体清单指南》（IPCC，2006）；

　　j——城市固体垃圾里的垃圾种类；

　　$W_{j,x}$ ——在固体垃圾处理站被处理的或者防止被处理的固体垃圾类型 j 在第 x 年的重量，t。

$$BE_{CH_4,MCF,y} = GWP_{CH_4} \times MCF_{BL,y} \times B_0 \times COD_{BL,y} \tag{8-27}$$

式中，$BE_{CH_4,MCF,y}$ ——使用 CH₄ 转换因子确定的基准线情景 CH₄ 排放量，t CO₂e；

　　B_0 —— 最大的 CH₄ 生产能力，代表从给定的 COD 产生的 CH₄ 最高值，tCH₄/tCOD；

　　$MCF_{BL,y}$ ——第 y 年平均基准线 CH₄ 转换因子，%，代表在无项目活动的情况下将降解为 CH₄ 的比例，与厌氧塘或者污泥池的温度和深度相关，通过式（8-28）计算；

　　$COD_{BL,y}$ ——第 y 年无项目活动情况下将要在厌氧塘或污泥中处里的化学需氧量，t COD，通过式（8-29）计算。

$$MCF_{BL,y} = f_d \times f_{T,y} \times 0.89 \tag{8-28}$$

式中，f_d ——厌氧塘或污泥池的深度对 CH_4 产生的影响系数；

$f_{T,y}$ ——第 y 年温度对 CH_4 产生量的影响系数。

$$\mathrm{COD}_{\mathrm{BL},y} = \rho \times \left(1 - \frac{\mathrm{COD}_{\mathrm{out},x}}{\mathrm{COD}_{\mathrm{in},x}}\right) \times \mathrm{COD}_{\mathrm{PJ},y} \qquad (8\text{-}29)$$

式中，ρ ——用于确定 $\mathrm{COD}_{\mathrm{BL},y}$ 时使用的历史数据不确定性的折减系数；

$\mathrm{COD}_{\mathrm{out},x}$ ——第 x 期间出水的化学需氧量，tCOD；

$\mathrm{COD}_{\mathrm{in},x}$ ——第 x 期间送往厌氧塘或污泥池的化学需氧量，tCOD；

x ——具有代表性的历史参考期；

$\mathrm{COD}_{\mathrm{PJ},y}$ ——第 y 年项目活动下，厌氧消化器或者明显有氧条件下处理的化学需氧量，tCOD，可通过式（8-30）计算。

$$\mathrm{COD}_{\mathrm{PJ},y} = \sum_{m=1}^{12} F_{\mathrm{PJ,AD},m} \times \mathrm{COD}_{\mathrm{AD},m} \qquad (8\text{-}30)$$

式中，$F_{\mathrm{PJ,AD},m}$ ——第 m 月项目活动中厌氧消化器或明显有氧条件下处理的废水量或污泥量，m^3；

$\mathrm{COD}_{\mathrm{AD},m}$ ——第 m 月项目活动中厌氧消化器或明显有氧条件下处理的废水或污泥中的化学需氧量，$tCOD/m^3$，m 为计入期内第 y 年的月份。

$$\mathrm{BE}_{\mathrm{HG},y} = \frac{\mathrm{HG}_{\mathrm{PJ},y} \times \mathrm{EF}_{\mathrm{CO}_2,\mathrm{BL,HG}}}{\eta_{\mathrm{HG,BL}}} \qquad (8\text{-}31)$$

式中，$\mathrm{BE}_{\mathrm{HG},y}$ ——单独产热相关基准线情景排放；

$\eta_{\mathrm{HG,BL}}$ ——基准线情境下用于产热的锅炉或空气加热器的效率，%，应根据 CDM 热能或者电能生产系统的基准线效率确定工具（UNFCCC，2020）来估算；

$\mathrm{HG}_{\mathrm{PJ},y}$ ——第 y 年替代化石燃料锅炉或空气加热器所产生基准线情景项目活动的供热量，TJ；

$\mathrm{EF}_{\mathrm{CO}_2,\mathrm{BL,HG}}$ ——基准线锅炉或空气加热器产热所使用的化石燃料类型的 CO_2 排放因子，$t\,CO_2/TJ$。

$$\mathrm{BE}_{\mathrm{EHN},y} = \frac{\left(\mathrm{EG}_{t,y} \times 3.6\right) \times 10^{-3} + \mathrm{HG}_{\mathrm{PJ},y}}{\eta_{\mathrm{cogen}}} \times \mathrm{EF}_{\mathrm{CO}_2,\mathrm{BL,CG}} \qquad (8\text{-}32)$$

式中，$BE_{EHN,y}$——第 y 年热电联产电厂的基准线情景排放；

$EG_{t,y}$——第 y 年使用替代垃圾处理方式 t 的联网电量，或取代化石燃料纯发电和/或热点联产自备电厂的发电量；

$HG_{PJ,y}$——第 y 年取代化石燃料热电联产电厂基准线情景项目活动的供热量，TJ；

$EF_{CO_2,BL,CG}$——基准线情景热电联产电厂进行能量生产所使用的化石燃料的 CO_2 排放因子，$t\ CO_2/TJ$；

η_{cogen}——在无项目活动的情况下热电联产电厂的效率。

$$BE_{NG,y} = BIOGAS_{NG,y} \times NCV_{BIOGAS,NG,y} \times EF_{CO_2,NG,y} \qquad (8-33)$$

式中，$BIOGAS_{NG,y}$——第 y 年因项目活动而输送至天然气管道的提纯沼气量，Nm^3；

$NCV_{BIOGAS,NG,y}$——第 y 年因项目活动而输送至天然气管网的提纯沼气的净热值，TJ/Nm^3；

$EF_{CO_2,NG,y}$——第 y 年天然气管网中天然气的平均 CO_2 排放因子，$t\ CO_2/TJ$，使用 CDM 化石燃料燃烧导致的项目或泄漏 CO_2 排放计算工具（UNFCCC，20017e）确定。

$$DF_{RATE,t} = \begin{cases} 1-RATE_{cmpl,t,y}, & RATE_{cmpl,t,y} < 0.5 \\ 0, & RATE_{cmpl,t,y} \geqslant 0.5 \end{cases} \qquad (8-34)$$

式中，$RATE_{cmpl,t,y}$——第 y 年强制使用的垃圾处理替代方案 t 的法令法规遵从率；t 为垃圾处理替代方案的类型，为了简化，方法学规定目前可忽略垃圾处理方式 t 的类型。

项目排放与项目活动中替代垃圾处理有关，按式（8-35）计算：

$$PE_y = PE_{COMP,y} + PE_{AD,y} + PE_{GAS,y} + PE_{RDF\_SB,y} + PE_{INC,y} \qquad (8-35)$$

式中，PE_y——第 y 年项目排放量，$t\ CO_2e$；

$PE_{COMP,y}$——第 y 年堆制肥料或联合堆肥产生的项目排放量，$t\ CO_2e$，使用 CDM 堆肥导致的项目和泄漏排放工具（UNFCCC，2017e）计算；

$PE_{AD,y}$——第 y 年厌氧消耗和沼气池燃烧产生的项目排放量，$t\ CO_2e$，使用厌氧消化池项目和泄漏排放的计算工具（UNFCCC，2017d）计算；

$PE_{GAS,y}$ ——第 y 年气化产生的项目排放量，t CO_2e，主要包括燃料燃烧排放、电力消耗、化石燃料消耗和废水处理相关的排放，通过式（8-36）计算；

$PE_{RDF\_SB,y}$ ——第 y 年垃圾衍生燃料/稳定生物质相关的项目排放量，t CO_2e；

$PE_{INC,y}$ ——第 y 年为焚烧产生的项目排放量，t CO_2e，包括项目边界内燃烧的排放、电力消耗、化石燃料消耗和废水处理相关排放，通过式（8-37）计算。

$$PE_{GAS,y} = PE_{COM,GAS,y} + PE_{EC,GAS,y} + PE_{FC,GAS,y} + PE_{ww,GAS,y} \qquad (8-36)$$

式中，$PE_{COM,GAS,y}$ ——第 y 年燃料燃烧排放按照项目边界内燃烧产生的项目排放（UNFCCC，2022）确定；

$PE_{EC,GAS,y}$ ——第 y 年电力消耗相关的排放，按照电力消耗导致的基准线、项目和/或泄漏排放计算工具（UNFCCC，2017a）确定；

$PE_{FC,GAS,y}$ ——第 y 年化石燃料消耗相关的排放，按照化石燃料燃烧导致的项目或泄漏 CO_2 排放计算工具（UNFCCC，2017f）确定；

$PE_{ww,GAS,y}$ ——第 y 年废水处理相关的排放，按照废水处理产生的项目排放（UNFCCC，2017e）确定。

$$PE_{INC,y} = PE_{COM,INC,y} + PE_{EC,INC,y} + PE_{FC,INC,y} + PE_{ww,INC,y} \qquad (8-37)$$

式中，$PE_{COM,INC,y}$ ——第 y 年项目边界内燃烧的排放，使用项目边界内燃烧产生的项目排放（UNFCCC，2022）确定，与 $PE_{COM,c,y}$ 相等；

$PE_{COM,c,y}$ ——与焚烧相关化石垃圾项目边界内燃烧产生的项目排放，t CO_2e，通过式（8-38）计算；

$PE_{EC,INC,y}$ ——第 y 年电力消耗相关的排放，使用 CDM 电力消耗导致的基准线、项目和/或泄漏排放计算工具（UNFCCC，2017a）计算；

$PE_{FC,INC,y}$ ——第 y 年化石燃料消耗相关的排放，使用 CDM 化石燃料燃烧导致的项目或泄漏 CO_2 排放计算工具（UNFCCC，2017f）计算；

$PE_{ww,INC,y}$ ——第 y 年废水处理相关排放，用 CDM 废水处理过程产生的项目排放确定。

$$PE_{COM,c,y} = PE_{COM\_CO_2,c,y} + PE_{COM\_CH_4,N_2O,c,y} \qquad (8-38)$$

式中，$PE_{COM\_CO_2,c,y}$ —— 项目边界内燃烧产生的 CO_2 排放，有 3 种计算方式：①将新垃圾归类到垃圾类型 j，然后再确定每种垃圾类型 j 的化石碳含量 [式（8-39）]；②确定未分类新鲜垃圾或垃圾衍生燃料/稳定生物质的化石碳含量；③直接测量烟道气中的化石碳含量；

$PE_{COM\_CH_4,N_2O,c,y}$ —— 项目边界内产生的 CH_4 和 N_2O 排放，有两种计算方式：①基于监测烟道气中的 N_2O 和 CH_4 含量来计算排放；②采用燃烧每吨新鲜垃圾所排除的 N_2O 和 CH_4 的默认排放因子来计算 [式（8-40）]。

$$PE_{COM\_CO_2,c,y} = EFF_{COM\_CO_2,y} \times \frac{44}{12} \times \sum_j Q_{j,CO_2,y} \times FCC_{j,y} \times FFC_{j,y} \quad (8\text{-}39)$$

式中，$EFF_{COM,CO_2,y}$ —— 燃烧室的燃烧效率，%；

$Q_{j,CO_2,y}$ —— 燃烧室中新鲜垃圾类型 j 的量，t；

$FCC_{j,y}$ —— 第 y 年垃圾类型 j 的总碳含量比例，t C/t；

$FFC_{j,y}$ —— 第 y 年垃圾类型 j 总碳含量中的化石碳比例（重量比例）。

$$PE_{COM\_CH_4,N_2O,y} = Q_{Waste,c,y} \times \left(EF_{N_2O,t} \times GWP_{N_2O} + EF_{CH_4,t} \times GWP_{CH_4} \right) \quad (8\text{-}40)$$

式中，$Q_{Waste,c,y}$ —— 垃圾处理量；

$EF_{N_2O,t}$ —— 单位重量垃圾的 N_2O 排放因子；

GWP_{N_2O} —— N_2O 的 GWP；

$EF_{CH_4,t}$ —— 单位重量垃圾的 CH_4 排放因子；

GWP_{CH_4} —— CH_4 的 GWP。

泄漏排放与堆制肥料/联合堆肥过程、厌氧消耗过程和使用输出到项目边界外的垃圾衍生燃料/稳定生物质过程有关，按式（8-41）计算：

$$LK_y = LE_{COMP,y} + LE_{AD,y} + LE_{RDF\_SB,y} \quad (8\text{-}41)$$

式中，LK_y —— 第 y 年泄漏排放；

$LE_{COMP,y}$ —— 第 y 年堆制肥料或联合堆肥产生的泄漏排放，t CO_2e，使用堆肥导致的项目和泄漏排放计算工具（UNFCCC，2017e）计算；

$LE_{AD,y}$ —— 第 y 年厌氧消化器的泄漏排放，t CO_2e，与垃圾的厌氧消化有关，使用厌氧消化池项目和泄漏排放的计算工具（UNFCCC，2017e）计算；

LE_{RDF_SB} —— 与垃圾衍生燃料/稳定生物质有关的泄漏排放，t CO_2e，通过式（8-42）计算。

$$LE_{RDF\_SB,y} = LE_{SWDS,WBP\_RDF\_SB,y} + LE_{ENDUSE,RDF\_SB,y} \qquad （8-42）$$

式中，$LE_{SWDS,WBP\_RDF\_SB,y}$——第 y 年有机垃圾副产品在堆肥或者固体垃圾处理站中被处理相关的排放，使用固体废物处理站的排放计算工具（UNFCCC，2017c）计算；

$LE_{ENDUSE,RDF\_SB,y}$——第 y 年输送至场外垃圾衍生燃料/稳定生物质终端使用的排放，计算分为 3 种情况，①如果垃圾衍生燃料/稳定生物质输出场外是用作肥料、陶瓷加工的原理或者自愿减排活动的燃料，则不用计算泄漏排放；②如果垃圾衍生燃料/稳定生物质输出场外是被燃烧或者作为家具中原材料，垃圾衍生燃料/稳定生物质被视为被燃烧，需要计算泄漏排放，通过式（8-43）计算；③如果垃圾衍生燃料/稳定生物质输出场外终端使用是燃烧，用于家具制造或者肥料、陶瓷生产，垃圾衍生燃料/稳定生物质可能被厌氧降解或被燃烧，出于保守性考虑，使用固体废物处理站的排放计算工具（UNFCCC，2017c）来计算泄漏排放。

$$LE_{ENDUSE,RDF\_SB,y} = Q_{RDF\_SB,COM,y} \times NCV_{RDF\_SB,y} \times EF_{CO_2,RDF\_SB,y} \qquad （8-43）$$

式中，$Q_{RDF\_SB,COM,y}$——第 y 年输出场外可能被燃烧的垃圾衍生燃料/稳定生物质量，t；

$NCV_{RDF\_SB,y}$——第 y 年垃圾衍生燃料/稳定生物质的净热值，GJ/t；

$EF_{CO_2,RDF\_SB,y}$——第 y 年垃圾衍生燃料/稳定生物质的 CO_2 排放因子，t CO_2/GJ。

项目减排周期内，需要监测的参数包括固体垃圾处理量、垃圾组分和特征、上网及下网电量、辅助燃料等。

（2）案例分析

2014 年，某地新建一个垃圾焚烧发电站，将当地垃圾焚烧发电并入电网，避免垃圾填埋产生温室气体，并通过替代化石燃料电厂的发电减少温室气体排放。项目选用 2 台日处理量为 500 t 的垃圾焚烧炉，预计每年处理生活垃圾 30 万 t，配套建设一座余热发电厂，装机容量 20 MW，项目所发电力并入电网，年最大供电 10 000 MW·h。项目基准线情景是在没有该垃圾发电站的情况下，当地生活垃圾将填埋处理，填埋气不经收集直接排放。项目减排量按式（8-1）计算，项目基准线情景排放按照式（8-25）计算。

该项目为城市固体垃圾焚烧发电项目，只考虑来自固体垃圾处理站的 CH_4 基准线排放量 $\left(\mathrm{BE}_{CH_4,t,y}\right)$ 和发电相关的基准线排放 $\left(\mathrm{BE}_{EC,t,y}\right)$ ，不需要考虑开放式厌氧塘中的污水或污泥的泥浆厌氧处理过程产生的 CH_4 基准线排放 $\left(\mathrm{BE}_{ww,y}\right)$ 和与天然气使用相关的基准线排放 $\left(\mathrm{BE}_{NG,t,y}\right)$ ，即 $\mathrm{BE}_{ww,y}$ 和 $\mathrm{BE}_{NG,t,y}$ 均为0。按照方法学规定，忽略垃圾处理方式 t 的类型，即 t 为1，同时假设项目建设时，我国对城市固体垃圾处理无相关法律或者法规强制要求，因此 $\mathrm{RATE}_{cmpl,t,y}$ 为0， $\mathrm{DF}_{RATE,t,y}$ 为1。固体垃圾处理站中的产生的 CH_4 基准线排放 $\left(\mathrm{BE}_{CH_4,y}\right)$ 使用 CDM 固体废物处理站的排放计算工具（UNFCCC，2017c），即式（8-26）计算， φ_y 取默认值 0.85； f_y 为 20%； GWP_{CH_4} 取值 25；OX 取默认值为 0.1； F 取默认值 0.5； $\mathrm{DOC}_{f,y}$ 按照《2006 年 IPCC 国家温室气体清单指南》，取默认值为 0.5（IPCC，2006）；MCF 按照《2006 年 IPCC 国家温室气体清单指南》，取默认值 0.8（IPCC，2006）； DOC_j 选取 IPCC 默认值，具体见表 8-8； k_j 取 IPCC 默认值，具体见表 8-9； j 为城市固体垃圾里的垃圾种类；2014 年的垃圾分类具体见表 8-10。

表 8-8　垃圾中可降解有机碳的质量分数

垃圾类型	数值/%
木材及木制品	43
纸张/厚纸板（污泥除外）	40
食物垃圾（污泥除外）	15
纺织品	24
花园和公园垃圾	20
玻璃、塑料、金属其和他惰性垃圾	0

表 8-9　每年垃圾降解速率

垃圾类型	数值
木材及木制品	0.02
纸/纺织品	0.04
食物垃圾	0.06
其他（非食品）有机垃圾、花园和公园垃圾	0.05

表 8-10 2014 年案例项目垃圾分类组成及数量

垃圾分类	第 i 种垃圾的重量/t
纸/厚纸板	20 000
纺织品	10 000
食物垃圾	200 000
木头	20 000
玻璃	10 000
塑料	10 000
金属	10 000
橡胶和皮革	10 000
其他惰性垃圾	10 000

案例中来自固体垃圾处理站的 CH_4 基准线排放量计算结果见表 8-11。

表 8-11 2014 年案例项目分类垃圾的 CH_4 基准线排放量

垃圾分类	排放量/t CO_2e
纸/厚纸板	31 368.45
纺织品	9 410.53
食物垃圾	174 706.40
木头	17 029.14
玻璃	0
塑料	0
金属	0
橡胶和皮革	0
其他惰性垃圾	0
合计	232 514.52

来自能源生产的基准线排放包括仅考虑发电的基准线排放（$BE_{EC,y}$），排放因子根据国家公布的 OM、BM 的值，对于垃圾焚烧发电项目，按照 CDM 电力系统排放因子计算工具（UNFCCC，2018）规定，对于垃圾焚烧发电项目第一计入期 W_{OM} 为 0.5，W_{BM} 为 0.5，其他计入期 W_{OM} 为 0.25，W_{BM} 为 0.75。参照第一个案例的区域电网 2014 年的区域电网电量边际排放因子（$EF_{grid,OM}$）为 0.957 8 t CO_2e/（MW·h），容量边际排放因子（$EF_{grid,BM}$）为 0.451 2 t CO_2e/

（$MW \cdot h$），第一计入期组合边际排放因子（$EF_{grid,OM}$）采用式（8-4）计算：

$$EF_{grid,OM} = 0.957\,8 \times 0.5 + 0.451\,2 \times 0.5 = 0.704\,5\ t\ CO_2e/(MW \cdot h)$$

因此项目基准线排放按照式（8-25）计算：

$$BE = BE_{CH_4,t,y} + BE_{EC,t,y} = 9\,486.59 + 10\,000 \times 0.704\,5$$
$$= 9\,486.59 + 7\,045 = 16\,531.59\ t\ CO_2e/(MW \cdot h)$$

项目排放按照式（8-34）计算，本项目为垃圾燃烧发电项目，没有堆肥、厌氧消化等措施，即 $PE_{COMP,y}$、$PE_{AD,y}$、$PE_{GAS,y}$ 和 $PE_{RDF\_SB,y}$ 均为0，因此仅考虑焚烧产生的项目排放（$PE_{INC,y}$），需要考虑燃烧过程相关的电力消耗、化石燃料消耗和废水处理，按式（8-35）计算，其中 $PE_{COM\_CO_2,c,y}$ 采取第一种方式，$FFC_{j,y}$ 的具体取值见表 8-12。$PE_{COM\_CH4,N_2O,c,y}$ 选择第 2 种方式，各具体参数取值见表 8-13。

表 8-12　案例项目分类垃圾含碳量数据及排放量

垃圾组分	$FCC_{j,y}$ /%	$FFC_{j,y}$ /%	$Q_{j,CO_2,y}$ /t	排放量/t CO_2e
纸/厚纸板	50	5	20 000	1 833.33
纺织品	50	50	10 000	9 166.67
食物垃圾	50	0	200 000	0
木头	54	0	20 000	0
玻璃	0	0	10 000	0
塑料	85	100	10 000	31 166.67
金属	0	0	10 000	0
橡胶和皮革	0	0	10 000	0
其他惰性垃圾	0	0	10 000	0
合计排放量				42 166.67

表 8-13　案例项目 N_2O 和 CH_4 计算参数

$Q_{waste,c,y}$ / t	300 000
$EF_{N_2O,t}$	1.21×50/1 000 000
GWP_{N_2O}	298
$EF_{CH_4,t}$	1.21×0.2/1 000 000
GWP_{CH_4}	25
排放量/（t CO_2e）	5 410.52

$PE_{EC,INC,y}$ 为与焚烧相关的电力消耗产生的项目排放，与 $PE_{EC,t,y}$ 相等，假设案例项目没有额外电力消耗，则 $PE_{EC,t,y}$ 为0。$PE_{FC,INC,y}$ 为与焚烧相关的化石燃料消耗产生的项目排放，假设案例项目没有化石燃料消耗，则 $PE_{FC,INC,y}$ 为0。$PE_{ww,INC,y}$ 为与焚烧相关的废水处理过程产生的项目排放，假设案例项目的废水采用有氧处理，则 $PE_{ww,INC,y}$ 为0。因此，项目排放量为

$$PE_{INC,y} = 42\ 166.67 + 5\ 410.52 = 45\ 577.19\ t\ CO_2e$$

案例项目是垃圾焚烧发电，没有堆肥、厌氧消化以及垃圾衍生燃料/稳定生物质的排放，因此项目泄漏排放量为0。

综上，按照式（8-1），最终得到该垃圾填埋气回收案例项目的2014年度碳减排量核算结果为

$$ER = 232\ 514.52 - 45\ 577.19 - 0 = 186\ 937.33\ t\ CO_2e$$

8.3.6　碳汇类

（1）方法学介绍

碳汇项目的碳核算方法学是指用于核算通过植树造林或者经营森林活动增加森林生物量从而增加碳汇量的方法学。CCER中有5个碳汇相关的方法学，分别是碳汇造林方法学、森林经营碳汇方法学、竹子造林碳汇方法学、竹林经营碳汇方法学以及可持续草地管理温室气体减排计量与监测方法学。其中，碳汇造林方法学适用于以增加碳汇为主要目的的造林项目，森林经营碳汇方法适用于通过调整和控制森林的组成和结构、促进森林生长，维持和提高森林生长量、碳储量及其他生态服务功能，从而增加森林碳汇的森林经营活动，主要包括结构调整、树种更替、补植补造、林分抚育、复壮等措施。可持续草地管理温室气体减排计量与监测方法学是指通过改进放牧/轮牧机制、减少退化草地放牧的牲畜数量，以及通过重新植草和保证良好的长期管理来修复严重退化的草地等措施来增加碳储量和/或减少非 CO_2 温室气体排放并能持续增加草地生产力的管理措施（国家发展和改革委员会，2013a）。

以碳汇造林方法学（AR-CM-001-V01）为例，该方法学适用于在无林地除竹子造林外以增加碳汇为主要目的的碳汇造林项目的碳汇量化与监测，需核算的温室气体包括 CO_2 和 CH_4（国家发展和改革委员会，2013b）。该方法学

通过计算基准线情景和减排项目（造林）各种碳库的碳储量的变化得到项目的减排量。

碳库包括地上生物量、地下生物量、枯落物、枯死木和土壤有机质碳库。地上生物量是指土壤层以上以干重表示的木本植被活体的生物量，包括干、桩、枝、皮、种子、花、果、叶等。地下生物量是指所有木本植被活根的生物量，但通常不包括难以从土壤有机成分活枯落物中区分出来的细根（直径≤2.0 mm）。枯落物是指土壤层以上，直径≤5.0 cm、处于不同分解状态的所有死生物量，包括凋落物、腐殖质，以及难以从地下生物量中区分出来的细跟。枯死木是指枯落物以外的所有死生物量，包括枯立木、枯倒木以及直径大于5.0 cm 的枯枝、死根和树桩。土壤有机质是指一定深度内（通常为 1.0 m）矿质土和有机土（包括泥炭土）中的有机质，包括难以从地下生物量中区分出来的细跟。

碳库生物量可通过式（8-44）计算：

$$\Delta C = \Delta C_{\text{Tree}} + \Delta C_{\text{SHRUB}} + \Delta C_{\text{DW}} + \Delta C_{\text{LI}} + \Delta \text{SOC}_{\text{AL}} + \Delta C_{\text{HWP}} \tag{8-44}$$

式中，ΔC ——碳库的碳储量变化量，t CO_2e/a；

ΔC_{Tree} ——林木生物质碳储量变化量，t CO_2e/a；

ΔC_{SHRUB} ——灌木生物质碳储量变化量，t CO_2e/a；

ΔC_{DW} ——枯死木生物质碳储量变化量，t CO_2e/a；

ΔC_{LI} ——枯落物生物质碳储量变化量，t CO_2e/a；

$\Delta \text{SOC}_{\text{AL}}$ ——土壤有机碳储量变化量，t CO_2e/a；

ΔC_{HWP} ——收获木产品碳储量变化量，t CO_2e/a。

本方法学允许采用两种方法计算碳库碳储量，一种是生物量方程法，一种是生物量扩展因子法。生物量方程法是调查测树因子（胸径、数高等），并通过生物量回归方程转化为地上生物量。方法学已经总结了我国生物量回归方程相关研究。由于植物的生物量分布不是均匀的，为了提高生物量估算的精度并降低监测成本，一般采用分层抽样的方法调查生物量（如树种、造林时间、间伐、轮伐期等）。而且为了更准确地估算项目碳汇量和减排量，基准线情景和项目情景可以根据需要采用不同的分层因子，划分不同的层次（类型、亚总体）。生物量扩展因子法是调查林木的胸径和/或高，并通过材积表或运用材积公式转化成林木树干材积，利用基本木材密度和生物量扩展因子、地下生物量/地上生物量的比值转化为林木生物量。

碳汇造林项目的碳排放量是指项目边界内森林火灾引起的生物质燃烧造成的温室气体排放，可以按照式（8-45）计算：

$$PE = PE_{FF\_TREE} + PE_{FF\_DOM} \qquad (8-45)$$

式中，PE——项目边界内温室气体排放增加量；

PE_{FF_TREE}——项目边界内由于森林火灾引起林木地上生物质燃烧造成的非 CO_2 温室气体排放增加量；

PE_{FF_DOM}——项目边界内由于森林火灾引起死有机物燃烧造成的非 CO_2 温室气体排放量的增加量。

碳汇造林项目的碳泄漏是指碳汇造林项目活动引起的、发生在项目边界之外的、可测量的温室气体源排放的增加。该方法学不考虑项目实施可能引起的项目前农业活动的转移，也不考虑项目活动中使用运输工具和燃油机械造成的排放，因此可认为碳汇造林项目的碳泄漏为 0。

在项目减排周期内，需要监测的数据包括项目边界、项目造林活动、营林活动以及造成项目温室气体排放的火灾、毁林和病虫害情况。

（2）案例分析

假设在某一无林地新开展碳汇造林项目，该无林地不存在散生木和灌木丛，不涉及湿地和有机土，造林面积 3 000 亩[①]，只考虑单一树种，按时间分层，项目计入期为 20 年。并假设案例项目的第 14 年发了一场火灾，导致项目边界内林木部分被烧毁。

案例项目的基准线碳汇量依据式（8-44）计算。根据方法学，一般在无林地造林，基准线情境下的枯死木、枯落物、土壤有机质和木产品碳库的变化可忽略不计，若不存在散生林木和灌木，案例项目的基准线情景碳汇量为 0。

案例项目的碳汇量也按照式（8-45）计算，采用生物量方程法，单一树种，仅考虑时间封层。为了简化计算，直接给出各年度的碳储量变化，20 年计入期的年碳储量变化如表 8-14 所示。

---

① 1 亩≈666.67 m²。

表 8-14　计入期内项目情景碳储量　　　　　　　　　　　　单位：t CO_2e

年份	林木生物质碳储量年变化量	林木生物质碳储量累计
第 1 年	10 000	10 000
第 2 年	25 000	35 000
第 3 年	50 000	85 000
第 4 年	70 000	155 000
第 5 年	100 000	255 000
第 6 年	120 000	375 000
第 7 年	160 000	535 000
第 8 年	200 000	735 000
第 9 年	250 000	985 000
第 10 年	100 000	1 085 000
第 11 年	160 000	1 245 000
第 12 年	200 000	1 445 000
第 13 年	250 000	1 695 000
第 14 年	40 000	1 735 000
第 15 年	560 000	2 295 000
第 16 年	600 000	2 895 000
第 17 年	650 000	3 545 000
第 18 年	700 000	4 245 000
第 19 年	740 000	4 985 000
第 20 年	800 000	5 785 000

假设计入期第 14 年发生的火灾导致的案例项目碳排放为 15 000 t CO_2e，包括项目边界内由于森林火灾引起林木地上生物质燃烧造成的非 CO_2 温室气体排放增加量和项目边界内由于森林火灾引起死有机物燃烧造成的非 CO_2 温室气体排放量的增加量，碳汇项目的碳泄漏量为 0。

综上，根据式（8-2），碳汇案例项目 20 年计入期合计减排量为

$$ER=5\,785\,000-15\,000-0=5\,770\,000 \text{ t } CO_2e$$

8.4　小结

减排项目的碳核算服务于各类碳抵消机制，通过将量化的项目碳减排结果用于完成国家减排目标、企业碳市场履约以及抵消企业、活动或个人的碳排放等，来实现其对于减缓气候变化的贡献。减排项目碳核算方法和过程都必须满足相应的碳抵消机制框架要求。减排项目的碳核算通常由三部分组成，除需要计算项目本身的碳排放外，还必须计算基准线情景的碳排放和项目的碳泄漏情况，其中项目本身的碳排放核算与企业或者设施碳核算的方法比较类似，尤其是项目与企业或者设施边界一致的时候。进行减排项目碳核算时需要采用项目所要参与的碳抵消机制中相对应的方法学，不同的碳抵消机制都有大量的碳核算方法学供不同类型的减排项目选择。减排项目的碳核算方法学是确保项目减排量真实、可测量和长久有效的核心，一般都包括适用范围、基准线情景识别和额外性论证、详细的减排量计算方法以及监测要求等部分。

在 CCER 机制下，我国自 2013 年至今已发布了 200 个方法学，其中最为常用的是可再生能源、燃料/原料转换、温室气体销毁、能源效率、避免温室气体排放、碳汇等类型的方法学。上述方法学大部分于 2013—2014 年从 CDM 方法学转化而来，在一定程度上不能完全贴合我国的当前现状。而且，自 CCER 方法学发布以来，我国的气候变化政策和减排技术已经有了长足的发展和较大的变化。因此，有必要进一步完善 CCER 中的减排项目碳核算方法学，以适应目前的新情况和新要求，更好地促进我国温室气体减排活动的发展。具体建议如下：

一是建议尽快梳理和修订 CCER 现有方法学。首先，CCER 方法学大部分是从 CDM 方法学转化而来的，而 CDM 方法学已经更新了多次，并且部分 CDM 方法学或停止使用，或合并成新方法学，相关的 CCER 方法学也有必要根据 CDM 方法学的情况进行更新调整。其次，部分 CDM 转化而来的方法学可能不完全符合我国减排项目的实际情况。因此有必要对其中不适合我国国情的方法学进行修订，并鼓励开发符合我国实情的新型减排项目的碳核算方法学。再次，我国全国碳市场于 2021 年正式上线交易，发电行业（包括自备电厂）首先纳入管控。在已纳入全国碳市场管控的设施上开发的减排活动因为失去了额外性，不再适合开发 CCER 减排项目，相关的 CCER 方法学也应及时废止。随着后续更多的行业纳入全国碳市场，相关行业减排项目的碳核算方法学的适用性也需要持续跟踪调整。最后，完善碳汇相关方法学。不同于新能源项目、CH_4 回收利用等常规温室气体减排项目具有长久的减排效果，在遇到火灾或者被砍伐时，碳汇项目吸收的 CO_2 可能会重新释放到大气中，碳汇项目的减排效果存在被逆转的可能性。CCER 碳汇相关方法学中没有对减排效果的持久性的保障措施，给 CCER 碳汇项目带来了风险，建议完善碳汇保障措施，通过引入风险基金、建立减排量缓冲池或者采取打折的方式，确保减排效果。

二是建议进一步完善管理架构、技术文件以及信息化公开等。完善 CCER 的管理体系，设立常设专家技术咨询委员会，负责减排项目碳核算方法学的日常维护，并组织相关利益方定期召开减排项目碳核算方法学咨询会议，对方法学的申请和更新提出建议。设立技术管理机构，在主管部门的指导下，负责项目的申请和批准等具体日常事务。完善 CCER 技术文件体系，制定项目标准文件、完善项目申请流程、完善审定与核证标准、制定方法学申请和修订流程等。提高项目申请的信息化，全流程公布，提高项目透明度，接受公众监督。

三是建议加强对第三方审定与核证机构的管理和监督。第三方审定与核证机构是确保减排项目质量的关键环节。可以借鉴 CDM 的经验，定期抽查和走访第三方审定与核证机构，查阅管理制度、人员能力、审定与核证项目存档，做好事后监督工作，发挥第三方审定与核证机构的积极作用，以确保 CCER 减排项目的数据质量。

参 考 文 献

葛新锋，2021. 碳抵消机制的实践及建议[J]. 金融纵横，（11）：21-28.

国家发展和改革委员会，2011. 清洁发展机制项目运行管理办法[EB/OL]. [2011-08-03]. http:// www.gov.cn/flfg/2011-09/22/content_1954044.htm.

国家发展和改革委员会，2012a. 温室气体自愿减排交易管理暂行办法[EB/OL]. [2012-06-13]. https://www.mee.gov.cn/ywgz/ydqhbh/wsqtkz/201904/P020190419527272751372.pdf.

国家发展和改革委员会，2012b. 国家发展和改革委员会办公厅关于印发《温室气体自愿减排项目审定与核证指南》的通知[EB/OL]. [2012-10-09]. https://www.ccchina.org.cn/Detail. aspx?newsId=73520&TId=70.

国家发展和改革委员会，2013a. 碳汇造林方法学（AR-CM-001-V01）[EB/OL]. [2013-11-04].

http://cdm.ccchina.org.cn/archiver/cdmcn/UpFile/Files/ccer/2015112320151020348r.pdf.

国家发展和改革委员会，2013b. 可持续草地管理温室气体减排计量与监测方法学（AR-CM-004-V01）[EB/OL]. [2014-01-15]. https://cdm.ccchina.org.cn/archiver/cdmcn/UpFile/Files/Default/20140123132148755205.pdf.

国家发展和改革委员会，2013b. 硝酸生产过程中所产生 N_2O 的减排（CM-009-V01）[EB/OL]. [2013-03-05]. http://cdm.ccchina.org.cn/archiver/cdmcn/UpFile/Files/Default/20130311090642712911.pdf.

国家发展和改革委员会，2014a.快速公交系统（CM-032-V01）[EB/OL]. [2014-01-15]. http://cdm.ccchina.org.cn/archiver/cdmcn/UpFile/Files/Default/20140123140815478375.pdf.

国家发展和改革委员会，2014b. CM-048-V01 使用低 GWP 值制冷剂的民用冰箱的制造和维护 [EB/OL]. [2014-01-15]. https://cdm.ccchina.org.cn/archiver/cdmcn/UpFile/Files/Default/20140123141916549336.pdf.

国家发展和改革委员会，2014c. CM-072-V01 多选垃圾处理方式[EB/OL]. [2014-01-15] https://cdm.ccchina.org.cn/archiver/cdmcn/UpFile/Files/Default/20140123143306450584.pdf.

国家发展和改革委员会，2016. 可再生能源并网发电方法学（CM-001-V02）[EB/OL]. [2016-06-02]. http://cdm.ccchina.org.cn/archiver/cdmcn/UpFile/Files/Default/201604201423214202 18.pdf.

国家发展和改革委员会，2017. 中华人民共和国国家发展和改革委员会公告 2017 年第 2 号 [EB/OL]. [2017-03-14]. https://www.ndrc.gov.cn.

生态环境部，2021. 关于做好全国碳排放权交易市场第一个履约周期碳排放配额清缴工作的通知[EB/OL]. [2021-10-26]. https://www.mee.gov.cn/xxgk2018/xxgk/xxgk06/202110/t20 211026_957871.html.

王灿，张坤民，2000. 清洁发展机制（CDM）中的基准线问题[J]. 世界环境，（4）：9-13.

Broekhoff D，Gillenwater M，Colbert-Sangree T，et al，Securing Climate Benefit：A Guide to Using Carbon Offsets[R/OL]. 2019[2019-11-13]. Stockholm Environment Institute & Greenhouse Gas Management Institute. www.offsetguide.org.

Global Carbon Council. 2022. https://www.globalcarboncouncil.com.

Golden Standard. 2022. https://www.goldstandard.org.

International Civil Aviation Organization（ICAO），2019. CORSIA Eligible Emissions Units [EB/OL]. https://www.icao.int/environmental-protection/CORSIA/Documents/TAB/ICAO Document2008_CORSIAEligibleEmissionsUnits_November202021.pdf.

The Intergovernmental Panel on Climate Change（IPCC）, 2006. 2006 IPCC Guidelines for National Greenhouse Gas Inventory[M]. Kanagawa，Japan：The Institute for Global Environmental Strategies.

The Intergovernmental Panel on Climate Change（IPCC）, 2020. Good Practice Guidance and Uncertainty Management in National Greenhouse Gas Inventories[EB/OL]. https://www.ipcc.ch/publication/good-practice-guidance-and-uncertainty-management-in-national-greenhouse-gas-inventories.

United Nations Framework Convention on Climate Change（UNFCCC）, 2017a. Baseline，project and/or leakage emissions from electricity consumption and monitoring of electricity generation[EB/OL]. [2017-09-22]. https://cdm.unfccc.int/methodologies/PAmethodologies/tools/am-tool-05-v3.0.pdf.

United Nations Framework Convention on Climate Change（UNFCCC）, 2021a. CDM Methodology Booklet[EB/OL]. [2021-12]. https://cdm.unfccc.int/methodologies/documentation/meth_booklet.pdf.

United Nations Framework Convention on Climate Change（UNFCCC）, 2017b. Combined tool to identify the baseline scenario and demonstrate additionality[EB/OL]. [2017-09-22]. https://cdm.unfccc.int/methodologies/PAmethodologies/tools/am-tool-02-v7.0.pdf.

United Nations Framework Convention on Climate Change（UNFCCC）, 2020. Determining the baseline efficiency of thermal or electric energy generation systems[EB/OL]. [2020-06-12]. https://cdm.unfccc.int/methodologies/PAmethodologies/tools/am-tool-09-v3.0.pdf.

United Nations Framework Convention on Climate Change（UNFCCC）, 2017c. Emissions from solid waste disposal sites[EB/OL]. [2017-05-04]. https://cdm.unfccc.int/methodologies/PAmethodologies/tools/am-tool-04-v8.0.pdf.

United Nations Framework Convention on Climate Change（UNFCCC）, 1997. Kyoto Protoco [EB/OL]. [1997-12-11]. https://unfccc.int/resource/docs/convkp/kpchinese.pdf.

United Nations Framework Convention on Climate Change（UNFCCC）, 2005. Modalities and procedures for a clean development mechanism[EB/OL]. [2005-12-10]. https://cdm.unfccc.int/Reference/COPMOP/08a01_abbr.pdf.

United Nations Framework Convention on Climate Change（UNFCCC）, 2017d. Project and leakage emissions from anaerobic digesters[EB/OL]. [2017-09-22]. https://cdm.unfccc.int/methodologies/PAmethodologies/tools/am-tool-14-v2.pdf.

United Nations Framework Convention on Climate Change（UNFCCC），2017e. Project and leakage emissions from composting[EB/OL]. [2017-09-22].

United Nations Framework Convention on Climate Change（UNFCCC），2022. Project emissions from flaring.[EB/OL]. [2022-03-11]. https://cdm.unfccc.int/methodologies/PAmethodologies/tools/am-tool-06-v4.0.pdf. https://cdm.unfccc.int/methodologies/PAmethodologies/tools/am-tool-13-v2.pdf.

United Nations Framework Convention on Climate Change（UNFCCC），2017f. Tool to calculate project or leakage CO_2 emissions from fossil fuel combustion[EB/OL]. [2017-09-22]. https://cdm.unfccc.int/methodologies/PAmethodologies/tools/am-tool-03-v3.pdf.

United Nations Framework Convention on Climate Change（UNFCCC），2018. Tool to calculate the emission factor for an electricity system[EB/OL]. [2018-08-31]. https://cdm.unfccc.int/methodologies/PAmethodologies/tools/am-tool-07-v7.0.pdf.

VERRA，2022. https://verra.org/project/vcs-program/.

VERRA，2013. Guidance for Standardized Methods[EB/OL]. [2013-10-08].https://verra.org/wp-content/uploads/2018/03/VCS-Guidance-Standardized-Methods-v3.3_0.pdf.

World Bank，2015. Overview of Carbon Offset Programs：Similarities and Differences[R/OL]. [2005-01-01]. Partnership for Market Readiness，World Bank，Washington，DC. License：Creative Commons Attribution CC BY 3.0 IGO.

第9章　产品碳核算

近年来，随着极端天气和气候灾害的增加，公众对气候变化的关注程度日益增高。越来越多的人希望参与应对气候变化，通过购买和使用更加低碳的产品和服务来为控制温室气体排放尽自己的一份努力。出于积极应对气候变化以及提高企业形象等的考虑，一些大型企业（如宝马公司和沃尔玛连锁超市等）纷纷要求供货商提供其产品或服务所蕴含的碳排放量。为了准确地计算产品或服务中的碳排放、评价产品或服务到底是"低碳"还是"高碳"，就催生出了产品或服务的碳核算。

产品碳核算，即核算产品所蕴含的碳排放量，包括从原材料获取、生产、使用、运输到废弃或回收利用等多个阶段产生的碳排放，通常也被称为核算产品的碳足迹。社会各界对于产品碳核算的重要性已经有了充分的共识和了解，国内外很多学者都对其进行了概括和总结（康丹，2018；Alvarez et al.，2016；王吉凯，2012；张莉等，2011；于小迪等，2010；Sinden，2009），大体可以分为以下几类：

● 消费者可以通过产品碳核算结果快速识别低碳产品，进行低碳消费。消费者可以简单明了地获取自己购买的产品或服务的较为专业和全面的产品碳足迹信息，了解自己的消费所带来的碳排放，便于广大消费者提高绿色低碳意识，形成低碳消费的社会风气，以自己实际行动支持我国碳达峰碳中和战略。

● 生产企业可以通过产品碳核算来摸清碳排放"家底"实现减排。产品碳核算包含各个生产环节碳排放量，因此可以帮助企业发现高碳排放的生产环节，而碳排放通常和能源消费量息息相关，这样企业就可以对这些高碳排放环节进行调整和改进，以降低能源消费和生产成本，节能减排，同时还可以倒逼上游商家采用更加严格的减碳标准和要求，从而带动整条产业链的低碳化发展。

● 企业还可以通过积极开展产品碳核算来提高声誉、强化品牌，向消费者和合作方展现自己的社会责任感和技术实力，甚至成为企业的差异化产品策略，进而获得相对于高碳企业的竞争优势。

● 被核算的产品更可能在碳边境调节机制中占得先机、突破贸易壁垒。随着《欧洲绿色新政》的提出和实施，欧洲发达国家可能会为防止碳泄漏而建立碳边境调节机制（按照欧盟同类产品的碳减排成本提高进口产品的价格，使其价格足以反映碳排放强度水平，补足产品内未包含的为控制碳排放所支付的成本，防止欧洲企业受到来自碳排放标准较低、没有碳排放价格限制国家的恶性竞争）。积极进行产品碳核算一方面可以找出高碳环节，有效降低产品碳排放，另一方面可以有充足的准备寻找适合自己产品的碳核算方法和参数，避免出现由于方法不合理或者使用惩罚性的默认因子而多支付碳减排成本，甚至是被贴上高碳的标签的不利情况，是突破环境壁垒的有效手段。

● 产品的碳核算结果还可以为政府鼓励或抑制某类产品发展的决策提供更加科学和准确的依据。通过对多种可替代产品进行碳核算、分析比较各产品的碳排放情况以及对产业整体碳排放的影响趋势，可以使政府依此出台产业调整政策，推动产业低碳转型，鼓励低碳技术和产业发展。

发展至今，虽然有很多学者和机构对产品的碳核算进行了多项研究，但实际上对于其定义还未形成完全统一的共识。这些争论涵盖了产品碳核算中的各个要素，包括"产品"的类型、"碳"的范围以及"核算"的边界等。这些领域出现争论的根本原因在于各研究方对于产品碳核算的目的和需求不完全一致，各有各的侧重点。根据产品碳核算的不同目的和需求，自然也有多种核算的方法。这些方法大体可以分为两类："自上而下"的投入产出（Input-Output）分析和"自下而上"的过程分析方法（王薇，2010）。两大类方法各有优势和局限，其中，过程分析方法以生命周期评价（Life Cycle Assessment，LCA）为基础，适用于多个尺度、特别是微观尺度的核算，在产品碳核算领域是被广为应用的方法。多个研究机构和国际组织特别针对使用 LCA 进行产品碳核算提出或制定了标准和规范，大大加强了产品碳核算的可比性和规范性。

但是应用不同的标准或规范对同一产品进行核算时，流程和细节不尽相同，结果可能也会出现一些差别。

本章首先介绍产品碳核算的概念，详细介绍两大类碳核算方法，包括各自的适用范围和优缺点，再概述、比较各类产品碳核算相关的标准和规范，最后介绍产品碳核算在某些国家的应用情况。

9.1　概念

产品碳核算，即对产品所蕴含的碳排放进行核算，其中包含三个核心要素："产品"、"碳"和"核算"。经过 20 余年的发展，很多研究针对产品碳核算中"产品"的类型、"碳"的范围以及"核算"的边界这三个方面进行了探讨，在多数核心的定义上，学术界已经取得了比较统一的共识，但是在部分细节上还是存在分歧。

"产品"的类型，指要进行碳核算的产品的范畴。对于消费者来说，可能更加想了解某个具体产品的碳排放，比如自己购买的冰箱在生产过程中到底排放了多少碳，这种"产品"是一个微观的概念，实际上这是十分困难的，因为企业通常不会专门核算生产的某一件产品的碳排放。对于企业来说，实际核算通常是某段时期内生产的某一类产品的平均碳排放或者碳排放总量，如冰箱企业一个月内生产的某个型号的冰箱所产生的碳排放总量或者平均碳排放，这种"产品"是一个中观的概念。实际消费者所购买的产品上碳标签所注明的碳排放量不大可能是生产这一件产品的碳排放量，而是这段时期这个企业生产的这种类型产品的平均碳排放量，属于中观的产品概念。对于产业政策制定者来说，需要核算的是整个产业的某种类型产品的平均碳排放，这种"产品"是一个宏观的概念。在实际的研究和应用中，采用微观产品概念的非常罕见，采用宏观产品概念的相对较少，采用中观产品概念是最为常见的。

"碳"的范围，即要核算的温室气体类型。国际上各种类型的"碳"核算通常所指的温室气体口径范围是严格服从于其研究目的或者履约要求的，例如，我国公布的"碳强度下降率"中的"碳"通常指的是与国家自主贡献目标中一致的 CO_2；国际上大部分国家承诺的"碳中和"目标指的是《京都议定书》及其多哈修正案中规定的 7 种温室气体排放，目前我国对"碳中和"战略目标中的"碳"的口径还未见官方阐释。产品碳核算中"碳"的范围也应当严格服从核算的目的，选择适当的核算范围。需要注意的是，当核算的温室气体不只有 CO_2 时，一般需要使用 IPCC 公布的全球增温潜势（GWP）将其他的温室气体折算为 CO_2 当量。

　　"核算"的边界，即是否核算产品的间接碳排放，如果核算，那么核算的边界到哪里。对于是否核算间接碳排放，当前基本已经形成了一般共识：产品的碳核算，即产品的碳足迹，包括间接碳排放。这也和碳足迹的起源相关。多个学者（聂祚仁，2010；王薇等，2010）认为，"碳足迹"来源于"生态足迹"（Ecological Footprint）（Wackernagel, et al., 1996；Rees，1992），指产品或服务在其生命周期内所有排放的温室气体的总和（李楠，2020；Larsen et al., 2009；Wiedmann et al.，2007），应该既包括生产时的温室气体排放，也包括获取生产所需原材料（原材料的生产和运输等）、产品的分销运输和废弃后的处理等过程的温室气体排放。实际核算过程中的核算范围和边界通常按照所需要的精度对于某些温室气体排放较小的环节进行适当的简化，以提高产品碳核算的效率，减小核算所需的基础统计数据规模。

　　综上所述，产品碳核算各个要素的细节还未形成完全一致的意见，很难给其下一个可以让各方都满意的统一定义。这主要是各相关方对于核算有不同的目的和需求，各要素不同的定义范围可以满足不同的目的和需求。因此，厘清进行核算的目的和需求是最优先的也是非常重要的步骤。有了清晰的核算需求之后，才能有针对性地选择所需核算的产品类型、温室气体种类以及核算的边界，从而选择合适的核算方法和准则。

9.2　核算方法

　　产品碳核算的方法很多，细节上有很多差异，但是大体上可以分为两大类："自上而下"的以投入产出（Input-Output）模型为代表的宏观经济模型分析和"自下而上"的以 LCA 为代表的过程分析模型。理论上，两类方法都可以核算产品从原材料获取、生产、使用、运输到废弃或回收利用等多个阶段产生的全部类型碳排放，但是各有侧重点：投入产出模型更加侧重于进行宏观层面的产品碳核算，LCA 更加侧重于微观和中观相对具体的产品碳核算。在各自的领域里，两种方法优势明显，但也各有其局限性。

9.2.1　投入产出模型

9.2.1.1　简介

投入产出模型是由美国经济学家华西里·W·里昂惕夫创立的（Leontief，1936），是一种基于一般均衡理论的经济数量分析方法，主要用于研究经济体各个部门间表现为投入与产出的相互依存关系。投入产出模型擅于分析国民经济各部门间积累、消费与总产出的比例关系，在 20 世纪 70 年代引入能源领域（Leontief，1970），被广泛应用于进行能源和环境方面的分析和预测。近年来，由于气候变化问题所引起的关注越来越多，投入产出模型也经常被用于分析和预测与经济相关的碳排放研究。

投入产出模型核算产品碳排放，主要通过将经济领域的投入产出表与能源领域的能源平衡表相结合建立混合型投入产出表，进而建立数学模型，计算混合完全消耗系数，结合各部门产品的碳排放因子，并依此计算产品的全产业链碳排放。

投入产出模型通常是由如图 9-1 所示的投入产出表构建。

		中间使用				终端使用				总产出
		部门1	部门2	…	部门n	居民消费	资本形成	出口	其他	
中间投入	部门1	z_{11}	z_{12}	…	z_{1n}	c_1	g_1	ex_1	q_1	x_1
	部门2	z_{21}	z_{22} 第一象限	…	z_{2n}	c_2	g_2 第二象限	ex_2	q_2	x_2
	…	…	…	…	…	…	…	…	…	…
	部门n	z_{m1}	z_{n2}	…	z_{nn}	c_n	g_n	ex_n	q_n	x_n
增加值	劳动报酬	I_1	I_2	…	I_n					
	进口	I_{m1}	I_{m2} 第三象限	…	I_{mn}					
	税收	t_1	t_2	…	t_n					
	其他	n_1	n_2	…	n_n					
总投入		x'_1	x'_2	…	x'_n					

图 9-1　一般投入产出表

投入产出表通常是二维结构：行代表各部门的产出在各部门和最终使用中的分配情况，竖列代表各部门生产产品需要各部门的投入情况。可把投入产出表分为三个象限，第一象限反映了国民经济各物质生产部门之间的生产与分配关系，代表中间消耗，用矩阵 $\boldsymbol{Z}$ 表示；第二象限反映了各部门产品最终用于积累和消费的数量，代表最终使用，用矩阵 $\boldsymbol{f}$ 表示；第三象限体现了国民收入（国内生产总值）的初次分配情况，用矩阵 $\boldsymbol{v}$ 表示。为衡量系统中的能源消耗情况，需要把能源平衡表引入投入产出模型，形成混合型投入产出模型，具体做法是将一般投入产出表中能源部门的经济流用能源流进行替代，非能源部门的部分保持不变。之后引入直接消耗系数 a_{ij}，代表中间使用部门在生产单位总产出时直接消耗的各部门的产品量，体现社会生产结构，反映各行业生产的技术水平，表示为

$$a_{ij} = \frac{z_{ij}}{x_j} \tag{9-1}$$

将其记为矩阵形式，表示为

$$A = \frac{\boldsymbol{Z}}{\boldsymbol{X}} \tag{9-2}$$

投入产出表中，按行方向来看，各个行业的中间消耗与最终使用之和等于该行业的总产出，即

$$\boldsymbol{Z} + \boldsymbol{f} = \boldsymbol{X} \tag{9-3}$$

将式（9-2）带入式（9-3），整理可得

$$(\boldsymbol{I} - \boldsymbol{A})^{-1}\boldsymbol{f} = \boldsymbol{X} \tag{9-4}$$

式中，$(\boldsymbol{I} - \boldsymbol{A})^{-1}$ 称为完全消耗系数矩阵，又称为里昂惕夫逆矩阵，其物理意义为完成单位最终消费量而消耗的各部门产品量，反映经济体的生产结构。式（9-4）建立了部门的最终消费量与总产出间的联系，也是某部门的最终消费产品与经济体中整个生产链条各部门为其提供的产品的数量关系。

通过温室气体清单中的各类能源碳排放因子，统计部门公布的分行业分品种能源消费量以及部门产品产值或产品总量数据，可以测算各部门总产出所对应的碳排放因子：

$$c_j = \frac{\sum\limits_{i,k} E_{i,j} \times \mathrm{ec}_{i,j,k} \times \mathrm{GWP}_k}{v_j}, \quad C = \mathrm{diag}\{c_1, c_2, \cdots, c_j, \cdots, c_n\} \tag{9-5}$$

式中，c_j——j 部门产品或者产值的碳排放因子；

$E_{i,j}$——j 部门对 i 种能源的消费量；

$ec_{i,k}$——通过温室气体清单得到的 j 部门中 i 种能源的 k 类温室气体的排放因子；

GWP_k——IPCC 发布的 k 类温室气体的全球增温潜势；

v_j——j 部门的产品总量或者总产值；

C——包含整个经济体全部 n 个产业部门的碳排放因子的对角矩阵，可称为碳排放因子矩阵。

通过完全消耗系数矩阵和碳排放因子矩阵，可以建立消费产品和整条产业链碳排放（Ec）的联系：

$$Ec = \boldsymbol{C} \cdot \boldsymbol{X} = \boldsymbol{C} \cdot (\boldsymbol{I} - \boldsymbol{A})^{-1} \boldsymbol{f} \tag{9-6}$$

式（9-6）可用于核算某个产业部门生产的消费产品所带来的整个经济体全产业链条各个部门的碳排放量，将这些碳排放加总就得到了该产业部门的某种类型产品的碳排放量，也就是完成了宏观层面的产品碳核算。

投入产出模型存在一系列的假设：由于投入产出模型基于一般均衡理论，因此一般均衡理论的基本假设都可以认为是投入产出模型的假设，如完全竞争市场，市场中不存在不确定因素，无虚假交易，交易在价格均衡下完成，全部生产的产品产值与消耗的产品产值相等。投入产出模型中其他假设包括各部门的产品只有一种，或有多种产品但各产品的比例固定；经济体的生产结构是一段统计时间内的总体平均生产情况等。在用投入产出模型进行产品碳核算时需要事先了解这些假设条件，一方面可以保证核算方法满足核算的要求，另一方面也有助于明确核算结果在不同条件下的适用性。

9.2.1.2 投入产出模型的优劣势

投入产出模型作为宏观产品层面碳核算的主流方法，优点十分明显。首先，可以充分利用投入产出表的信息（王薇等，2010），考虑了经济变化对环境产生的几乎所有直接和间接影响，将整个经济体的全部产业部门有机结合起来，可以发现那些通常认为交互往来非常少的部门之间的联系，也不会忽略那些相对较小、不显眼的碳排放，避免了截断误差。比如通过投入产出模型可以核算电力部门生产的一度电会导致农业部门产生多少碳排放，并把这部分碳排放体现在电力部门的产品碳排放中，而其他方法很难定量计量这种部门间的微弱联系。其次，投入产出模型的核算过程十分清晰，结构完整性强，能够有效克服因部门间生产关系复杂而导致的重复或遗漏计算问题，减少了系统边界划定带来的不确定性（付伟等，2021）。最后，投入产出模型一旦建立以后，能够较快地得到核算结果（张琦峰等，2018），进行不同部门的产品碳核算时也无须再次投入过多的精力和资源，后续操作比较方便快捷。

投入产出模型也存在一定局限性，大多和其选用的数据基础以及基本理论有关。第一，投入产出模型是基于投入产出表进行计算的，而投入产出表通常反映的对象是国家和区域尺度的大型经济体，因此投入产出模型最适用于核算宏观层面的产品碳排放，即进行部门层面的产品碳核算。且投入产出模型只能核算产业链的碳核算，无法核算和分析企业中单个生产环节的碳排放，所以很难阐述清楚企业在产品生产中的实际碳排放情况。第二，第二个局限性也同样来源于投入产出表。由于编制过程比较复杂，用时较长，导致投入产出表基本以年为单位编制，更新较为缓慢，部分国家和地区并不会每年都编制投入产出表，因此很多投入产出模型都只能使用往年的数据或者自己尝试在旧投入产出表的基础上进行修正以获得目标年份的投入产出表。在用这些旧的或修正的投入产出表建模进行产品碳核算时就会产生系统误差。第三，投入产出模型也无法解决自身假设与实际情况不相符的问题。比如当部门的产品不止一种，且这些产品投入不同部门的比例无法确定的情况下，就很难应用投入产出模型来核算这个部门的某一种产品的碳排放。第四，应用投入产出模型进行产品碳核算时需要建立货币价值和物质单元之间的联系，但同一个部门相同价值量的产品在生产过程中所隐含的碳排放可能差别很大，由此使用平均值来进行计算也可能带来核算结果的偏差。第五，投入产出模型的原理相对复杂，进行建模时需要处理的数据量较大，这也为投入产出模型进行产品碳核算带来了一些应用上的门槛。

9.2.2 LCA

9.2.2.1 简介

LCA 起源于 1969 年，最开始是美国中西部研究所受可口可乐公司委托对饮料容器从原材料采掘到废弃物最终处理的全过程进行的跟踪与定量分析，之后成为被广泛应用的重要环境管理工具之一。LCA 采用"自下而上"的计算方法，通过获取产品或服务在生命周期内（从原材料开采、生产加工、储运、使用、废弃物处理等过程）所有的输入及输出数据得出总的评价结果。

　　LCA 已经被国际标准化组织（International Organization for Standardization，ISO）纳入 ISO14000 环境管理系列标准，是环境管理和产品设计的一个重要支持工具。根据 ISO14040：2006 的定义，LCA 是指收集和评估产品或系统在其整个生命周期内的输入、输出和潜在环境影响（International Organization for Standardization，2006）。一般通过确定和量化与评估对象相关的全生命周期内的能源消耗、物质消耗和废弃物排放来实现评估（田彬彬等，2012），LCA 涉及从原材料获取到生产、使用、报废处理、回收和最终处置（从"摇篮"到"坟墓"）的整个产品生命周期中的环境因素和潜在环境影响评估。

　　标准的 LCA 一般包含四个阶段：确定评价目的和范围、生命周期清单分析、生命周期影响评价和结果解释。其中，评价目的应包括一个明确的关于运用 LCA 的原因说明及未来结论的应用（田甜等，2013），决定了后续研究的深度和广度，评价范围（包括系统边界和详细程度）也同样取决于研究对象和预期用途；生命周期清单分析是 LCA 的核心部分，包括对产品系统在其整个生命周期阶段的投入和产出的基础数据收集和量化分析，整个过程是一个反复迭代的过程，在收集数据和量化分析的过程中可能会对系统有更加深刻的了解，由此引出更多的数据收集和分析需求，因此这个阶段也会耗费最多的精力和时间；生命周期影响评价是一项技术性工作，根据清单分析过程中列出的要素对环境影响进行定性和定量分析评价，评价各种环境问题造成的潜在环境影响的严重程度，将清单分析的数据进行定性或定量排序（田甜等，2013；樊庆锌等，2007）；结果解释应提供与定义的目标和范围一致的结果并进行分析，得出完整的结论、解释局限性和提供相关建议。

　　LCA 进行产品碳核算，即将系统中的环境影响主要集中在气候变化影响方面，将计算系统各环节所产生的环境污染物集中于计算各环节所产生的温室气体排放。使用 LCA 进行产品碳核算的研究很多，几乎覆盖所有工业产业的产品，例如，电力、纺织、电脑、畜禽、钢筋、煤炭、家电、木质家具、石油化工、水泥、造纸等，是在产品碳核算领域应用最广泛的方法。

　　使用 LCA 进行产品碳核算时可以参考以下步骤：第一，设定核算的目标。主要是明确进行产品碳核算的目的以及要进行哪种产品的碳核算。第二，梳理产品系统流程图。仔细梳理产品的生产流程，包括产品生产从原材料开采、运输、制造、流通零售、产品使用到最终废弃等所有环节，详细列出各个环节的物质流、能源流和废料流。这一步骤应尽量包含对被核算产品生命周期有贡献的所有材料、活动和过程，以保证后续的计算完整、没有遗漏。第三，确定核算的系统边界。系统界定的关键原则是要尽可能完整地包括生产、使用及最终处理该产品过程中直接和间接产生的碳排放。为简化计算，减小工作量，也需要在这一步设置一定的截断原则（如小于该产品总碳排放1%以下的部分可以忽略），但所有可以被截断排放源对应的碳排放总量应小于产品总碳足迹的5%（田甜，2013）。第四，收集数据。主要是收集两类数据：一类是活动水平数据，即产品生命周期中涉及的所有原材料和能源消耗量；另一类是排放因子数据，即各类原材料和能源所对应的温室气体排放因子。通常来说，应该首先使用直接测量或收集的数据，如果没有直接数据则可以在一定原则下使用行业平均数据或其他数据替代。第五，计算碳排放。保证收集的数据满足质量守恒原则，而后将各类活动水平数据与相应的排放因子相乘得到各类温室气体排放量，再将各类温室气体排放量转化为 CO_2 当量并加和，得到产品的最终碳核算结果。第六，结果分析、检验和解释。检验碳核算结果的准确性以及计算不确定性并不是一定要进行的步骤，但是衡量结果中的不确定性并使其最小化，可以有效提高产品碳核算结果的可信度，提高基于此结果的决策水平。通过对产品碳核算结果进行解释，即对产品全生命周期各环节的碳足迹进行分析，得出结论，可以尽量挖掘产品碳减排的潜力。

9.2.2.2 LCA 的优劣势

LCA 方法是在中观、微观层面进行产品碳核算的主流方法，具有许多优点。第一，LCA 本身各类优点依然存在，如原理相对简单、可操作性强、适用性强、标准化程度高等；第二，LCA 进行产品碳核算时，分析涵盖产品的整个生命周期，包括产品的原材料获取、生产、使用及废弃、回收等环节，有效避免了产品某些阶段中的碳排放被转移或被忽视；第三，LCA 的分析结果更加具有针对性，应用于中观、微观产品碳核算时更加细腻，可以针对更加具体的问题进行诸多调整，因此非常适合中观、微观层面的产品碳核算。

　　LCA 在产品碳核算的领域被如此广泛地研究和应用，其优点已经不需过多介绍，但是 LCA 也存在一定局限性：第一，LCA 对于分析数据，特别是一线生产数据的要求非常高。但是，实际应用中，由于 LCA 对象涵盖多个行业以及产品使用的多个环节，具有比较大的时空跨度，各行业、各时间段内数据的精细程度也存在较大差别，因此获得全部的、较为精确的数据十分困难，很多时候研究人员可能需要选用典型生产工艺、全国平均水平、国际类似生产工艺或者人为经验判断来获取一些数据，这样导致评估结果可能与某个具体产品的实际情况有较大的偏差，进而影响结果的准确性。第二，截断规则也会引起系统误差，有可能忽略某些表面上相关性不高的环节。由于数据获取相对困难，在某些环节或行业的碳排放占比很小，但相关数据获取比较困难或需要耗费较多精力的情况下，一般研究者会采取截断原则，忽略这些部分的影响或者采用一个相对简单的系数来估计这部分的影响，这样就产生了截断误差。在实际的操作中，可能存在大量的截断误差，这些误差累计起来可能会对结果产生较为明显的影响。第三，与投入产出模型相比，为获取评价产品各环节的详细数据，LCA 需要投入较大的人力、物力资源，需要做大量的前期数据准备工作，且即使分析框架和流程已经确定，分析其他不同产品的工作量也不会明显减少，依旧需要准备大量的数据。第四，系统边界选择的主观性很强（佟景贵等，2017）。很多时候，产品的生产和流通是一个连续的过程，实际生产过程与环境的交互可能十分紧密，很难完全剥离。在 LCA 的实际应用中，通常会人为将生产和流通分成多个环节，这种划分可能不具有普遍性，造成边界划分存在较强的主观性，从而导致核算结果的不确定性较大。比如某个生产车间 a 被人为划分为生产环节 1 时，由于其碳排放相比生产环节 1 的其他车间来说占比较小，满足截断原则，可以被忽略，并没有反映在产品的最终碳核算结果中。但是当这个车间 a 被人为划分进生产环节 2 时，且没有满足环节 2 的截断原则，其碳排放会被保留下来，进而反映在产品的最终碳核算结果中。由于人为的主观划分方法不同，导致两种情况下该产品的碳核算结果并不一致。第五，LCA 通常是针对某种产品进行碳核算，但在实际应用过程中由于生产工艺等客观原因，可能会同时生产多个产品，因此很难拆分出某种产品的碳排放。比如当核算石化企业生产的单位重量乙烯的碳排放时，由于生产工艺在产生乙烯的同时也会产生丙烯，二者是同一个生产流程中同时产生的两种产物，故理论上石化企业相关生产阶段的碳排放责任应该由所产生的两种产品（乙烯和丙烯）共同承担。但是实际生产过程中，两种产品的产生比例可能经常会根据需求人为调整，而且比例的变化并不会对生产过程的碳排放产生明显影响，因此很难准确地将生产过程中的碳排放责任分配给乙烯或丙烯。

9.3 核算标准

投入产出方法在产品碳核算方面的应用相对较少，国际上缺少统一的标准和规范。然而，LCA 是产品碳核算领域最常用的方法，标准化程度较高，多个国家、地区和组织分别针对 LCA 的产品碳核算建立和颁布了一系列的标准和规范。其中，使用最广泛的是 ISO/TS 14067 系列规范标准、英国标准协会（British Standards Institution，BSI）的 PAS2050 系列规范标准以及世界资源研究所（World Resources Institute，WRI）和世界可持续发展工商理事会（World Business Council for Sustainable Development，WBCSD）发布的温室气体核算体系（GHG Protocol）系列标准。此外，美国、日本、德国、韩国等多个国家和地区也都或多或少地参考这些标准制定和颁布了本国产品碳核算相关标准，鼓励按照上述标准核算产品碳排放量，并给多种产品贴上了"碳标签"。

9.3.1 ISO/TS 14067

ISO/TS 14067 系列标准是专门针对产品碳核算所编制的。ISO 从 2007 年 11 月开始酝酿，到 2008 年 1 月专门成立工作组负责有关产品温室气体管理标准的制定。2008 年工作组陆续召开数次会议，开展了供应链温室气体排放管理标准目的和必要性研究，包含产品或组织相关的温室气体量化、报告与标识，并将工作目标定位于制定产品碳足迹（ISO 14067）国际标准上（梁淳淳等，2014）。ISO 14067 主要基于当时存在的 ISO 标准：ISO 14020/24（环境标志和声明通用原则），ISO 14040/44（生命周期评估）及 ISO 14025（环境标签）等，针对温室气体排放等因素进行研究和调整。2010 年工作组又先后发布了 2 个版本的委员会草案。经过一系列的意见反馈和讨论，工作组于 2011年发布了 ISO 14067 DIS 版文件（国际标准草案版），在 2012 年 10 月公布了

ISO 14067（2012）国际标准草案版（曹孝文等，2016）。2013 年 5 月，工作组最终发布了 ISO/TS 14067：2013 技术规范，即《ISO/TS 14067：2013 温室气体—产品碳足迹—量化与沟通的规则与指南》。

ISO/TS 14067：2013 只针对气候变化这个单一的环境影响因素，适用于产品碳核算，具有如下优点：提供核算产品碳足迹所需的方法规范，方便不同产品之间开展评价和比较，从方法学上尽量确保产品碳核算结果的一致性和可比性；可用于跟踪监测温室气体减排措施或设施的效果；有助于建立一致、高效的碳足迹评价体系，向相关方提供碳足迹信息；有助于更好地理解产品的碳足迹，以便于识别温室气体减排的关键环节；可以向消费者提供产品碳足迹信息，通过鼓励消费者改变包括购买、使用和报废等方面的行为，减少温室气体排放；提高产品碳核算量化、报告和沟通的可信度、一致性和透明度；促进对替代产品的设计和采购方案、生产和制造方法、原材料选择、回收和其他生命过程的评估；促进相关方在产品的整个生命周期内制定和实施温室气体管理战略和计划。该标准中主要涉及的温室气体除《京都议定书》规定的 6 种气体：CO_2、CH_4、N_2O、SF_6、PFCs 以及 HFCs 外，也包含《蒙特利尔议定书》中管制的气体等，共 63 种气体。

2018 年，ISO 对该标准进行了修订，形成了 ISO/TS 14067：2018，标准的名称也修改为《ISO/TS 14067：2018 温室气体—产品碳足迹—量化规则与指南》。与 2013 年的版本相比，2018 版标准更加注重量化，并增加了与 ISO 其他标准的融合：一是变更了生物质碳排放与电力等的处理方式；二是将产品碳足迹对外沟通的准则、要求和指引纳入 ISO 14026 标准，将碳足迹查证过程的准则、要求和指引纳入 ISO 14064-3 标准，将产品类别规则制定的准则、要求和指引纳入 ISO/TS 14027 准则；三是将名词定义与 ISO 14040 标准保持一致。修订后的 ISO/TS 14067：2018 可以更好地避免碳排放在产品生命周期的不同阶段之间转移。ISO/TS 14067：2018 标准中产品碳核算主要包含以下 4 个核算步骤：定义目标和范围、生命周期清单分析、生命周期影响评价以及生命周期结果解释。

产品碳核算的总体目标是在一定的截断原则下，通过量化产品在全生命周期或某个选定过程中的所有重要温室气体排放量和吸收量（以 CO_2 当量表示），计算产品对全球温室气体排放的潜在贡献。在实际应用时，具体目的描述应当明确指出本次核算预计的应用场合，进行产品碳核算的原因，此次核算的受众以及沟通、报告计划等。在定义核算的范围时，同样需要清晰地描述本次核算的系统及其功能、功能单元或声明单元、系统边界（包括地理边界）、数据和数据质量要求、数据的时间界限、各类假设（特别是针对使用及报废回收阶段）、分配流程、特殊的温室气体类型、解决特定产品类别出现问题的方法、碳足迹研究报告方法以及局限性等。

生命周期清单分析是重要步骤，需要包含以下内容：数据收集、数据验证、获取与功能单元或声明单元或单元过程相关的数据、系统边界改进以及分配方法等。

● 收集数据时，应收集所研究系统的所有单元过程生命周期清单中的定性和定量数据，包括测量、计算以及估计的、可用于量化各个单元过程输入和输出的数据。对于十分重要、可能显著影响核算结果的数据，需要列出数据收集的过程、时间以及其他进一步信息。如果这种重要数据的精度无法满足要求，还应当明确注明。

● 验证数据的有效性是数据收集过程中的重要步骤，可以确保所收集数据满足数据质量要求，并为此提供证明。数据验证过程中特别需要注意建立质量平衡、能量平衡，并使用排放因子的比较分析以及其他适当方法。由于每个单元过程都遵循质量和能量守恒定律，质量和能量平衡可用于检验各单元过程的描述和假设。

● 在获取各单元过程的数据时，需要首先为整个系统设定一条合适的（物质、能量）流程作为参考流程，单元中所有的定量输入、输出数据都应与这条参考流程相关。整合、规划所有单元的参考流程，形成涵盖单元流程的系统参考流程，各单元过程以及功能单元或声明单元的全部定量输入和输出数据都应基于此系统参考流程。

● 核算碳足迹是一个重复迭代的过程，初始的系统边界也不是一成不变的，需要经常调整，调整的原则是通过敏感性分析判断某些数据的重要程度，依据截断原则判断这些数据是不是应该被纳入或者剔除出收集范围，进而修改初始系统边界。敏感性分析和系统边界调整的结果应明确记录在碳核算研究报告中。

● 当系统中存在多种产品时，各项投入和产出需要按照明确和合理的分配程序分配给各个产品。分配时应坚持分配前后总投入和总产出相等的原则，且在存在多种分配程序时应通过敏感性分析来说明不同分配程序所造成的影响。将企业的温室气体排放和吸收量分配给各产品时，应首先采取以下措施尽量避免进行分配：将待分配的单元过程划分为两个或多个子过程，并分别收集这些子过程的输入和输出数据，用以拆分被分配的环节和产品；扩展产品系统以涵盖与副产品相关的附加功能。如果这两个方法都不可行，那么可以采用反映产品和功能间其他关系的方式来划分（比如基于物理量或质量或经济价值等），并在核算中统一采用该分配方式，且需要明确仔细地记录下来。标准还对同时针对废弃物、回收、再利用等环节的分配程序有较为细致的指南。在碳核算中，计算的所有温室气体排放量和吸收量应视为在评估期开始时的排放或吸收，而不考虑这些排放量或吸收量的延迟影响。

● 如果产品在投入使用 10 年以后依旧在使用阶段或废弃阶段产生温室气体排放和吸收量，则应在生命周期清单中规定与产品生产年份相关的温室气体排放和吸收时间，系统的温室气体排放和吸收的时间影响也应单独记录在产品碳足迹研究报告中。为了保证各种温室气体在产品碳核算中量化的一致性，标准中还提供了关于多种特定情况下温室气体排放量和吸收量的具体要求和指南，包括化石和生物质碳、产品中的生物质碳、电力中的碳、土地利用、土地利用变化、航空温室气体排放等。产品碳核算还可以用于碳足迹跟踪，但用于碳足迹跟踪的碳排放定量化测算还必须满足以下三点要求：需要在多个时间点（不能只核算一个时间）进行碳足迹核算；对于具有相同功能单元或声明单元的产品，应重点测算碳足迹随时间的变化情况；在进行不同时间节点的产品碳核算时应坚持使用统一的核算方法。

生命周期影响评价主要是评估、量化系统所产生的潜在气候变化影响。这种影响主要通过将系统产生的各类温室气体排放量或吸收量与 IPCC 评估报告发布的 GWP 相乘来计算。随着科学的发展，IPCC 评估报告对 GWP 也在不断地更新和调整，评价时应使用最新发布的 GWP 结果。标准还对由生物质利用导致的潜在气候变化影响如何计量进行了说明。

生命周期结果解释应包含以下步骤：首先，根据产品碳核算或部分碳核算的生命周期清单分析和生命周期影响评价阶段的量化结果，识别系统中的关键环节。对于产品碳核算的生命周期（或部分生命周期）清单分析和生命周期影响评价阶段的量化结果的解释应取决于核算的目的和范围，并明确阐述不确定性分析和近似取舍原则，详细记录碳核算研究报告中分配的原则和程序，以及局限性。其次，需要进行包括完整性、一致性和敏感性分析的评估。为了解结果中各因素的不确定性和敏感性，敏感性分析的对象应包含对显著的输入、输出、所选方法及分配程序。同时，也要评估最终结果中不同的废弃环节情景、各类建议的潜在影响。最后，应提出最终结论、局限性分析和相关建议。

标准的最后还对产品碳核算的研究报告进行了要求。产品碳核算研究报告的主要用途是描述所开展的碳核算，并说明核算满足了本标准前面的各项要求。报告应该首先准确、完整地描述碳核算的结果和结论，将方法、假设、数据和生命周期结果解释等因素透明详细地一一列出，以使其他读者理解研究内在的复杂性以及相关权衡考量。报告的类型和格式应该在最初确定目的和范围阶段就作出定义，报告也应保证研究结果和生命周期结果解释是服务于研究目的的。报告中应当按照参考流程，报告每个单元的温室气体排放量化核算结果，包括各单元中产生的温室气体排放或吸收量化结果以及这些温室气体排放或吸收产生于哪个生命周期阶段，该生命周期阶段对该种温室气体全生命周期排放或吸收的绝对或相对贡献，净温室气体排放量或吸收量，生物质利用的温室气体排放量和吸收量，直接土地利用变化导致的温室气体排放量和吸收量，航空运输相关的温室气体排放量和吸收量，如果存在下列内容，那么也应分别记录在研究报告中：间接土地利用变化导致的温室气体排放量和吸收量，土地利用导致的温室气体排放量和吸收量，消费端电网结构敏感性分析结果，产品的生物质碳含量等。标准同样规定了研究报告中应当包含的产品碳核算的量化信息：功能单元或声明单元的划分和参考流程，系统边界（包括系统中输入输出的物质流类型，与其对产品碳核算研究结论的重要性匹配的有关单元过程处理的截断决策），重要单元过程的列表，收集数据信息（包括数据来源），核算的温室气体种类，选定的典型代表因子，截断原则和截断结果，分配原则和程序，温室气体排放和吸收的时间节点，数据的详细描述，敏感性分析和不确定性分析的结果，电力的处理方式（包括电网排放因子的计算和具体限制条件等），生命周期结果解释，在研究范围内作出的各数值选择的决策背景，研究范围和范围变更情况，生命周期阶段的描述（包括替代用途和不同的废弃阶段的情景），替代用途和不同的废弃阶段的情景的影响评估，产品碳核算的具有代表性的时间段，研究中应用的参考文献，生命周期追踪的描述等。

9.3.2　PAS 2050

《PAS 2050：2008 商品和服务在生命周期内的温室气体排放评价规范》是由英国碳信托基金（Carbon Trust）和英国环境、食品和农村事务部（Department for Environment，Food & Rural Affairs，Defra）联合发起，由 BSI 于 2008 年 10 月发布的适用于多个行业和产品的标准规范（BSI，2008）。PAS 2050：2008 是全球第一个针对产品碳核算的标准，也是应用最广泛的商品或服务碳核算的标准之一。

PAS 2050：2008 以 ISO 14040 和 ISO 14044 标准所确定的生命周期评估为基础，明确规定各种商品和服务的生命周期内温室气体排放评价的具体要求，并制定了针对温室气体评价关键方面的原则和技术手段（王吉凯，2012），主要用于计算产品和服务在整个生命周期内（从原材料的获取到生产、分销、使用和废弃后的处理）温室气体排放量（蒋婷，2010）。标准在指导企业核算自身产品碳排放的同时，可以帮助企业管理和分析生产过程中各环节的温室气体排放，并为在产品设计、生产和供应等环节实现温室气体减排提供数据支撑（王薇等，2010）。标准只针对产品的温室效应进行评估，不评估产品可能产生的其他社会、经济和环境等影响，涵盖的温室气体类型与 ISO/TS 14067 系列标准一样，是《京都议定书》规定的 CO_2、CH_4、N_2O、SF_6、PFCs、HFCs 6 种气体以及《蒙特利尔议定书》中管制的气体等共 63 种温室气体。

BSI 于 2011 年又对 2008 年发布的标准进行了修正，形成了《PAS 2050：2011 商品和服务在生命周期内的温室气体排放评价规范》新标准（BSI，2011）。与 2008 版标准相比，PAS 2050：2011 进行了数项变更，包括明确部分含糊不清的定义，根据 2008 版发行以来所取得的新认识、新理解对标准进行了一些改进，提高了标准的实用性，对 PAS 2050 方法学进行了调整使其与其他国际公认的碳足迹方法学趋于一致（梁淳淳等，2014）。PAS 2050：2011 为组织机构、企业和其他利益相关者提供了一种清晰且一致的方法来进行商品或服务的生命周期温室气体核算，提供了一种可以对产品或服务的温室气体的排放量、管理水平以及潜力等进行比较的通用和标准化的方法，可用于为产品或者服务生命周期内的温室气体排放进行核算，促进对替代产品研究、采购和制造方法、原材料选择、供应商选择、服务等的相互对比，为制定控制温室气体排放相关项目提供证据和支撑，也为消费者提供了评估产品或服务温室气体排放的统一标准。

PAS 2050：2011 标准从多个方面对产品碳核算进行规定和指导，共分为 10 个章节，其中与产品碳核算过程直接相关的章节包括原则和实施、排放和吸收、系统边界、数据、排放分配、计算产品温室气体排放等。

标准规定产品的生命周期评价应采取归因法。企业在进行产品碳核算时应遵守的原则与 ISO/TS 14067 系列标准大体类似，主要包括以下五点：①相关性，应选择合适的可以核算特定产品的温室气体排放或吸收的数据和方法；②完整性，应包含所有产品生命周期中在系统的地理和时间边界内对核算温室气体排放有较大贡献的温室气体排放和吸收量；③一致性，在量化过程应以相同的方式使用各类假设、方法和数据，确保核算结果是可重复、可比较的；④准确性，尽可能减少偏差和不确定性；⑤透明性，如果根据本标准进行的产品碳核算结果要向第三方披露，则需要提供足以支持披露的温室气体排放相关信息，并允许第三方作出相关决策。标准还规定了一些补充要求，且要求各类数据应以适合分析和验证的格式至少保存三年。标准中的产品生命周期的定义相对较为灵活，既可以选择与 ISO/TS 14067 系列标准一样的产品全生命周期的温室气体排放和吸收量（从"摇篮"到"坟墓"），也可以选择产品离开企业转移给另一方的节点之前所产生的温室气体排放和吸收量（从"摇篮"到"大门"）。

与 ISO/TS 14067 系列标准不同，在规定温室气体排放和吸收范围的章节，PAS 2050 较为详细地列举了各个可能产生温室气体排放的生命周期过程，具体包括能源利用、燃烧、化学反应、制冷剂和其他挥发性温室气体的逃逸、操作过程、服务的提供和交付、食品和饲料、土地利用和土地利用变化、畜牧生产和其他农业过程以及废弃物管理等。其中食品和饲料过程中的温室气体排放和吸收较为复杂，可以不计算成为产品的那一部分生物质碳；但是需要计算生产过程中耗费的生物质碳、废弃食品或饲料降解或肠道发酵引起的非 CO_2 排放，虽然作为最终产品但是不打算被摄入的材料中的任何生物质成分的温室气体排放量或吸收量，食品或饲料所产生的非 CO_2 排放和作为能源利用

的 CH_4 所产生的排放也需要计算。标准规定产品碳核算的生命周期产生的温室气体排放和吸收的时间范围是直到产品生产出来 100 年内（核算期为 100 年）。标准中还针对 GWP、航空器的碳排放和吸收、产品中的碳储存、土地利用变化的纳入和处理、当前系统土壤碳变化的处理、排放抵消机制、分析单元等方面做了比较细化的规定。

PAS 2050 对界定系统边界有比 ISO/TS 14067 系列标准更为详细的要求和指导。在制定系统边界时需要为系统中所有产品的全部生命周期过程明确定义边界。如果核算采用的是从"摇篮"到"大门"的生命周期定义，应该被明确标识出来，避免引起误会，其应核算的系统边界包括已经发生并到产品离开被核算的企业并被转移到另一方的时间点为止。相对于 ISO/TS 14067 系列标准的并未对针对系统各过程提出详细的说明和指导，PAS 2050 较为全面地对各个过程的系统边界设定方法进行了指导。

全部对产品的功能单元生命周期温室气体排放产生实质性贡献的，以及在初期核算中占功能单元预期生命周期温室排放和吸收量 95% 以上的排放源和吸收汇都应被计量和核算。核算中应包括生产中所用到的材料（包括农业、园艺、渔业和林业等）的形成、提取和转化过程中所有的过程所产生的温室气体排放和吸收，具体包括原材料的开发（勘探、勘测）、原材料开采或提取（包括固体、液体和气体原料的开采，如铁矿石、石油和天然气）、采购生产材料过程中的消耗、生产材料的提取和预处理阶段的废物、肥料（如氮肥施用所产生的 N_2O 排放）、直接的土地利用变化（如森林砍伐）、能源密集型的大气生长条件（如加热温室大棚等）、作物生产（如水稻种植产生的 CH_4）和畜牧业（例如牛产生的 CH_4）的排放等。

系统中能源供应相关的温室气体排放量和吸收量应包括所有与产品生命周期中能源的供应和使用相关的温室气体排放量和吸收量，包括实际能源消耗的排放（如企业中实际燃烧的天然气的排放）、能源供应（包括电力和热力供应）产生的排放、传输损失、运输过程中的碳排放、能源产业上游排放（如煤炭开采或运输燃料到发电机和其他燃料设备）、下游排放（如处理核电站的核废料），以及用作燃料的生物质的种植和加工等。其他还需要核算的包括产品生产过程中所需的制造和提供服务带来的温室气体排放和吸收，工程、仓库、控制中心、办公室、零售店等经营场所的照明、加热、制冷、通风、湿度控制和其他环境控制所产生的温室气体排放和吸收，相关产品和原材料的公路、水路、铁路、航空或其他运输方式以及储存环节（任何时间点的产品或者原材料的储存、产品相关的环境控制、在使用阶段的储存、再利用、回收或处置活动之前的储存等）所产生的温室气体排放量和吸收量。如果是采用从"摇篮"到"坟墓"的时间边界，那么产品使用过程和最终处置环节的各类温室气体排放或吸收值也应包括在产品生命周期系统之中，时间尺度应符合"100 年核算期"要求。

标准中也规定了一些不需要核算的温室气体排放量和吸收量，包括产品生命周期中会使用到各类固定资产所嵌含的温室气体排放量和吸收量（除非有补充要求），以及因为使用产品而导致其他产品在使用过程中温室气体排放量或吸收量发生的变化，过程或预处理过程中的人力投入（如手工收割农作物）、消费者往返购买点的交通运输、员工往返正常工作地点的交通以及使用动物提供运输服务等所产生的温室气体排放量和吸收量。

数据处理是 PAS 2050 标准的另一个重点方面。数据的选用和处理原则与 ISO/TS 14067 系列标准比较类似，但是同样更为具体和详细。

● 明确规定了选用主要活动数据和次要活动数据优先级顺序的原则：与时间特征相关，对被核算的产品具有特定时间意义的数据应更优先；与地理特征相关，与被核算产品的地理特征更加一致的数据应更优先；与技术特征相关，与被核算产品的技术特征更加一致的数据应更优先；与准确性相关，更准确的数据优先；与精度相关，应测量每个数据的波动范围，更准确、波动范围更小的数据优先。

● 与 ISO/TS 14067 系列标准类似，规定了收集数据的几个必要特性：完整性（测量数据的百分比、数据的代表性、样本量是否够大、测量周期是否足够等）、一致性（数据在核算的各个部分是否一致）、再现性（数据和方法是否可以让他人重现核算结果）和数据来源。与 ISO/TS 14067 系列标准类似，PAS 2050 要求核算的主要数据应具有代表性，并应该从实施本次核算的企业拥有、运营和控制的过程中收集，但特别指出如果该企业自身在产品或输入提供给他人的时候之前对上游温室气体排放贡献不到 10% 的话，则主要数据可以从贡献超过 10% 的企业或供应方采集。可以收集到主要活动数据时，应使用主要活动数据；收集不到主要活动数据的环节，才可以使用次要活动数据。

• PAS 2050 标准特别规定了生命周期变动的条件：当由于产品生命周期的计划外变更导致温室气体排放增加 10%以上且持续时间超过 3 个月以上时，就需要重新进行温室气体排放核算；如果有计划变更产品的生命周期并导致温室气体排放量连续 3 个月变化超过 5%时，也需要重新核算产品的温室气体排放量和吸收量；如果产品的生命周期温室气体排放量和吸收量是随时间变化的，则在一段足以确定产品生命周期平均温室气体排放量和吸收量的时间段内（通常是一年，如果产品生产时间少于一年，则可选取适合的特定时间段）收集数据。

• 标准还对涉及多个来源的数据抽样的方法进行了详细的规定，包括银行、面粉厂、含多条生产线的工厂等。标准中来自牲畜、牲畜粪便或土壤的非 CO_2 排放、发电或供热以及生物质和生物质燃料的温室气体排放量和吸收量时所应选择的方法与 ISO/TS 14067 标准较为类似，对于能源消耗数据和排放因子也都有详细的规定和推荐。

被核算的企业存在多种产品时，标准规定需要采取分配原则。PAS 2050 标准中规定的分配原则和方法与 ISO/TS 14067 系列标准基本一致，但特别规定了如果废弃物或源自废弃物的燃料燃烧产生了电力或热力，则温室气体排放和吸收都应分配给能源生产过程；以及热电联产以及交通运输相关的温室气体排放量或吸收量的计算和分配方法。

标准还更为直观、详细地规定了温室气体排放量和吸收量的计算方法，具体流程如下：第一，确定系统边界内每项活动的主要活动数据和次要活动数据；第二，将每个活动数据乘以其相应的排放因子，将主要活动数据和次要活动数据转换为被核算产品的每个功能单元的温室气体排放量和吸收量；第三，将每个温室气体排放量或者吸收量乘以 GWP，将温室气体排放量或者吸收量转化为 CO_2 当量单位；第四，计算与产品相关的碳储存的总体影响，并转化成 CO_2 当量单位；第五，将产品在生命周期中产生排放量和吸收量加总，以确定每个功能单元的净 CO_2 当量排放或吸收。计算结果中应明确标明是从"摇篮"到"坟墓"还是从"摇篮"到"大门"。

9.3.3 GHG Protocol

GHG Protocol 是由 WRI 和 WBCSD 于 1998 年发起的包含多个利益相关方

的合作计划，主要任务是为企业开发一系列得到国际公认的温室气体核算和报告标准。至今，GHG Protocol 下已针对不同的主体制定了多项标准、方法和指南。针对产品碳核算的《温室气体核算体系：产品寿命周期核算与报告标准的目的及报告标准》（以下简称《产品标准》）是温室气体核算体系中的一个重要组成部分，主要目的是通过核算产品生产各环节的碳排放，为企业的温室气体减排决策提供基本框架，进而减少来自产品设计、制造、销售、购买和使用等环节的碳排放（WRI et al.，2011）。《产品标准》的制定起始于 2008 年，第一稿草案完成于 2009 年，2010 年 38 个不同行业的企业对第一稿草案进行了测试，在结合了这些企业的反馈意见后，于 2011 年正式发布。

《产品标准》规定了进行产品碳核算与报告的基本步骤，大体结构与 PAS 2050 类似，包括确定商业目标、回顾原则、回顾基本要素、确定范围、设定边界、收集数据及评估数据质量、进行分配、评估不确定性、计算清单结果、保证、报告清单结果和设定减排目标等。

在进行产品碳核算之前，首先明确核算的目标，这样有助于选择更合适的方法和数据来进行核算，也可以使整个核算的过程更加清晰。《产品标准》中列举的产品碳核算目的以及碳核算与报告应严格遵守的原则皆与 ISO/TS 14067 系列标准和 PAS 2050 比较接近，都包括绩效管理、维系与供应商和客户的关系以及有利于产品差异化等方面的目的和相关性、完整性、一致性、透明性、准确性等原则。

《产品标准》在回顾要素章节对于产品碳核算方面进行了很好的总括说明，包括整体要求、流程和每个环节的目的和作用等。明确指出了本标准是基于生命周期方法的，产品碳核算应遵循生命周期和归因方法的原则。

《产品标准》中规定在确定产品清单范围的环节，需要识别出核算的温室气体种类、选择被核算产品、确定分析单元和识别参考流。《产品标准》中要求必须核算的温室气体清单的范围相比 ISO/TS 14067 以及 PAS 2050 更小，只包括《京都议定书》规定的 CO_2、CH_4、N_2O、SF_6、PFCs 以及 HFCs 6 种气体，但也要求在清单报告中列出其他清单涉及的温室气体。选择被核算产品、确定分析单元以及识别参考流的定义和过程与 ISO/TS 14067 以及 PAS 2050 比较类似。

《产品标准》在设定边界过程方面的相关规定与 PAS 2050 较为类似。其中

《产品标准》强调的重要步骤是绘制流程图，同时对于制造、分配、销售等研究产品的具体归因过程作出假设，识别使用和寿命终止阶段的归因过程，并允许企业自行设定截断原则，根据质量、能量或体积来评估哪些数据属于"不显著"的范畴。

《产品标准》中对于数据收集的要求与 PAS 2050 较为类似，但是更加详细和具体。企业应收集清单边界中包含的所有过程的数据，并对其自身控制的所有过程收集一手数据，具体可遵循以下步骤：制订数据管理计划，并在完成数据收集与评估过程后存档；使用产品流程图确定所有数据需求；进行筛选；识别数据类型；对报告企业拥有或控制下的所有过程收集一手数据；对于其他的所有过程，收集一手或二手数据，评估直接排放数据、活动水平数据和排放因子的数据质量并存档；提高数据质量，主要关注对核算结果有显著影响的过程。《产品标准》对于数据收集和评估数据质量的各过程和多个细节都有比较详细的说明和指南，并规定对于显著的过程，企业应在报告中详细描述数据源、数据质量和改善数据质量的努力。

《产品标准》中的分配原则和方法、评估不确定性以及报告内容等方面的规定与 ISO/TS 14067 系列标准和 PAS 2050 基本一致。《产品标准》中计算清单结果的方法也与 ISO/TS 14067 系列标准和 PAS 2050 基本一致，但具体规定了一些报告内容：生命周期各阶段占总清单结果的百分比，在适用的情况下将生物质源和非生物质源的排放和吸收分开，在适用的情况下将土地利用变化的影响分开单独量化和报告，分开量化和报告从"摇篮"到"大门"与从"大门"到"大门"的清单结果。

《产品标准》中包含一项关于保证的极有特色的规定。保证分为第一方保证和第三方保证：当提交核算报告的企业自行进行保证时，是第一方保证；当非报告企业进行保证时，是第三方保证。公司应该选择独立的、与产品碳核算过程没有利益冲突的保证方。《产品标准》中详细规定了保证方能力、保证的过程、保证等级和严格评审的结论等要素，并详细阐述了保证的益处、关键概念、实质性、保证准备、保证的挑战和保证声明等内容。

《产品标准》要求企业制定减排目标和长期追踪其清单变化，应当撰写并报告符合标准要求的基准清单，当清单方法论发生显著变化时应重新计算基准清单并报告变化情况，应完成和公布更新的清单报告以及利用一致的分析单元进行比较和长期追踪。同时，《产品标准》还对设定减排目标和追踪清单变化的步骤进行了说明，包括完成并报告基准清单、识别减排的机会、设定减排目标、实现和核算减排、重新计算基准清单和更新清单报告 6 个步骤。

9.3.4　各国的其他标准和应用

碳标签制度是产品碳核算最为广泛的应用形式。为使消费者明确其所选择的产品和服务的碳排放情况，引导低碳消费，从消费端倒逼全产业链减少碳排放，推动产业链低碳发展，很多国家制定和推行了基于产品碳核算的碳标签制度。产品的碳标签是指把商品在生产等过程中所排放的温室气体排放量在产品标签上用量化的指数标示出来，以标签的形式告知消费者产品的碳信息。在产品碳标签中标注的碳信息通常是指产品所蕴含的碳排放量，也就是产品碳核算的结果，一般是产品全生命周期中从"摇篮"到"大门"的碳核算结果。现在已经有英国、美国、日本、德国和韩国等 14 个国家和地区在本国的部分产品中推行了碳标签制度。各国在核算碳标签上标注的产品碳信息时参照的标准不尽相同：有些国家规定需要应用前文介绍的产品碳核算标准进行核算；有些国家参考前文的标准，将国际通用标准进行本地化，开发了适用于本国的碳排放核算方法、指南，并发布了本国产品碳核算标准或一系列涵盖多个行业或产品类别的碳核算团体标准。当前各个国家的碳标签制度大多都处于自愿的状态，很少有国家政府强制行业或企业为产品加贴碳标签，只有法国于 2010 年通过的《新环保法案》（Grenelle II）中要求市场上销售的产品披露产品的环境检测信息，其中包括产品和包装的生命周期碳含量。

9.3.4.1　英国

英国是最早提出产品碳核算标准的国家，早在 2008 年就发布了 PAS 2050 系列标准规范。在标准发布之前，英国碳信托基金早在 2006 年探索推出了碳减量标签制度，当年帮助企业计算了 75 种产品的碳足迹（于小迪等，2010），并于 2007 年试行推出了全球第一批带有该碳标签标识的产品（梁淳淳等，2014）。在 PAS 2050 标准草案征求意见过程中，英国政府也在多个企业中进行了产品碳核算的试点工作。这些试点企业包括百事可乐公司、可口可乐公司、苏格兰·纽卡斯尔啤酒公司、库尔斯酿酒公司、英国糖业公司、大陆服装公司、英国联合农产品集团、桑斯伯里连锁超市等，涉及食品、饮料、纺织以及零售等行业（康丹，2018）。在 PAS 2050 标准推出以后，更多的企业和机构使用该标准进行了产品碳核算，更多的产品贴上了碳标签。现在英国碳标签主要是由碳信托基金公司作为独立机构进行认证和维护，已经推出了碳足迹标签、减碳标签、低碳标签、碳中和标签、减碳包装标签、碳中和包装标签 6 类，该公司每两年对获取碳标签资格的产品或服务进行一次审核，要求产品或服务的碳排放量必须有所降低。英国已贴上碳标签的产品多达数百种，包括果汁、薯片、T 恤、毛绒玩具、洗发露、灯泡、洗涤剂及网上银行交易等，涉及与消费者生活息息相关的多个行业。世界范围内已经有 5 700 种产品加贴了由英国碳信托基金认证的碳标签，涵盖食品饮料、家居用品、电子电器、建材和服装等诸多行业，据碳信托基金公司统计，早在 2010 年，就已有 90%的家庭购买了加注有该公司碳标签的低碳产品。

9.3.4.2 美国

美国也是较早推行产品碳核算的国家之一。美国并没有制定本国的产品碳核算标准，其进行产品碳核算时主要依据的还是 PAS 2050 系列标准和 ISO/TS 14067 系列标准。基于产品碳核算，美国共推出了三类产品的碳标签：第一类是由加利福尼亚标签公司负责推广应用的食品碳标签。加利福尼亚州曾想立法推行碳标签制度，但被州议会自然资源委员会投票否决。后由加利福尼亚标签公司推出了食品碳标签，这类碳标签主要适用于诸如保健品和经认证的有机食品等食品类的产品，消费者在购买该类产品时可获得更多的温室气体排放相关信息。第二类是由碳基金公司在 2007 年与 ISO 和英国碳信托一起开发的无碳认证标识标签，这也是美国第一个适用于碳中和产品的碳标签，由碳基金公司负责推广应用，同样并非强制要求加贴，是由企业自愿对其产品进行认证。这类碳标签主要适用于包括清洁产品、维生素和补充剂、碎纸机和咖啡等在内的产品。无碳认证标识标签的维护过程比较严格，由碳基金公司负责管理，委托第三方机构进行评价，每年还需要进行复审，截至 2022 年 4 月，已有 114 个产品成功申请并维持着无碳认证标识标签。第三类是由气候保护公司负责推广应用的气候意识碳标签。这类标签适用性较广，多用于食品、生活用品等产品，由气候保护公司负责管理并评价，含义为标签产品已达到气候保护公司的相关碳排放标准。通过这类标签，消费者可以较好地选择购买更加低碳的产品。美国已有百余种产品贴上了碳标签，涉及食品、家用电器、服装、办公用品等多个领域。有一些大型跨国公司，如大型零售品牌沃尔玛超市，也要求其供货商提供带有碳标签的产品。

9.3.4.3　日本

日本也是较早关注产品碳核算的国家之一。2008 年，日本经济产业省率先成立了碳足迹制度实用化、普及化推动研究会，并宣布日本将在 2009 年年初推出碳标签计划，提出自愿性碳足迹标签试行建议，后又确定了较为科学的 CO_2 排放计算方法、碳标签适用商品、统一的碳标签图样等内容。同年，日本内阁发布了《低碳社会行动计划》，该计划的重要内容之一为使产品的碳排放"可视化"，即通过计算产品的碳排放并在产品上加贴碳足迹标签的方式向消费者明示产品整个生命周期的碳排放量，标志着日本开始对低碳认证进行尝试。2009 年，日本在参考 ISO 14040/44 和 ISO 14025 等国际标准的基础上建立了其产品碳足迹评估标准 TSQ 0010：2009，即《TSQ 0010：2009 产品碳足迹评价与标识的一般原则》。从 2009 年开始，经济产业省开始了为期三年的产品碳标签试点项目，2010 年根据试点项目的反馈，对 TSQ 0010 标准进行了修订。

TSQ 0010 标准中核算的温室气体范围与 GHG Protocol《产品标准》类似，主要包括《京都议定书》规定的 6 种温室气体；核算所涵盖的范围也与前文所述三个标准比较类似，均包括从原材料获取、生产、分销和销售、使用、维护，到处置或再循环等的产品整个生命周期过程；标准中提出的碳核算方法和数据选择方式也与 PAS 2050 和 GHG Protocol《产品标准》比较接近。但 TSQ 0010 除要核算温室气体排放量或吸收量外，还需要核算相关过程的污染物排放，以此来评估产品对气候变化和环境造成的影响（杨楠楠，2012）。

由于加贴碳标签是 TSQ 0010 标准建立的基本目的之一，因此标准还特别针对产品碳足迹的标识制定了基本规则和可选行动：一是原则上应把全生命周期的碳排放量标示在每一个产品上，考虑到可能存在多个生产地点的地区差异和季节差异，同一类产品应标示其碳排放的平均值；二是标示产品碳足迹的企业应不断减少碳排放，但标准中并未强制规定其减排的具体目标，若企业有意愿向消费者公布其具体减排目标，即可使用附加和可选标识，同时考虑授权达成目标的企业加贴额外可选标识以示鼓励；三是应采用统一标签，标签应加贴在产品或其包装上面，标签上需标示产品碳排放的绝对数值，以便消费者理解和比较。企业可以过互联网等途径公开产品碳足迹的详细信息，也可以选择将标签用于网站、宣传册、环境报告、价签和二维码等。

从 2009 年经济产业省的试点项目开始，日本就不断有各类企业进行产品碳核算并加贴碳标签。试点期间，Sapporo 啤酒厂、Aeon 超级市场、Lawson 与松下电器等企业均在其产品或服务中引入碳足迹标签制度，2009 年就有 94 种不同产品贴上了碳标签。到 2012 年 3 月试点项目结束时，共约 100 家企业的 495 项产品通过了产品碳足迹评估并贴上了碳标签（杨楠楠，2012），其中食品和日用品占较大比重。之后数年，更多的产品申请了加贴碳标签。截至 2020 年 3 月 31 日，已有 1 708 件产品申请了碳标签，之后碳标签纳入了集成版环保环境标签，不再接受单独加贴申请。

日本的碳标签认证、管理等工作主要由日本经济、贸易和工业等政府部门直接负责，主要工作包括进行产品碳核算以及对合规产品进行碳标签认证和证书颁发等（康丹，2018）。通过对产品碳标签的实施和审核，日本建立了碳排放因子数据库，积累了关于产品分类标准的检查验证和产品碳核算的专门知识，培养了大量的专业人才。

9.3.4.4　德国

德国是应对气候变化的积极倡导者，也是欧洲国家中低碳法律制度最为健全的国家之一，其于 2007 年时就已开展低碳相关的研究和实践。2008 年，德国推出了产品碳足迹试点项目，由世界自然基金会、应用生态研究所、气候影响研究所三方合作制定了德国的碳标签制度，并共同参与、负责后续碳标签的认证、管理等工作。德国的产品碳核算主要基于 ISO 14040/44 标准，并以 PAS 2050 标准为参考。德国还为包括食品、农业等多个产业的产品类别提供了更为具体的碳核算标准。自试点项目开展以来，很多德国大型企业纷纷积极参与，包括巴斯夫股份公司、德国朗盛、汉高公司、REWE 集团等。目前，产品碳标签涵盖的范围已包括电话、床单、洗发水、包装纸箱、运动背袋、冷冻食品等。

9.3.4.5 韩国

韩国也在产品碳核算和产品碳标签方面开展了很多工作。从 2008 年开始，韩国开始尝试推广碳标签，并于 2009 年 2 月正式推出碳标签。韩国在推广试行阶段就明确提出了产品碳核算方法，并发布了培养产品碳足迹核算、核查专业人才的计划，还拟定建立各类产品生命周期数据库的计划。韩国进行产品碳核算是基于本国提出的《产品碳足迹核算指南》（*Guidelines for Carbon Footprint of Products*），同时参考 ISO 14040、ISO 14064 等标准，以及 PAS 2050 系列标准（康丹，2018）。韩国在产品碳核算中比较特殊的一点是，针对不同类别的产品，碳核算范围有所不同：对于空调、冰箱等耗能类产品进行碳核算时，将其使用阶段产生的温室气体排放包含在内；对于其他非耗能类产品进行碳核算时，不包含其使用阶段产生的温室气体排放。

韩国碳足迹标签制度的主管部门是韩国环境部。2008 年 7 月开始从包括韩亚航空公司、纳碧安燃气锅炉、爱茉莉太平洋洗发精、可口可乐、LG 洗衣机、三星 LCD 面板等 10 家企业的产品试行，并还给每个产品设定了最低减量目标。2008 年 12 月评价试行结果，2009 年 2 月正式推出碳足迹标签。韩国碳标签并不适用于 B2B（Business-to-Business，指企业与企业之间通过专用网络或因特网，进行数据信息的交换、传递，开展交易活动的商业模式）类产品，仅适用于在除农、牧、渔类产品以外的 B2C（Business-to-Consumer，指直接面向消费者销售产品和服务商业的零售模式，是电子商务的一种模式）类产品。韩国的碳标签分为两类，一类碳标签醒目注明产品碳足迹数值，强调产品生命周期内的温室气体排放量；另一类则突出强调产品的节能效果。截至 2015 年，已有约 145 种产品获得了碳标签，其中非耐用类产品 99 种，非耗能耐用类产品 13 种，制造类产品 10 种，服务类产品 7 种，耗能耐用类产品 16 种（胡剑波等，2015）。

9.4 小结

产品碳核算通常也被称为核算产品的碳足迹，是指核算产品所蕴含的包括从原材料获取、生产、使用、运输到废弃或回收利用等多个阶段产生的温室气体排放量或吸收量。根据核算的目的、要求以及被核算产品的类型，产品碳核算的主要方法有投入产出方法和 LCA 方法。其中，投入产出方法适用于核算宏观类产品的碳排放，可以更好地了解和分析宏观产业部门中的内在联系，不会忽略一些与产品生产相关联的、平时很难注意到的部门间联系，但是核算时不太容易反映产品实际的生产、使用和回收等细节；LCA 方法适用于核算中、微观产品的碳排放，可以直观地、较为全面地反映产品生命周期各个阶段的碳排放，但是核算时所需要的数据量和工作量较大、需要进行一定的简化，而且当缺乏某些环节的直接数据时核算结果可能会产生较大不确定性。

投入产出方法在产品碳核算方面的应用相对较少，目前国际上还缺少统一的标准和规范。由于现实中通常需要核算的产品都是中、微观层面的具体产品，LCA 方法是产品碳核算实践中应用最为广泛的方法，国内外有许多使用 LCA 方法进行产品碳核算的研究和应用。目前已有多个国家和组织制定了 LCA 方法的产品碳核算标准和规范，包括 ISO 的 ISO 14067 系列规范标准、BSI 的 PAS 2050 系列规范标准以及 WRI 和 WBCSD 的 GHG Protocol 系列标准等。三个系列标准都对产品生命周期碳核算的各个环节作出了具体规定，方便用户按标准开展核算。

ISO 14067 系列规范标准、PAS 2050 系列规范标准以及 GHG Protocol 系列标准的结构大体类似，都包括标准适用范围、术语定义、系统边界、功能单元、数据获取、分配原则、不确定性分析和报告等环节。在一些具体的细节上，各个标准也存在部分差别。首先，在产品"生命周期"的界定上，ISO 14067 更加侧重于对于产品完整"生命周期评价"的核算，核算的是产品从"摇篮"到"坟墓"整个生命周期过程的碳排放；而 PAS 2050 以及 GHG Protocol 都在"摇篮"到"坟墓"范围外，也允许用户选择"摇篮"到"大门"的生命周期范围，即只核算产品的原材料获取、生产直到产品从企业运输出去的过程碳排放。其次，在需核算的温室气体范围上，ISO 14067 和 PAS 2050 都明确规定了需要核算的温室气体包括《京都议定书》规定的 CO_2、CH_4、N_2O、SF_6、PFCs、HFCs 6 种气体和《蒙特利尔议定书》中管制的气体等共 63 种气体；GHG Protocol 只明确规定需要核算 CO_2、CH_4、N_2O、SF_6、HFCs 以及 PFCs，对于其他温室气体只要求在报告清单中列出。再次，在截断原则的规定上，PAS 2050 设置了明确的定量性截断阈值；ISO 14067 和 GHG

Protocol 对于截断原则的阈值并没有明确规定，允许用户自行设定，只要求在报告中明确说明。最后，在对间接排放源的处理上，ISO 14067 对于需要核算环节的明确规定相对较少，只对回收利用和后续使用过程中持续产生的碳排放或吸收等环节有明确规定；PAS 2050 的规定更加细致和明确，对于固定资产、经营场所的运维、交通运输、存储过程、消费者交通以及回收利用等多个环节是否需要纳入核算范围均有明确的规定；GHG Protocol 对于各过程的规定最为细致和明确，对于从原材料获取和预加工、生产、产品分销和储存、产品使用和寿命终止等各个过程都有详细的分解和举例来说明，对于诸如固定资产、辅助运营、团体活动和服务、员工交通和消费者交通等不需要核算的环节也有明确的规定。

世界上多个国家和地区在 2008 年前后开始尝试应用各类产品碳核算标准进行本国的产品碳核算研究，并给一些产品贴上了碳标签。英国、美国、日本、德国和韩国等国家均是一些大型企业带头进行产品碳核算试点，依靠试点经验改进本国相关政策或标准，进而将碳标签推向更多的日用品领域，使更多的普通消费者了解到日常消费产品所蕴含的碳排放信息。与上述国家相比，我国的产品碳核算还停留在研究阶段，缺少官方认可的标准和规范，也缺乏统一、权威、完整、可操作的产品碳标签制度，仅有部分地方和行业协会开发了一些碳足迹评价地方标准和团体标准，如中国质量认证中心广州分中心等机构颁发的《产品碳足迹评价技术通则》、上海市质量技术监督局发布的《产品碳足迹核算通则》（DB31/T 1071—2017）、北京市市场监督管理局发布的《电子信息产品碳足迹核算指南》（DB11/T 1860—2021）、中国电子节能技术协会发布的《中国电器电子产品碳足迹评价通则》和《LED 道路照明产品碳足迹核算技术规范》等，也有部分企业参考、使用国际标准或国内相关的地方、行业协会标准自发尝试开展了产品碳核算。建议一是尽快制定适合我国企业和国情的产品碳核算标准，充分参考国际上现有的标准、规范，针对我国企业和产品的特点进行本地化改进，并选择部分产品开始试算，通过试算经验不断修订完善标准；二是政府应组织研究机构、专家学者针对欧盟可能施加碳关税的产品开展碳核算，提前做好数据储备，避免或降低碳关税贸易壁垒造成的经济损失；三是加强企业和设施层面的基础统计数据，建立企业、产品层面的基础统计数据库，加强对产品全生命周期流程（特别是回收、再利用环节）的跟踪和监控，为产品碳核算推广打下坚实的数据基础；四是建立和推广产品碳标签制度，提高公众的低碳意识，从消费端倒逼企业低碳生产和转型，助力我国实现碳达峰碳中和战略。

参 考 文 献

曹孝文，邱岳进，高翔，等，2016. 产品碳足迹国际标准分析与比较[J]. 资源节约与环保，（9）：198-199.

樊庆锌，敖红光，孟超，2007. 生命周期评价[J]. 环境科学与管理，32（6）：177-180.

付伟，罗明灿，陈建成，2021. 碳足迹及其影响因素研究进展与展望[J]. 林业经济，349（8）：39-49.

胡剑波，丁子格，任亚运，2015. 发达国家碳标签发展实践[J]. 世界农业，（9）：15-20.

蒋婷，2010. 碳足迹评价标准概述[J]. 信息技术与标准化，11：15-18.

康丹，2018. 企业产品碳足迹核算及碳标签制度设计[D]. 西安：西安理工大学.

李楠，刘盈，王震，2020. 国际标准差异对产品碳足迹核算的影响分析——以胶版印刷纸为例[J]. 环境科学学报，40（2）：707-715.

梁淳淳，宋燕唐，云鹭，2014. 产品碳足迹标准化研究[C]. 成都：市场践行标准化——第十一届中国标准化论坛论文集：1545-1549.

聂祚仁，2010. 碳足迹与节能减排[J]. 中国材料进展，29（2）：60-63.

田彬彬，徐向阳，2012. 基于生命周期的产品碳足迹评价与核算分析[J]. 中国环境管理，（1）：21-26.

田甜，杨檬，王冬明，2013. 基于 LCA 的产品碳足迹评价方法学研究[C]//北京：2013 中国环境科学学会学术年会论文集（第四卷）：1000-1004.

佟景贵，曹烨，2017. 生命周期评价在环境管理中应用的局限性及其技术进展研究[J]. 环境科学与管理，42（10）：169-172.

王吉凯，2012. 基于产品生命周期的碳排放计算方法研究[D]. 合肥：合肥工业大学.

王微，林剑艺，崔胜辉，等，2010. 碳足迹分析方法研究综述[J]. 环境科学与技术，33（7）：71-78.

杨楠楠，2012. 日本建立产品碳足迹体系的经验及启示[J]. 中国人口·资源与环境，22（S2）：161-165.

于小迪，董大海，张晓飞，2010. 产品碳足迹及其国内外发展现状[J]. 经济研究导刊，（19）：182-183.

张莉，陈云，2011. 低碳经济与纺织可持续发展（四）——产品碳足迹核算与生命周期评估[J]. 印染，37（3）：38-41.

张琦峰，方恺，徐明，等，2018. 基于投入产出分析的碳足迹研究进展[J]. 自然资源学报，33（4）：696-708.

Alvarez S，Carballo-Penela A，Mateo-Mantecón I，et al.，2016. Strengths-Weaknesses-Opportunities-Threats analysis of carbon footprint indicator and derived recommendations[J]. Journal of Cleaner Production，121：238-247.

British Standards Institution，2021. PAS 2050：2008 Publicly available specification：specification for the assessment of the life cycle greenhouse gas emissions of goods and services[EB/OL]. [2021-12-11]. https://www.doc88.com/p-3337995919729.html.

British Standards Institution，2021. PAS 2050：2011 Publicly available specification：specification for the assessment of the life cycle greenhouse gas emissions of goods and services[EB/OL]. [2021-12-11]. https://shop.bsigroup.com/products/specification-for-the-assessment-of-the-life-cycle-greenhouse-gas-emissions-of-goods-and-services/standard/details.

International Organization for Standardization，2021. ISO 14040：2006 Environmental management-life cycle assessment-principles and framework[EB/OL]. [2021-12-08]. https://www.iso.org/standard/ 37456.html.

International Organization for Standardization，2021. ISO 14067：2018 Greenhouse gases-carbon footprint of products-requirements and guidelines for quantification[EB/OL]. [2021-12-10]. https://www.iso.org/standard/71206.html.

International Organization for Standardization，2021. ISO 14067：2013 Greenhouse gases-carbon footprint of products-requirements and guidelines for quantification and communication [EB/OL]. [2021-12-10]. https://www.iso.org/standard/59521.html.

Larsen H N，Hertwich E G，2009. The case for consumption-based accounting of greenhouse gas emissions to promote local climate action[J]. Environmental Science & Policy，12（7）：791-798.

Leontief W，1936. Quantitative input and output relations in the economic systems of the United States[J]. The Review of Economics and Statistics，18：105-125.

Leontief W，1970. Environmental repercussions and the economic structure：an input-output approach[J]. The Review of Economics and Statistics，52：262-271.

Rees W E，1992. Ecological footprints and appropriated carrying capacity：what urban economics leaves out[J]. Environment and Urbanization，2：121-130.

Sinden G，2009. The contribution of PAS 2050 to the evolution of international greenhouse gas emission standards[J]. The International Journal of Life Cycle Assessment，14（3）：195-203.

Wackernagel M，Rees W E，1996. Our ecological footprint-reducing human impact on the earth[J]. Gabriola Island，B.C，Canada：New Society Publishers.

Wiedmann T，Minx J，2007. A definition of carbon footprint[J]. SA　Research　&　Consulting，（1）：9.

World Resources Institute，World Business Council for Sustainable Development，2021. The GHG protocol product life cycle accounting and reporting standard[EB/OL]. [2021-12-13]. http://wbcsdservers.org/wbcsdpublications/cd_files/datas/business-solutions/ghg/pdf/ProductLife Cycle Accounting+ReportingStandard.pdf.

第 10 章 电网排放因子核算

　　电力部门是全球及中国最大的温室气体排放部门，其 CO_2 排放量占化石燃料燃烧 CO_2 排放总量的 1/3 以上（IEA，2020）。由于电力具备跨区域输送量大、排放多以及数据基础好等特点，从电力生产和消费两端开展温室气体排放控制是国际上的通行做法。目前，地方和企业碳排放核算规范标准大多都已包含电力间接排放（ICLEI，2009；International Organization for Standardization，2006；UNEP et al.，2010；WRI et al.，2004），美国加利福尼亚州、加拿大多伦多等地以及英国石油公司、渣打集团等企业发布的排放清单报告也都纳入了该部分排放（马翠梅等，2013；ICF International，2013；British Petroleum，2013；Standard Chartered，2013）。

　　已有规范标准中电力间接排放的计算方法为外购电量乘以电力排放因子，其中，外购电量是统计数据，无论是区域、企业还是设施层级的数据都较容易获取；电力排放因子优先采用电力来源/供应商的具体排放因子（WRI et al.，2004），但由于发电厂一般不直接给用户供电，而是将电力输送到电网，终端用户使用电网上同质化的电力，很难追溯到电力来源，因此，通常会采用电网平均排放因子（ICLEI，2009；UNEP et al.，2010）。电网分成不同等级，比如全国电网、区域电网和省级电网等，不同等级电网发电结构不同，相应的排放因子也不同，如何选取电网排放因子对核算电力间接排放具有较大影响。

　　目前，国际能源署（International Energy Agency，IEA）计算了 1990 年以来各国的发电温室气体排放因子；美国、澳大利亚、加拿大、英国和新西兰等国家每年计算并定期发布全国电网温室气体排放因子；澳大利亚和加拿大还计算了州（领地）或省（地区）的电网温室气体排放因子；美国既计算了州级电网温室气体排放因子，也计算了次区域电网温室气体排放因子，次区域电网不完全对应于美国区域的行政边界，而是与电力公司运营边界相一致。我国应对气候变化主管部门发布的相关电网排放因子有中国区域电网基准线排放因子和电网平均 CO_2 排放因子，同时 WRI 也曾发布过一次中国区域电网企业外购电温室气体排放因子。上述电网因子的内涵性质、计算方法以及数据来源不完全相同，用户需根据不同的用途采用相应因子，不能简单混用，否则电网因子选取不当会造成计算结果错误。本章对国内外电网排放因子进行详细分析，为不同用户开展碳核算时提供参考。

10.1　国际经验

10.1.1　IEA

IEA 每年发布全球及主要国家电网排放因子，包括各国单位发电 CO_2、CH_4、N_2O 排放量，数据年份为 1990 年至滞后发布年份两年（T–2），OECD 国家和部分非 OECD 国家可更新至滞后一年（T–1）。此外 IEA 还发布 OECD 国家电力贸易因子调整量、各国输配电损失因子以及各国单位生物质发电 CO_2 排放量等，数据年份为 1990 年至滞后发布年份两年（T–2）。单位发电 CO_2、CH_4、N_2O 排放量计算方法为电厂化石燃料燃烧的 CO_2、CH_4、N_2O 排放量除以总发电量，电力贸易调整量为考虑电力进出口前后的电网排放因子差值，输配电损失因子为单位发电 CO_2 排放量×输配电损失电量所占国家电网传输总电量的比例，单位生物质发电 CO_2 排放量为生物质燃烧部分 CO_2 排放量除以生物质发电量，其中单位生物质发电 CO_2 排放量为信息项（IEA，2021）。以下详细介绍各国单位发电温室气体排放量的计算方法及数据来源等。

发电 CO_2 排放因子的计算方法可简单理解为公用纯发电厂、公用热电联产电厂以及自备电厂发电化石燃料 CO_2 排放量除以总发电量，计算公式见式（10-1）。对于公用纯发电厂来说，发电燃料 CO_2 排放量等于总的燃料消耗产生的 CO_2 排放量，但对于热电联产电厂来说，不仅有电力输出，还有热力输出，需要先将总的燃料消耗量拆分出用于发电的部分。公用热电联产电厂通常采用固定热效率法分配发电和供热的燃料消耗量，根据热力输出和固定产热效率（通常假定为 90%）来计算供热的燃料消耗量，总燃料消耗量扣除供热燃料消耗量即为发电燃料消耗量，如式（10-2）所示；含热输出的自备电厂需要根据电力和热力输出比例来分配得到发电的燃料消耗量，具体见式（10-3）。另外，当公用热电联产电厂的实际产热效率高于 90% 时，也参考含热输出的自备电厂处理方式即式（10-3）方法来分配发电和供热的燃料消耗量。

$$EF = \frac{\sum_i \left[(I_e + I_{c/e} + U_e) \times EF_i \right]}{E} \quad (10\text{-}1)$$

式中，EF——发电 CO_2 排放因子；

I_e——公用纯发电厂化石燃料消耗量；

$I_{c/e}$——公用热电联产电厂发电燃料消耗量［由式（10-2）计算得到］；

U_e——自备电厂发电燃料消耗量［由式（10-3）计算得到］；

EF_i——《IPCC2006 指南》中提供的燃料品种 i 的 CO_2 排放因子缺省值；

i——燃料品种；

E——总发电量。

$$I_{c/e} = I_c - \frac{O_h}{\eta_h} \quad (10\text{-}2)$$

式中，I_c——公用热电联产电厂总燃料消耗量；

O_h——热力输出；

η_h——产热效率，通常假定为 90%。

$$U_e = U \times \frac{O_e}{O_e + O_h} \quad (10\text{-}3)$$

式中，U——自备电厂总燃料消耗量；

O_e——自备电厂电力输出；

O_h——自备电厂热力输出。

计算发电 CO_2 排放因子的相关数据来源如下：各国发电化石燃料消耗量数据来源于 IEA 世界能源平衡表，各燃料品种 CO_2 排放因子采用《IPCC2006 指南》缺省值，各国发电量数据来自 IEA 世界能源平衡表，且该发电量指的是各国总发电量，既包括煤炭、石油、天然气、不可再生废弃物等化石电，也包括生物电、水电、核电、风电、地热、太阳能等非化石电力。

发电 CH_4 和 N_2O 排放因子计算方法与发电 CO_2 排放因子相同，各燃料品种的 CH_4 和 N_2O 排放因子同样采用了《IPCC2006 指南》缺省值。另外，CH_4 和 N_2O 转换成 CO_2 当量时，采用了《IPCC 第四次评估报告》中 CH_4 和 N_2O 的 GWP 值，分别为 25 和 298。需要注意的是，由于 CH_4 和 N_2O 排放受发电技术影响较大，因此采用 IPCC 缺省值计算的发电 CH_4 和 N_2O 排放因子不确定性非常大，IEA 特别说明计算结果仅供参考。

10.1.2 美国

排放与发电资源集成数据库（Emissions & Generation Resource Integrated Database，eGRID）是美国国家环境保护局发布的关于美国电厂环境数据的一个综合型数据库，目前最新版本 eGRID2020 发布于 2022 年 1 月 27 日，下一个版本 eGRID2021 预计发布于 2023 年第一季度（United States Environmental Protection Agency，2022）。eGRID 中包括温室气体排放量以及电网温室气体排放因子等数据，电网排放因子主要用于编制区域层级的温室气体清单、消费者碳排放信息披露、碳足迹核算等。

eGRID 中单位发电温室气体排放数据涵盖锅炉、电厂、州、次区域及全国等多个层面，其中次区域的边界并不严格和行政区域边界相对应，主要和电力公司的管理和运营边界一致，温室气体种类有 CO_2、CH_4 和 N_2O 3 种。美国国家环境保护局推荐使用次区域层面的电网排放因子核算电力消费隐含的温室气体排放，以下详细介绍次区域电网排放因子的计算方法和数据来源。

（1）计算方法

电网排放因子的计算可简单理解为发电燃料排放量除以净发电量，净发电量等于机组发出并传输到电网上的电量。对于热电联产电厂或者存在 1 个或多个生物质燃烧（包括沼气，如垃圾填埋气等）设施的电厂，其温室气体排放量还需进一步调整，主要是扣除供热部分以及生物质部分产生的排放量，得到仅用于发电的化石燃料排放量。美国电网排放因子的计算没有考虑输配电基础设施的损失，也没有考虑不同区域间电力调入调出以及电力进出口的影响。

（2）数据来源

CO_2 排放量基于发电设施层面，大部分排放量来自美国国家环境保护局对发电设施的直接监测数据。对于未报送给美国国家环境保护局而报送给能源信息署部分的发电设施，或者报送给美国国家环境保护局和能源信息署数据不一致的设施，该类排放量通过排放因子法计算得出。与 CO_2 不同，CH_4 和 N_2O 排放量基于电厂层面，排放量全部通过排放因子法计算得出。CO_2、CH_4 和 N_2O 排放因子主要来自《温室气体强制报告制度》（以下简称《报告制度》）中缺省值，《报告制度》中没有的燃料品种采用《IPCC2006 指南》缺省值或者美国国家温室气体清单中参数。水电、核电、风电、氢能发电、外购蒸汽发电、太阳能发电和余热发电排放量默认为 0。净发电量数据来源于能源信息署。

（3）排放量调整

对于热电联产电厂或者存在 1 个或多个生物质燃烧（包括沼气，如垃圾填埋气等）设施的电厂，其温室气体排放量还需进一步调整。当热电联产电厂同时存在生物质燃烧情况时，应先扣除生物质燃烧的排放量，之后再扣除供热部分排放量。生物质部分产生的排放量通过排放因子法计算得出，美国国家环境保护局给出了各种生物质燃烧的排放因子。

热电联产电厂排放量调整是基于电力分配系数法，具体步骤包括：

① 计算有用热输出。能源信息署数据包括电厂的总燃料消费量和用于发电部分的燃料消费量。两部分热量的差值再乘以调整系数（0.8）为有用热输出，0.8 为假设的燃料燃烧效率系数。

$$有用热输出 = 0.8 \times （总热量输入 - 发电热量输入） \tag{10-4}$$

② 计算电力分配系数。电力分配系数等于电热输出与电和蒸汽总热输出的比值，其中，电热输出等于以 $MW \cdot h$ 为单位的净发电量乘以 3.413 转化成以百万英热单位 MMBtu 为单位的值，蒸汽热输出等于有用热输出乘以 0.75，其中 0.75 是另一个假设的效率系数，即表示一旦燃料用于发电，大约 75% 的有用热输出可用于其他目的，如空间加热或工业过程。

$$电力分配系数 = \frac{3.413 \times 净发电量}{0.75 \times 有用热输出 + 3.413 \times 净发电量} \tag{10-5}$$

电力分配系数范围为 0～1，如果有用热输出为 0，则电力分配系数为 1，即表示所有热量输入都用于发电，而没有产生有用热输出，则不用对排放量进行调整。

③ 计算调整后的排放量。将未调整的温室气体排放量乘以电力分配系数即得到调整后的排放量。需要注意的是，对于存在生物质燃烧的热电联产电厂应先扣除生物质燃烧的排放量，再乘以电力分配系数得到调整后的排放量。

（4）排放因子结果

2020 年美国全国电网温室气体排放因子为 822.6 lb[①]CO_2e/（MW·h），全国电网 CO_2 排放因子为 818.3 lb CO_2/（MW·h），各次区域电网温室气体排放因子相差较大，最高的为 HICC Oahu，温室气体排放因子达 1 665.5 lb CO_2e/（MW·h）；最低的是 NPCC Upstate NY，排放因子为 234.5 lb CO_2e/（MW·h），前者是后者的 7.1 倍。图 10-1 为 2005—2020 年美国全国电网温室气体排放因子及非化石能源比重的变化趋势，可以看出自 2005 年以来，美国全国电网温室气体排放因子总体表现为下降趋势，2020 年比 2005 年下降了 38%，主要是由于发电结构的变化，2005—2020 年非化石能源发电比重不断上升，由 2005 年的 28.0%上升到 2020 年的 39.2%，年均上升 0.7 个百分点。

10.1.3 澳大利亚

澳大利亚于 2007 年发布了《国家温室气体和能源数据报告法案》（Australian Government，2007），2008 年进一步发布了《国家温室气体和能源数据报告（测量）决议》（Australian Government，2008），规定了温室气体排放总量或能源生产/消费量的上报门槛，达到门槛的企业需要向国家报送能耗和温室气体排放数据。自 2008 年 6 月 1 日起，澳大利亚有约 1 000 家公司必须依照这些规定上报其名下所有符合上报门槛的工厂和设施的温室气体排放数据、能源生产数据以及能源消费数据。为规范年度数据报送，澳大利亚每年还会发布《国家温室气体和能源数据报告指南》（Department of the Environment and Energy，2017），其中包括排放估算的最新方法以及缺省排放因子。

---

① 1 lb=0.453 592 kg。

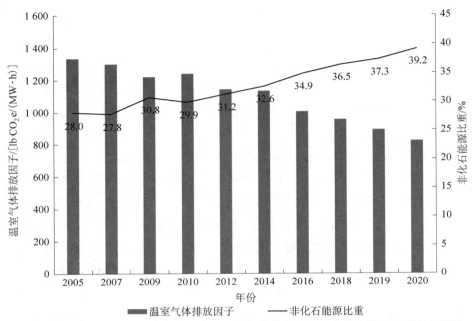

图 10-1　美国 2005—2020 年全国电网温室气体排放因子及非化石能源比重变化趋势

《国家温室气体和能源数据报告法案》规定设施需上报范围 1（scope 1）和范围 2（scope 2）排放，其中范围 1 为设施的直接排放，范围 2 为设施消费的非设施自身产生的外购电力、热力和蒸汽隐含的间接排放等。对于外购电量超过 2 万 kW·h 的设施来说，必须要报送范围 2 排放，不超过 2 万 kW·h 的可选择性上报，报送范围 2 外购电排放时还要考虑外购电的来源，澳大利亚《国家温室气体和能源数据报告（测量）决议》给出了不同来源外购电排放计算方法，并在《国家温室气体报告因子》（Australian Government，2021）中发布全国及 7 个州或领地电网温室气体排放因子。

（1）外购电排放计算方法

① 外购电来自澳大利亚州或领地电网。

如设施报告年份所消耗的电力来自澳大利亚州或领地电网，则该设施范围 2 外购电排放计算如式（10-6）所示：

$$Y = Q \times \frac{\text{EF}_g}{1\,000} \tag{10-6}$$

式中，Y——范围 2 排放量，t CO_2e；

Q——设施报告年份消费的、购自电网的电量，kW·h；

EF_g——州或领地主要电网排放因子，kg CO_2e/（kW·h）。

如果该设施为输电网络或配电网络，Q 则是该输电网络或配电网络在 1 年内的电能损耗量。另外，如果设施外购电计量单位为 GJ，则除以转换系数 0.003 6 得到 kW·h 为单位的用电量。

② 其他来源外购电。

如设施报告年份所消耗的电力不是来自澳大利亚州或领地主要电网，而是来自其他电网，则该设施范围 2 外购电排放量计算如式（10-7）所示：

$$Y = Q \times \frac{EF_s}{1\,000} \tag{10-7}$$

式中，Y——范围 2 排放量，t CO_2e；

Q——设施报告年份消费的、购自电网的电量，kW·h；

EF_s——范围 2 电网排放因子，kg CO_2e/（kW·h），由电力供应商提供，如电力供应商数据不可得，则参考北部领地的排放因子。

（2）外购电电网排放因子

由于发电结构不断变化，因此电网排放因子也不断变化，澳大利亚《国家温室气体和能源数据报告指南》每年均会对范围 2 外购电电网排放因子进行更新，以反映最新发电构成等。澳大利亚计算了全国及 7 个州或领地电网排放因子，以州级电网因子为例，计算方法如下：

$$EF = \frac{CE\_C_i^t}{ESO\_C_i^t} \tag{10-8}$$

$$CE\_C_i^t = CE\_P_i^t + \sum_j \left(\frac{ESO\_M_{j,i}^t}{ESO\_P_j^t} \times CE\_P_j^t \right) - \sum_k \left(\frac{ESO\_X_{i,k}^t}{ESO\_P_i^t} \times CE\_P_i^t \right) \tag{10-9}$$

$$ESO\_C_i^t = ESO\_P_i^t + \sum_j ESO\_M_{j,i}^t - \sum_k ESO\_X_{i,k}^t \tag{10-10}$$

式中，$CE\_C_i^t$——主要电网 i 发电燃料燃烧温室气体排放量；

$ESO\_C_i^t$——主要电网 i 的总电量；

$CE\_P_i^t$——向州 i 主要电网提供电力的发电厂燃料燃烧产生的总温室气

体排放量；

$CE\_P_j^t$——向州 j 主要电网提供电力的发电厂燃料燃烧产生的总温室气

体排放量；

$ESO\_M_{j,i}^t$——t 财年州 i 主要电网从州 j 主要电网调入的电量，调入电

量数据来源于国家电力市场管理公司发布的跨区域电力

交换数据；

$ESO\_X_{i,k}^t$——t 财年州 i 主要电网调出到州 k 主要电网的电量，调出电

量数据来源于国家电力市场管理公司发布的跨区域电力

交换数据；

$ESO\_P_j^t$——t 财年向州 j 主要电网提供电力的发电厂总发电量；

$ESO\_P_i^t$——t 财年向州 i 主要电网提供电力的发电厂总发电量。

由上述计算公式可见，澳大利亚州级电网排放因子计算考虑了电网之间的电力调入调出。澳大利亚每年除报告上一年度的全国及主要电网温室气体排放因子之外，还会对历史年份排放因子进行回算，更新发布最新的时间序列排放因子结果。图 10-2 给出了 2021 年发布的澳大利亚全国及主要电网时间序列温室气体排放因子（Australian Government，2021），从图中可以看出澳大利亚电网温室气体排放因子呈逐年下降趋势，主要电网温室气体排放因子相差较大，排放因子最大的区域为维多利亚，最小的区域为塔斯马尼亚，2019—2020 年前者为后者的 6.5 倍；主要电网中降幅最大的区域为南澳大利亚，年均下降率为 8.2%，降幅最小的区域为昆士兰，年均下降率约为 0.7%。另外，如表 10-1 所示，以 2015—2016 年为例，回算后排放因子与报告年度的排放因子相比，变化幅度可高达 35.7%。

10.1.4 英国

在相关法规要求下，英国的上市公司、大型非上市公司和大型有限责任合伙企业以及集团需要报告能源使用和温室气体排放相关信息。为服务于上述报告主体，自 2002 年起英国开始发布企业报告温室气体排放因子，其中包括外购电相关电网排放因子，且每年进行数据更新。外购电相关电网排放因子采用全国平均值，计算方法为英国电网覆盖的公用电站和自备电站燃料燃烧排放量

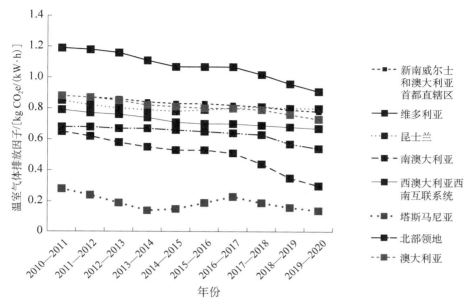

图 10-2　澳大利亚全国及主要电网时间序列温室气体排放因子

表 10-1　澳大利亚 2015—2016 年回算前后温室气体排放因子对比

单位：kg CO$_2$e/（kW·h）

全国及主要电网	报告年度	回算后	变化幅度/%
澳大利亚	0.81	0.80	−1.2
新南威尔士和澳大利亚首都直辖区	0.83	0.83	0.0
维多利亚	1.08	1.07	−0.9
昆士兰	0.79	0.79	0.0
南澳大利亚	0.49	0.53	8.2
西澳大利亚西南互联系统	0.70	0.70	0.0
塔斯马尼亚	0.14	0.19	35.7
北部领地	0.64	0.65	1.6

与上网电量的比值，同时还考虑了英国从法国、荷兰和爱尔兰的净进口电力。
电站燃料燃烧排放量来自英国温室气体清单中部门 1A1ai（公用电站）和

1A2b/1A2gviii（自备电站）数据，发电量及净进口电量来自《英国能源统计汇编》（DUKES），法国、荷兰和爱尔兰的电网温室气体排放因子来自上述国家发布的数据，因子数据年份一般滞后于报告发布年份两年，如 2022 年发布的为 2020 年电网排放因子（Department for Business，Energy & Industrial Strategy，2022）。

英国电网温室气体排放因子年度更新时，排放因子的计算方法和数据来源等或多或少会有修订，如 2016 年前计算的电网排放因子是基于公用电站数据，自备电站不包含在英国电网排放因子计算中，而从 2016 年起所计算的当年度电网排放因子是基于总发电量（公用电站和自备电站之和），其中自备电站仅考虑燃煤电站和燃气电站，未包括燃油电站和其他不可再生能源燃料（如高炉煤气、焦炉煤气和城市固体废物）电站。另外，2016 年前仅考虑了从法国进口的电量，从 2016 年起考虑了所有进口电量，包括从法国、荷兰和爱尔兰进口的电量，并依据各国进口份额及各国电网排放因子计算。英国每年发布电网排放因子数据时还根据最新计算方法及可比的数据来源对之前年份发布的 1990 年以来数据进行回算。需要说明的是，依据当年的计算方法和数据来源得出的电网排放因子结果，仅用于当年度的企业排放数据报送，回算后的时间序列电网排放因子用于开展政策影响分析等。

图 10-3 为英国 2010—2020 年电网温室气体排放因子变化趋势，可以看出，2012 年之后英国电网排放因子在逐年下降。这主要与其发电能源构成变化有关，随着燃煤发电比重不断下降、非化石能源在发电构成中的比重越来越高（图 10-4），英国电网温室气体排放因子呈现明显下降趋势。另外，通过对比分析包括进口电和不包括进口电两种情况下英国当年度和回算后的电网排放因子结果（图 10-3 和表 10-2），可以看出考虑进口电所计算的电网排放因子基本均低于不包括进口电时的电网排放因子，这主要是因为英国的进口电力主要来自以核电为主的法国，进口电的温室气体排放因子远低于英国，从而导致考虑进口电后英国的电网排放因子结果有所下降。同时，通过对比可以看出根据最新计算方法和数据来源所回算的电网排放因子与当年度计算的电网排放因子结果相比均有所上升或者下降，变化幅度为-0.57%～2.37%。

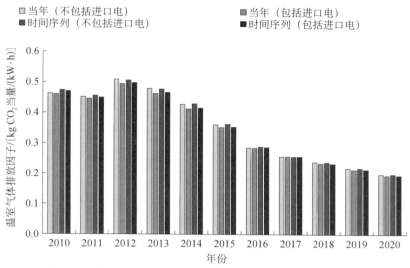

图 10-3　英国 2010—2020 年电网温室气体排放因子变化趋势

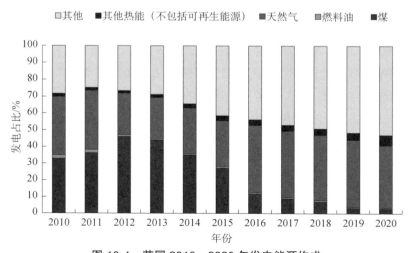

图 10-4　英国 2010—2020 年发电能源构成

表 10-2　英国 2010—2020 年电网温室气体排放因子结果

年份	当年排放因子			时间序列排放因子			回算后变化	
	不包括进口电 [kg CO_2e/ (kW·h)]	包括进口电 [kg CO_2e/ (kW·h)]	变化/%	不包括进口电 [kg CO_2e/ (kW·h)]	包括进口电 [kg CO_2e/ (kW·h)]	变化/%	不包括进口电/%	包括进口电/%
2010	0.462 77	0.460 02	−0.59	0.473 74	0.470 76	−0.63	2.37	2.33
2011	0.451 92	0.445 48	−1.43	0.455 30	0.450 02	−1.16	0.75	1.02
2012	0.509 35	0.494 26	−2.96	0.506 45	0.497 74	−1.72	−0.57	0.70
2013	0.479 15	0.462 19	−3.54	0.476 95	0.466 07	−2.28	−0.46	0.84
2014	0.426 73	0.412 05	−3.44	0.429 09	0.414 52	−3.40	0.55	0.60
2015	0.360 44	0.351 56	−2.46	0.362 11	0.353 13	−2.48	0.46	0.45
2016	0.284 86	0.283 07	−0.63	0.287 52	0.285 93	−0.55	0.93	1.01
2017	0.254 96	0.255 60	0.25	0.254 48	0.254 91	0.17	−0.19	−0.27
2018	0.237 50	0.233 14	−1.84	0.236 40	0.232 12	−1.81	−0.46	−0.44
2019	0.216 54	0.212 33	−1.94	0.216 97	0.212 70	−1.97	0.20	0.17
2020	0.197 48	0.193 48	−2.03	0.197 48	0.193 48	−2.03	0.00	0.00

10.1.5　加拿大

自 2004 年起，加拿大向《公约》秘书处提交的国家温室气体清单报告中提供了国家和省（地区）各级公共电力和热力生产类别发电相关的温室气体排放信息，发布了全国及 13 个省（地区）的电力排放强度，即电网温室气体排放因子。计算方法为火力发电燃料燃烧的温室气体排放量除以总上网电量，其中参与计算的均为公用电厂，不包括自备电厂；据初步统计，公用电厂发电量占加拿大全国总发电量的 95%以上（Environment Canada，2007）。火力发电燃料消费量和温室气体排放量数据分别来自加拿大统计局的《加拿大能源供应和需求报告》（*Report on Energy Supply and Demand in Canada*）和国家温室气体清单 1A1a 类别下的"公用电厂排放"，发电量数据来自加拿大统计局等。此外，加拿大还计算了消费端电力排放强度，将输配电过程中的电力损失从总上网电量中扣除，同时将输配电过程产生的 SF_6 排放量加入总温室气体排放量，以得出终端消费用户消费单位电量引起的温室气体排放。值得关注的是，加拿大每年发布的电网排放因子均为时间序列数据，采用最新数据来源和计算方法对历史年份电网排放因子进行回算和更新，以确保不同年份间数据一致可比。

图 10-5 为加拿大 2022 年国家温室气体清单报告中报告的 1990—2020 年全国公用电站发电端电网排放因子以及发电能源构成（Environment and Climate Change Canada，2019）。从图 10-5 中可以看出，2000 年加拿大电网排放因子最高，之后不断下降，2020 年比 2000 年下降了 56%。从发电能源结构来看，2000 年电网排放因子最高是因为当年煤电发电量达到了峰值，发电量为 106 000 GW·h，占总发电量的 20%，之后燃煤发电量和发电占比均不断下降，到 2020 年燃煤发电量和发电比重分别为 35 900 GW·h 和 6%；同时 2000年加拿大非化石能源在发电能源结构中的占比为 73%，为历史最低值，2020年非化石能源发电占比上升到了 84%。另外，加拿大电网排放因子呈下降趋势的原因还包括自 1990 年以来气电增加迅速，1990 年气电发电量占总发电量的 1%，2020 年发电占比上升到 8%，2020 年气电发电量约为 1990 年的 12倍。由于气电启动灵活，主要用于电力高峰负荷时期，而气电排放因子约为煤电的一半，用其代替煤电可显著降低温室气体排放量；其他火电主要为原油提炼产品（如重油和柴油），但其发电量一直在降低，1990 年原油提炼产品发电量为 14 700 GW·h，占总发电量的 3.4%，2020 年发电量和发电占比分别下降到 2 140 GW·h 和 0.4%，温室气体排放量也逐渐降低。

从各省（地区）发电能源结构（图 10-6）来看，新斯科舍省、阿尔伯塔省和萨斯喀彻温省以煤电为主，2020 年燃煤发电量占省（地区）总发电量的比重分别为 47%、40% 和 33%，因此上述省（地区）电网排放因子相对较高，2020 年分别为 670 g CO_2e/（kW·h）、590 g CO_2e/（kW·h）和 580 g CO_2e/（kW·h），约为全国平均值的 5～6 倍。曼尼托巴省、纽芬兰与拉布拉多省、魁北克省、不列颠哥伦比亚省、育空地区和西北地区水电占支配性地位，2020年水电发电量占省（地区）总发电量的比重分别为 97%、97%、94%、94%、83% 和 74%，因此电网排放因子相对较低，2020 年分别为 1.1 g CO_2e/（kW·h）、24 g CO_2e/（kW·h）、1.5 g CO_2e/（kW·h）、7.3 g CO_2e/（kW·h）、100 g CO_2e/（kW·h）和 180 g CO_2e/（kW·h）。另外，努纳武特地区发电量全部为其他火电，2020 年电力排放强度为 770 g CO_2e/（kW·h）；而爱德华王子岛省几乎所有发电量都来自其他可再生电力，其 2020 年电力排放强度约为 0。

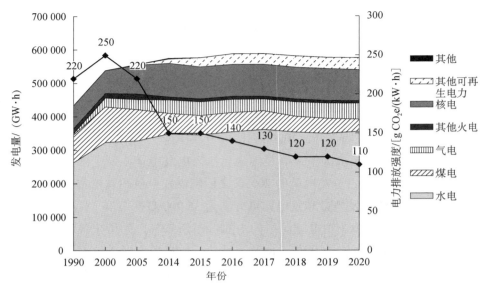

图 10-5　1990—2020 年加拿大公用电站电力排放强度及发电能源结构

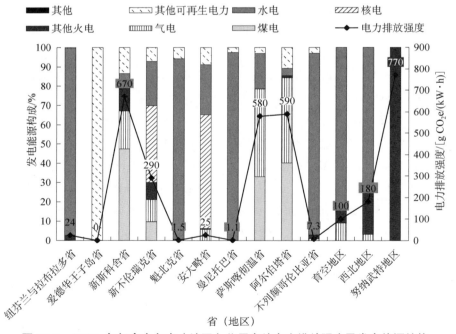

图 10-6　2020 年加拿大各省（地区）公用电站电力排放强度及发电能源结构

10.1.6　新西兰

新西兰鼓励政府、企业、机构（以下统称组织）等开展自愿测量、报告和降低温室气体排放量的行动，为此，2008 年，新西兰环境部开发了《温室气体自愿报告指南》，内容包括详细版及简要版方法指南、不同格式的排放因子、可自动生成排放量的交互式工作表、组织排放清单和报告范例，《温室气体自愿报告指南》经过多次更新，2019 年起修订为《测量温室气体排放量：组织指南》（以下简称《指南》），包含的系列文件如表 10-3 所示（Ministry for the Environment，2022）。

表 10-3　新西兰测量温室气体排放量组织指南系列文件

文件名称	主要内容
《快速指南》	解释同上一版本的变化，如何生成组织清单以及生成排放量需要哪些数据
《详细指南》	用户需要了解数据来源、方法学、不确定性以及每个排放源排放因子背后的假设
《排放因子摘要》	为每类排放源提供了主要排放因子表格，可方便迅速查找
《排放因子工作表》	排放因子摘要汇总表
《排放因子平面文件》	软件集成的简单格式
《交互式工作表》	向工作表中输入活动水平数据，可计算得出组织排放量以及生成组织排放清单
《温室气体清单示例》	1 个已完成清单范例
《温室气体报告示例》	1 个已完成报告范例

新西兰《指南》同 WRI 和 WBCSD 开发的《温室气体核算体系：企业核算与报告标准》以及国际标准化组织（ISO）开发的《温室气体核算和核查标准》（ISO 14064-1：2018）一致，将温室气体排放源划分为 3 个范围，即范围 1（直接温室气体排放）、范围 2［外购能源（电力、热力或蒸汽）产生的间接排放］以及范围 3（其他间接排放），覆盖的温室气体类别包括 CO_2、CH_4、N_2O、HFCs、PFCs、SF_6 和 NF_3 共 7 种，气体的 GWP 值采用《IPCC 第四次评估报告》中推荐值，其中百年尺度上 CH_4 和 N_2O 的 GWP 分别为 25 和 298。《指南》中提供的温室气体排放量化方法为活动水平乘以排放因子。

关于外购电排放，《指南》提供的计算方法适用于从全国电网上购电的用

户，但不包括从自备电厂以及电力零售商购电用户。新西兰外购电排放因子的
计算基于年度数据，具体见式（10-11）：

$$EF = \frac{Em_f + Em_g}{E_c} \qquad (10\text{-}11)$$

式中，EF ——新西兰全国电网温室气体排放因子；

　　　Em_f ——全国所有公用电力中火力发电温室气体排放量；

　　　Em_g ——全国所有公用电力中地热发电温室气体逃逸排放量；

　　　E_c ——终端消费电量。

外购电排放因子计算过程中的基础数据来自新西兰商业、创新和就业部，
与新西兰国家温室气体清单中的相关信息保持一致。由于新西兰发电能源结构
中，80%～90%的能源为可再生能源，化石能源发电占比较小，因此新西兰电
网温室气体排放因子较低。如图10-7所示，2012—2016年新西兰电网温室气体
排放因子基本呈下降趋势，2016年后全国电网温室气体排放因子又有所上升。

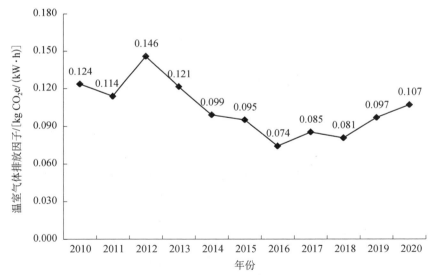

图 10-7　新西兰 2010—2020 年全国电网温室气体排放因子

与其他国家相比，自 2019 年版《指南》开始，新西兰外购电排放因子最
大的不同是计算时采用终端消费电量，而非发电量，这样默认外购电排放因子
适用对象为所有电力终端用户，电力其他环节（如发电厂和电网企业）无须计

算外购电排放；另外的不同是计算时采用的排放量为公用火电厂排放，未包括自备电厂排放，但包含了地热发电的逃逸排放。

10.2　国内实践

10.2.1　中国区域电网基准线排放因子

为了更准确、方便地开发符合清洁发展机制规则的中国重点领域清洁发展机制项目以及中国温室气体自愿减排项目，我国开发了中国区域电网的基准线排放因子，包括电量边际排放因子（OM）和容量边际排放因子（BM）（郑爽等，2014）。其中，OM 指现存电厂群的边际排放因子，适用于各区域电网并网风力发电、水力发电、太阳能发电、天然气发电、甲烷回收发电、垃圾焚烧发电、替代燃料发电、生物质发电，以及各种节电领域的清洁发展机制项目和温室气体自愿减排项目；BM 指未来可能兴建的电厂群的边际排放因子，适用于中国各区域电网中建设的超超临界技术发电清洁发展机制项目和温室气体自愿减排项目。计算基准线排放因子时，将电网边界统一划分为华北电网、东北电网、华东电网、华中电网、西北电网和南方电网，不包括西藏自治区、香港特别行政区、澳门特别行政区和台湾地区。上述电网边界包括的地理范围如表 10-4 所示，以下分别介绍计算方法、数据来源及计算结果（生态环境部，2020）。

表 10-4　区域电网覆盖范围

电网名称	覆盖省（自治区、直辖市）
华北电网	北京市、天津市、河北省、山西省、山东省、内蒙古自治区
东北电网	辽宁省、吉林省、黑龙江省
华东电网	上海市、江苏省、浙江省、安徽省、福建省
华中电网	河南省、湖北省、湖南省、江西省、四川省、重庆市
西北电网	陕西省、甘肃省、青海省、宁夏回族自治区、新疆维吾尔自治区
南方电网	广东省、广西壮族自治区、云南省、贵州省、海南省

（1）OM 计算方法

根据清洁发展机制执行理事会颁布的最新版电力系统排放因子计算工具

（07.0 版），采用简单 OM 方法中选项 B，基于电力系统中所有电厂（不包括低运行成本/必须运行机组）的总净发电量、燃料类型及燃料总消耗量计算 OM，计算公式如下：

$$EF_{g,OM,y} = \frac{\sum_i \left(FC_{i,y} \times NCV_{i,y} \times EF_{CO_2,i,y}\right)}{EG_y} \tag{10-12}$$

式中，$EF_{g,OM,y}$——第 y 年简单电量边际排放因子（OM），$t\,CO_2/(MW \cdot h)$；

EG_y——电力系统第 y 年总净发电量，$MW \cdot h$，即除低运行成本或必须运行机组之外的其他所有机组供给电网的总电量；

$FC_{i,y}$——第 y 年上述机组燃料 i 的总消耗量，质量单位或体积单位；

$NCV_{i,y}$——第 y 年燃料 i 的平均低位发热量，GJ/质量单位或体积单位；

$EF_{CO_2,i,y}$——第 y 年燃料 i 的 CO_2 排放因子，$t\,CO_2/GJ$；

i——第 y 年电力系统发电消耗的化石燃料种类；

y——提交 PDD 时可获得数据的最近 3 年中的每个年份（事先计算）。

另外，对电网间电量交换为净调入一方的电网，其简单电量边际排放因子等于本地电厂的单位电量排放因子与净调入电量的单位电量排放因子以电量为权重的加权平均值，其中本地电厂的单位电量排放因子按式（10-11）计算，净调入电量采用调出电力电网的简单电量边际排放因子。OM 计算过程中对净发电量、燃料消耗量以及燃料参数的选取遵循了保守原则。由于属于事前计算，最终发布的六大区域电网 OM 排放因子为最近三年每个年份的简单 OM 排放因子以电网年供电量为权重加权平均后的值。

（2）BM 计算方法

根据电力系统排放因子计算工具（07.0 版）计算 BM，对选定的 m 个新增机组样本的供电排放因子以电量为权重进行加权平均求得，计算公式如下：

$$EF_{g,BM,y} = \frac{\sum_m \left(EG_{m,y} \times EF_{EL,m,y}\right)}{\sum_m EG_{m,y}} \tag{10-13}$$

式中，$EF_{g,BM,y}$——第 y 年的容量边际排放因子（BM），$t\,CO_2/(MW \cdot h)$；

$EF_{EL,m,y}$——第 m 个新增机组样本在第 y 年的单位电量排放因子，$t\,CO_2/(MW \cdot h)$；

$EG_{m,y}$——第 m 个样本机组在第 y 年净发电量，$MW \cdot h$；

　　m──计算 BM 所选取的新增机组样本群；

　　y──能够获得发电历史数据的最近年份。

　　电力系统排放因子计算工具（07.0 版）对计算 BM 的数据年份选择提供了两种选项：①在第一个计入期，基于项目设计文件提交时可得的最新数据事前计算；在第二个计入期，基于计入期更新时可得的最新数据更新；第三个计入期沿用第二个计入期的排放因子；②在第一个计入期内按项目活动注册年或注册年可得的最新信息逐年事后更新 BM；在第二个计入期内按选择①的方法事前计算 BM，第三个计入期沿用第二个计入期的排放因子。我国计算的 BM 结果是基于选择①的事前计算，不需要事后监测和更新。BM 计算过程中，对新增机组样本的确定、新增机组的发电量以及单位电量排放因子的选取遵守了保守原则。

　　（3）数据来源

　　计算 OM 所需的发电量、发电燃料消耗量以及发电燃料的低位发热值等数据分别来源于《中国能源统计年鉴》和《公共机构能源资源消费统计制度》，厂用电率数据来源于《中国电力年鉴》，电网间电量交换数据来源于《电力工业统计资料汇编》，2006 年排放因子计算时各燃料单位热值含碳量和碳氧化率来源于《IPCC 国家温室气体清单编制指南（1996 年修订版）》，之后年份的燃料 CO_2 排放因子来源于《IPCC2006 指南》，并按保守性原则取各燃料排放因子的 95% 置信区间下限值。计算 BM 所用到的历年各省（自治区、直辖市）分技术的新增机组装机容量、发电利用小时数等数据主要来源于《中国电力年鉴》，新增机组的供电煤耗数据来源于《电力工业统计资料汇编》。

　　（4）计算结果

　　2011—2019 年各区域电网基准线排放因子计算结果如图 10-8 和图 10-9 所示，总体上看，各区域电网的 OM 和 BM 基本呈下降趋势，这与火电生产过程中清洁化石燃料也即天然气的使用比例增加直接相关，以 6 000 kW 以上火电装机容量和发电量来看，2011 年燃气机组占比分别为 4.5% 和 2.8%，2019年分别上升到 7.5% 和 4.6%。从区域电网 OM 之间的对比可见，东北电网、华北电网、华中电网和西北电网较高，南方电网和华东电网较低，这也与火电能源构成直接相关，东北电网、华北电网、华中电网和西北电网火电中清洁化石燃料的使用比例相对较低，而南方电网和华东电网清洁化石燃料使用比例相对较高；各区域电网 BM 变化较大，这主要与各电网新增发电装机容量相关，新增火电机组发电装机容量占比高则 BM 增大，而新增可再生机组发电装机容量占比高，则 BM 减小。

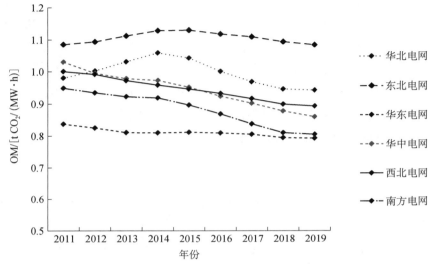

图 10-8　2011—2019 年各区域电网 OM 变化趋势

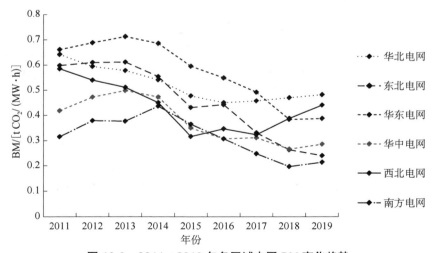

图 10-9　2011—2019 年各区域电网 BM 变化趋势

10.2.2　WRI 企业外购电温室气体排放因子

上述中国区域电网基准线排放因子发布后，部分企业采用基准线 OM 核算外购电隐含的温室气体排放量，但选取该排放因子核算外购电温室气排放量并不恰当。如果使用 OM 作为外购电温室气体排放因子，即认为企业消费的电网上电力全部来自火电，实际上我国电网除火电外，还有大量的水电、风电等非化石燃料电力，这样导致企业高估了外购电温室气体排放量，且企业所在地区水电、风电、核电的发电量占比越高，高估量越大。为解决上述问题，WRI 开展了中国区域电网企业外购电温室气体排放因子核算研究，并于 2013 年 6 月发布了 2006—2011 年电网因子计算结果，以下详述 WRI 电网因子的计算方法、数据来源和计算结果（宋然平等，2013）。

（1）计算方法

在电网的区域界定上，考虑到排放因子的准确性以及基础数据的可获得性，WRI 在计算企业外购电温室气体排放因子时选取了与中国区域电网基准线排放因子相同的电网划分方式，将全国电网划分为西北电网、东北电网、华北电网、华中电网、华东电网和南方电网六大区域电网。

对于无净输入电力的电网温室气体排放因子计算公式为

$$EF_{g,GHG,y} = \frac{W_{g,GHG,y}}{EG_y} \tag{10-14}$$

式中，$EF_{g,GHG,y}$ ——第 y 年本电网的温室气体排放因子，t CO_2/（万 kW·h）或 t CH_4/（万 kW·h）或 t N_2O/（万 kW·h）；

$W_{g,GHG,y}$ ——第 y 年本电网经营区域内的电力系统温室气体直接排放量 ［由式（10-16）计算得到］，t；

EG_y ——第 y 年本电网经营区域内所有电力系统的供电量，万 kW·h；

GHG——温室气体种类，包括 CO_2、CH_4 和 N_2O；

y ——取第 y 年 1 年的数据。

实际上区域电网间存在一定的电力交换，图 10-10 为 2011 年各区域电网之间净电力交换示意图。对于存在净输入电力的电网温室气体排放因子计算公式为

$$EF_{g,GHG,y} = \frac{W_{g,GHG,y} + \sum_j \left(EF_{g,GHG,y,j} \times EG_{y,j} \right)}{EG_y + \sum_j EG_{y,j}} \qquad (10-15)$$

式中，$EF_{g,GHG,y,j}$——第 y 年向本电网净送出电力的电网 j 的温室气体排放因子，t CO_2/（万 kW·h）或 t CH_4/（万 kW·h）或 t N_2O/（万 kW·h）；

$EG_{y,j}$——第 y 年电网 j 向本电网净送出的电力，万 kW·h，当电网 j 从本电网净输入电力时，$EG_{y,j}$ 记为 0；

j——向本电网净送出电量的其他电网。

其中：

$$W_{g,GHG,y} = \sum_i \left(FC_{i,y} \times LHV_{i,y} \times EF_{GHG,i,y} \right) / 100 \qquad (10-16)$$

式中，$FC_{i,y}$——第 y 年本电网发电系统燃料 i 的消耗量，万 t 或亿 m^3；

$LHV_{i,y}$——第 y 年燃料 i 的平均低位发热量，MJ/t 或 MJ/万 m^3；

$EF_{GHG,i,y}$——第 y 年燃料 i 的温室气体排放因子；对于 CO_2，选用式（10-17）进行计算，g CO_2/MJ；对于 CH_4 和 N_2O，采用缺省值，g CH_4/MJ 或 g N_2O/MJ；

i——第 y 年本电网发电系统消耗的化石燃料种类；

100——单位转换系数。

其中：

$$EF_{CO_2,i,y} = C_{i,y} \times OR_{i,y} \times \frac{44}{12} \qquad (10-17)$$

式中，$EF_{CO_2,i,y}$——第 y 年燃料 i 的 CO_2 排放因子，g CO_2/MJ；

$C_{i,y}$——第 y 年燃料 i 的单位热值含碳量，g C/MJ；

$OR_{i,y}$——第 y 年燃料 i 的氧化率，%；

$\dfrac{44}{12}$——C 转变为 CO_2 的系数。

图 10-10　2011 年中国区域电网净电力交换方向示意图

（2）数据来源

WRI 企业外购电温室气体排放因子计算所需的各省份火力发电的燃料消耗量来源于 2007—2012 年《中国能源统计年鉴》，化石燃料 CO_2 排放因子缺省值来源于《省级温室气体清单编制指南（试行）》，化石燃料缺省热值来源于《中国能源统计年鉴》《重点用能单位能源利用状况报告》和《公共机构能源资源消费统计制度》，化石燃料 CH_4 与 N_2O 的排放因子缺省值来源于《IPCC2006 指南》，各省份发电量、厂用电率来源于 2006—2010 年《中国电力年鉴》，电网间电量交换数据、厂用电率来源于 2006 年《电力工业统计资料提要》和 2007—2011 年《电力工业统计资料汇编》。计算 CO_2 当量时使用的是《IPCC 第四次评估报告》中提出的百年 GWP 值。

（3）计算结果

根据上述计算方法和数据来源，WRI 计算得出的 2006—2011 年外购电温室气体排放因子结果如图 10-11 所示。总体而言，各区域电网温室气体排放因子的大小顺序为东北电网排放因子>华北电网排放因子>西北电网排放因子>华东电网排放因子>华中电网排放因子>南方电网排放因子，自 2009 年起海南电网并入南方电网。各区域电网 CO_2 排放因子占温室气体排放因子的 99.5% 左右。

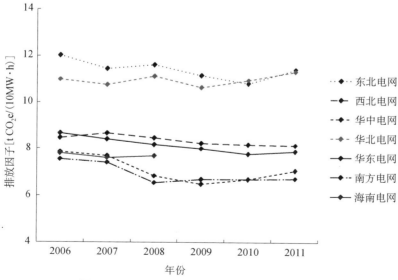

图 10-11　WRI 企业外购电温室气体排放因子

　　总体来说，WRI 提出的外购电排放因子与国际上通行的电网温室气体排放因子含义相同，包含了所有电力类型的综合排放，另外还考虑了电网间电力交换的影响，但实际应用时还存在以下不足：①未持续更新。仅 2013 年计算和发布了 2006—2011 年 6 年的排放因子，之后未做进一步更新，不能较好地满足最新外购电隐含排放量的计算需求。②计算的电网层级较少。只计算了区域电网一个层级，实际上在中国区域电网下还可进一步划分为省级电网，省级火力发电的能源消费量、各种电力类型的发电量、跨省份电力交换等数据较为完善，且能够保证每年持续更新，而且一般而言，电网范围划分越小，电网温室气体排放因子越接近单位电力消费的实际间接排放量，用于估算电力间接排放量的结果也会更准确；另外，在开展全国碳排放权交易时，为保证不同地区企业的公平性，还需要全国电网温室气体排放因子。③同实际区域电网分布不一致。由于历史因素，内蒙古自治区东部地区的赤峰市、通辽市、呼伦贝尔市和兴安盟属于东北电网，内蒙古自治区除赤峰市、通辽市、呼伦贝尔市和兴安盟外的地区属于华北电网，WRI 考虑到数据的可获得性，将内蒙古自治区统一并入华北电网。

10.2.3　全国、区域和省级电网平均 CO_2 排放因子

　　为满足政府、机构、企业和个人等核算电力消费所隐含的温室气体排放量的需求，规范不同主体核算参数选取，确保结果的可比性，国家应对气候变化主管部门组织国家应对气候变化战略研究和国际合作中心，结合国内外电网因子研究和实践经验，根据数据可获得性，开展了全国、区域和省级 3 个层级电网温室气体排放因子计算，以下详述这 3 个层级电网排放因子的计算范围、计算方法、数据来源及计算结果（马翠梅，2020）。

　　（1）计算范围

　　依据我国电网的分布、不同级别温室气体排放因子参数需求以及数据的可获得性，将电网分成不同的等级，从大到小依次为全国电网、区域电网和省级电网（均不覆盖香港特别行政区、澳门特别行政区和台湾地区，下同）。在全国电网层级上，假设全国为一张网，计算全国电网平均值。区域电网分布完全按照我国电网实际情况，其中华东电网覆盖上海市、江苏省、浙江省、安徽省

和福建省，华中电网覆盖河南省、湖北省、湖南省、江西省、四川省和重庆市，西北电网覆盖陕西省、甘肃省、青海省、宁夏回族自治区和新疆维吾尔自治区，南方电网包括广东省、广西壮族自治区、云南省、贵州省和海南省；华北电网和东北电网同实际区域电网分布一致，华北电网包括北京市、天津市、河北省、山西省、山东省以及内蒙古自治区除赤峰市、通辽市、呼伦贝尔市和兴安盟之外的地区，东北电网包括辽宁省、吉林省、黑龙江省以及内蒙古自治区东部的赤峰市、通辽市、呼伦贝尔市和兴安盟；此外，2016 年起将原属于华中电网的重庆市和四川省划为单独的西南电网，也就是说自 2016 年起区域电网由华北电网、西北电网、东北电网、华东电网、华中电网和南方电网 6 个区域电网进一步划分成华北电网、西北电网、东北电网、华东电网、华中电网、南方电网和西南电网 7 个区域电网。省级电网分布则同省级行政区域完全一致，由于西藏自治区数据不可得，因此省级电网包括除西藏自治区外的其他30 个省（自治区、直辖市）。

此外，火力发电燃料燃烧产生的温室气体包括 CO_2、CH_4 和 N_2O 3 种，但与 CO_2 相比，CH_4 和 N_2O 排放更容易受燃料品种、燃烧技术、控制技术、运行工况、维护水平等诸多因素的影响，在上述不同情况下燃烧单位燃料产生的 CH_4 和 N_2O 排放量相差较大。以燃煤发电锅炉为例，循环流化床的 N_2O 排放因子是其他燃煤锅炉 N_2O 排放因子的 40 余倍。由于我国电力装机容量大、发电技术水平和燃料种类多样化，目前关于不同燃烧技术的 CH_4 和 N_2O 排放因子研究还不够深入，另外考虑到火力发电燃烧排放的温室气体中有 99% 左右为 CO_2，因此计算的温室气体排放因子仅包括 CO_2 一种气体。

（2）计算方法

电网温室气体平均排放因子的基本含义为电网覆盖范围内发电企业火力发电过程化石燃料燃烧产生的温室气体排放量与该电网电量的比值，也就是单位电量发电过程中引起的温室气体排放量。电力系统由发电、输电、变电、配电和用电 5 个环节组成，不同环节统计出的电量代表不同的意义，如发电量指所有发电厂生产出的电量总和；供电量是供电公司可供给的实际电量，也即发电量扣除厂用电后的电量；用电量为用户所使用的电量，是用电单位入口总表的累计电量，也即发电量扣除厂用电和网损后的电量。相应地，用不同电量估算得出的电网温室气体排放因子也具有不同的意义。

采用发电量进行计算相当于把电网覆盖范围内所有火电厂产生的直接温室气体排放量平均分摊到所有发电量，电厂输出电量流经的所有电力消费用户（如发电厂的厂用电、终端用电的工业企业以及机构和个人）及产生电力损失的环节（如输电、变电和配电）按其消费及损失的电量承担相应的排放责任，意味着将发电产生的排放量分摊到发电、输电、变电、配电和用电 5 个环节，所有终端用户、电网输配送公司和发电厂（计其厂用电）共同分摊发电过程中产生的排放量；采用供电量进行计算相当于把电网覆盖范围内所有火电厂产生的直接温室气体排放量平均分摊到所有供电量，与发电量方法的区别是计算公式分母为扣除厂用电后的发电量，也就是将发电厂用电部分的排放量并入供电的排放量中，意味着将发电产生的排放量分摊到输电、变电、配电和用电 4 个环节，所有终端用户和电网输配送公司分摊发电过程中产生的排放量，发电企业无须承担自身厂用电消费的间接排放量；采用用电量进行计算相当于把电网覆盖范围内所有火电厂产生的直接温室气体排放量平均分摊到所有终端电量，与前两种方法的区别是分母为扣除厂用电以及网损后的发电量，意味着发电产生的排放量全部分摊到终端用电环节上，所有的终端用户分摊发电过程产生的排放量，发电企业和电网企业无须承担厂用电和网损电量的间接排放量。而降低电力工业温室气体排放量，需要所有发电企业、输电企业和终端用户共同努力采取减排措施，如发电厂降低发电煤耗和厂用电量、电网公司减少网损电量、终端用户节约用电等。上述三种方法比较起来，采用发电量方法能够将发电产生的温室气体排放量分摊到所有发电、输电、变电、配电和用电环节，可以激励各环节减排，是最公平和合理的方法。

另外，虽然各电网相对独立，但电网间仍存在少量的跨区电量交换以及电力进出口情况。由于各电网发电结构不同，电力的电网间调入调出及进出口对电网的温室气体平均排放因子存在一定的影响。为了方便计算，计算过程中基于一个基本假设：假定电网的电力调入调出及进出口有先后顺序，也就是说对一个电网而言，首先为电力调入或进口，调入或进口电量进入电网后和电网内电量完全混合，之后再调出或出口到其他电网或国家。在考虑电网间的电量交换及电力进口对电网温室气体排放因子的影响后，以下分别详述 3 个层级电网 CO_2 排放因子的计算方法。

1）全国电网

截至目前，我国与俄罗斯、蒙古国、越南、缅甸和老挝等国实现了跨国输电线路互联和电量交易，其中我国电力净进口主要来自俄罗斯和缅甸，全国电网 CO_2 排放因子计算公式为

$$EF_g = \frac{Em_g + \sum_j \left(EF_j \times E_{imp,j} \right)}{E_g + \sum_j E_{imp,j}} \qquad (10\text{-}18)$$

式中，EF_g——全国电网 CO_2 排放因子，$kg\ CO_2/(kW \cdot h)$；

　　　Em_g——中国火力发电产生的 CO_2 直接排放量［由式（10-19）计算得到］，$t\ CO_2$；

　　　E_g——中国火力发电量，$MW \cdot h$；

　　　EF_j——向中国净出口电力的 j 国的发电 CO_2 排放因子，$kg\ CO_2/(kW \cdot h)$；

　　　$E_{imp,j}$——j 国向中国净出口的电量，$MW \cdot h$；

　　　j——向中国净出口电量的其他国家。

其中：

$$Em_g = \sum_m \left(FC_m \times NCV_m \times EF_m / 1\,000 \right) \qquad (10\text{-}19)$$

式中，FC_m——中国用于火力发电的化石燃料 m 的消费量，t 或 m^3；

　　　NCV_m——化石燃料 m 的平均低位热值，GJ/t 或 GJ/m^3；

　　　EF_m——化石燃料 m 的 CO_2 排放因子［由式（10-20）计算得到］，$t\ CO_2/TJ$；

　　　m——发电消费的化石燃料种类。

其中：

$$EF_m = CC_m \times OF_m \times \frac{44}{12} \qquad (10\text{-}20)$$

式中，CC_m——化石燃料 m 的单位热值含碳量，$t\ C/TJ$；

　　　OF_m——化石燃料 m 的碳氧化率，%；

　　　$\dfrac{44}{12}$——C 到 CO_2 的换算系数。

2）区域电网

2010—2015 年，我国区域电网包括华东电网（上海市、江苏省、浙江省、安徽省和福建省）、华中电网（河南省、湖北省、湖南省、江西省、四川省和重庆市）、西北电网（陕西省、甘肃省、青海省、宁夏回族自治区和新疆维吾尔自治区）、南方电网（广东省、广西壮族自治区、云南省、贵州省和海南省）、华北电网（北京市、天津市、河北省、山西省、山东省以及内蒙古自治区除赤峰市、通辽市、呼伦贝尔市和兴安盟之外的地区）和东北电网（辽宁省、吉林省、黑龙江省以及内蒙古自治区东部的赤峰市、通辽市、呼伦贝尔市和兴安盟）。2016 年起进一步划分成华北电网、西北电网、东北电网、华东电网、华中电网、南方电网和西南电网 7 个区域电网，其中四川省和重庆市从华中电网独立出来形成单独的西南电网。每年区域电网间电力流向不完全一致，但总体上而言，电力流动的方向是从北向南、从西向东。区域电网 CO_2 排放因子计算公式为

$$\mathrm{EF}_{\mathrm{g},i} = \frac{\mathrm{Em}_{\mathrm{g},i} + \sum_j (\mathrm{EF}_{\mathrm{g},j} \times E_{\mathrm{imp},j,i}) + \sum_k \left(\mathrm{EF}_k \times E_{\mathrm{imp},k,i} \right)}{E_{\mathrm{g},i} + \sum_j E_{\mathrm{imp},j,i} + \sum_k E_{\mathrm{imp},k,i}} \quad （10\text{-}21）$$

式中，$\mathrm{EF}_{\mathrm{g},i}$——区域电网 i 的 CO_2 排放因子，kg CO_2/（kW·h）；

$\mathrm{Em}_{\mathrm{g},i}$——区域电网 i 覆盖的地理范围内发电产生的 CO_2 直接排放量 ［由式（10-22）计算得到］，t CO_2；

$\mathrm{EF}_{\mathrm{g},j}$——向区域电网 i 净送出电量的区域电网 j 的 CO_2 排放因子，kg CO_2/（kW·h）；

$E_{\mathrm{imp},j,i}$——区域电网 j 向区域电网 i 净送出的电量，MW·h；

EF_k——向区域电网 i 净出口电量的 k 国发电 CO_2 排放因子，kg CO_2/（kW·h）；

$E_{\mathrm{imp},k,i}$——k 国向区域电网 i 净出口的电量，MW·h；

$E_{\mathrm{g},i}$——区域电网 i 覆盖的地理范围内年度总发电量，MW·h；

i——东北电网、华北电网、华东电网、华中电网、西北电网和南方电网之一；

j——向区域电网 i 净送出电量的其他区域电网；

k——向区域电网 i 净出口电量的其他国家。

其中：

$$\mathrm{Em}_{g,i} = \sum_m \left(\mathrm{FC}_{m,i} \times \mathrm{NCV}_m \times \mathrm{EF}_m / 1\,000 \right) \tag{10-22}$$

式中，$\mathrm{FC}_{m,i}$——区域电网 i 覆盖的地理范围内用于火力发电的化石燃料 m 的消费量，t 或 m^3；

NCV_m——化石燃料 m 的平均低位热值，GJ/t 或 GJ/m^3；

EF_m——化石燃料 m 的 CO_2 排放因子［由式（10-23）计算得到］，t CO_2/TJ；

m——发电消费的化石燃料种类。

其中：

$$\mathrm{EF}_m = \mathrm{CC}_m \times \mathrm{OF}_m \times \frac{44}{12} \tag{10-23}$$

式中，CC_m——化石燃料 m 的单位热值含碳量，t C/TJ；

OF_m——化石燃料 m 的碳氧化率，%；

$\dfrac{44}{12}$——C 到 CO_2 的换算系数。

3）省级电网

省级电网分布同省级行政区域完全一致，结合数据的可获得性，省级电网 CO_2 排放因子包括除西藏自治区外的其他 30 个省（自治区、直辖市）。相较于区域电网，省际电力流向较为复杂，年际间变化也较大。以下为省级电网 CO_2 排放因子的计算公式：

$$\mathrm{EF}_p = \frac{\mathrm{Em}_p + \sum_n (\mathrm{EF}_n \times E_{\mathrm{imp},n,p}) + \sum_k \left(\mathrm{EF}_k \times E_{\mathrm{imp},k,p} \right) + \left(\mathrm{EF}_{g,i} \times E_{\mathrm{imp},i,p} \right)}{E_p + \sum_n E_{\mathrm{imp},n,p} + \sum_k E_{\mathrm{imp},k,p} + E_{\mathrm{imp},i,p}} \tag{10-24}$$

式中，EF_p——p 省份电网的 CO_2 排放因子，kg CO_2/（kW·h）；

Em_p——p 省份发电产生的 CO_2 直接排放量［由式（10-25）计算得到］，t CO_2；

EF_n——向 p 省份净送出电量的 n 省份电网 CO_2 排放因子，kg CO_2/（kW·h）；

$E_{\mathrm{imp},n,p}$——n 省份向 p 省份净送出的电量，MW·h；

EF_k——向 p 省份净出口电量的 k 国发电 CO_2 排放因子，kg CO_2/（kW·h）;

$E_{imp,k,p}$——k 国向 p 省份净出口的电量，MW·h;

$EF_{g,i}$——区域电网 i 的 CO_2 排放因子，kg CO_2/（kW·h）;

$E_{imp,I,p}$——区域电网 i 向 p 省份净送出的电量 [由式（10-26）计算得到]，MW·h;

E_p——p 省份年度总发电量，MW·h;

p——30 个省份（北京市、天津市、河北省、山西省、内蒙古自治区、山东省、辽宁省、吉林省、黑龙江省、上海市、江苏省、浙江省、安徽省、福建省、河南省、湖北省、湖南省、江西省、四川省、重庆市、陕西省、甘肃省、青海省、宁夏回族自治区、新疆维吾尔自治区、广东省、广西壮族自治区、云南省、贵州省和海南省）之一;

n——向 p 省份净送出电量的其他省份;

k——向 p 省份净出口电量的其他国家;

i——p 省份所在的区域电网。

其中：

$$Em_p = \sum_m (FC_{m,p} \times NCV_m \times EF_m / 1\,000) \tag{10-25}$$

式中，$FC_{m,p}$——p 省份用于发电的化石燃料 m 的消费量，t 或 m³;

NCV_m——化石燃料 m 的平均低位热值，GJ/t 或 GJ/m³;

EF_m——化石燃料 m 的 CO_2 排放因子 [由式（10-27）计算得到]，t CO_2/TJ;

m——发电消费的化石燃料种类。

$$E_{imp,i,p} = \max[(E_{u,p} - E_p - \sum_n E_{imp,n,p} - \sum_k E_{imp,k,p}), 0] \tag{10-26}$$

式中，$E_{u,p}$——p 省份年度总用电量，MW·h。

$$EF_m = CC_m \times OF_m \times \frac{44}{12} \tag{10-27}$$

式中，CC_m——化石燃料 m 的单位热值含碳量，t C/TJ;

OF_m——化石燃料 m 的碳氧化率，%;

$\dfrac{44}{12}$——C 到 CO_2 的换算系数。

（3）数据来源

3 个层级电网 CO_2 排放因子计算所需的火力发电燃料消费量来源于《中国能源统计年鉴》，全国和分省的发电量、用电量、跨省电量交换和进口电量来源于《电力工业统计资料汇编》，其他国家的发电 CO_2 平均排放因子来源于 IEA 发布的《排放因子》。

较早年份的全国和分省火力发电燃料平均低位发热值主要来源于《中国能源统计年鉴》《公共机构能源资源消费统计制度》，单位热值含碳量主要来源于《IPCC2006 指南》和《省级温室气体清单编制指南（试行）》，碳氧化率主要来源于《省级温室气体清单编制指南（试行）》。之后年份根据最新数据的可获得性，对数据来源进行了适当调整，特别是考虑到不同年份和不同地区燃煤煤质差异较大，结合全国碳市场电力企业年度报送的燃煤机组实测数据进行了更新，因此，最新年份电网排放因子计算时，部分燃煤品种的平均低位发热值和单位热值含碳量采用全国碳市场企业实测值，原煤碳氧化率采用了全国碳市场《企业温室气体排放核算方法与报告指南　发电设施》中推荐的缺省值 99%，其他燃料品种的参数主要来源于《中国能源统计年鉴》《IPCC2006 指南》以及国家温室气体清单数据等。

（4）计算结果

随着我国发电能源结构持续优化和发电煤耗不断降低，全国电网 CO_2 排放因子总体呈下降趋势，最新年份 2019 年全国电网 CO_2 排放因子为 581 g CO_2/kW·h。从各区域电网 CO_2 排放因子（图 10-12）可以看出，华北电网的 CO_2 排放因子在各区域中处于最高水平，东北电网位于第二位，这主要与区域的发电能源结构相关。由于华北地区和东北地区火力发电占比明显偏高，而火力发电燃烧的化石燃料绝大部分为煤炭，产生相同热量时煤炭的 CO_2 排放量最大，因此这两个区域电网单位发电量的 CO_2 排放量较高；华东电网和西北电网的 CO_2 排放因子水平基本相当；华中电网、南方电网和西南电网 CO_2 排放因子相对较低，这是由于这些区域水电资源丰富，非化石能源发电（主要是水电）所占比重均较高。

从图 10-13 中可以看出，省级电网之间 CO_2 排放因子相差较大，且分布具

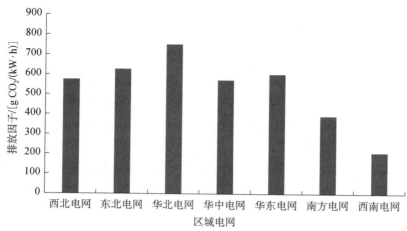

图 10-12　2019 年我国各区域电网 CO_2 排放因子

有一定的规律性，CO_2 排放因子较大的省份集中分布在华北地区，而 CO_2 排放因子较小的省份主要分布在西南地区，这主要与各省份的发电能源结构有关，如河北省、山西省、内蒙古自治区等地的火力发电占比较高，发电的化石燃料绝大部分为煤炭，因此单位发电量的 CO_2 排放量相对较大；而四川省、云南省和青海省等地的水资源丰富，是我国非化石能源电力（特别是水电）比重最高的地区，因此这些省份单位发电量的 CO_2 排放量相对较小。

10.3　小结

国内外相关电网温室气体排放因子特点如表 10-5 所示（马翠梅等，2014）。IEA 和美国、澳大利亚、加拿大、英国和新西兰 5 个国家电网温室气体排放因子特点有：①代表所有电力类型（火电、水电、风电、核电等）的综合排放，即电网平均单位电量的间接排放。②包含了 CO_2、CH_4 和 N_2O 3 种温室气体。③不同国家又各有特点，如英国和新西兰仅计算了全国电网因子，未进一步计算到更小的下一级区域，澳大利亚和加拿大计算了全国和州（领地）或省（地区）电网温室气体排放因子，美国计算了全国、州级以及次区域的电网温室气体排放因子，但次区域电网不完全对应于区域行政边界，而是与电力公司的运营边界一致。④很多国家都有电力进出口，如美国与墨西哥、英国与法国之间等，但仅英国考虑了进口电力对全国电网温室气体排放因子的影

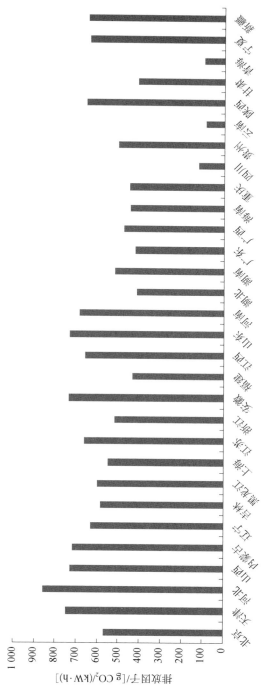

图 10-13　2019 年各省级电网 CO_2 排放因子

表 10-5 国内外相关电网温室气体排放因子特点

	用途	排放因子含义	区域划分	计算方法	电网间电力交换及进出口	气体种类	更新频率	是否进行时间序列回算
IEA	核算电力消费隐含排放量	所有电力类型的综合排放量	各国电网	发电量	未考虑	CO_2, CH_4, N_2O	每年	是
美国	核算外购电隐含排放量	所有电力类型的综合排放量	全国电网、次区域电网（但与行政边界不完全对应）	上网电量	未考虑	CO_2, CH_4, N_2O	每年	否
澳大利亚	核算设施外购电力的温室气体排放量，且年电力消费量大于 2 万 kW·h 的设施必须报告，小于 2 万 kW·h 的设施可选择报告	所有电力类型的综合排放量	全国电网，7 个区域电网（基本上与州或领地边界一致）	发电量	没有电力出口，考虑区域电网间电力交换	CO_2, CH_4, N_2O	每年	是
加拿大	核算外购电隐含排放量	所有电力类型的综合排放量	全国电网，13 个区域电网 [与省（地区）边界一致]	上网电量/消费电量	未考虑	CO_2, CH_4, N_2O	每年	是
英国	公司温室气体报告	所有电力类型的综合排放量	全国电网	上网电量	考虑从法国的电力净进口	CO_2, CH_4, N_2O	每年	是

续表

	用途	排放因子含义	区域划分	计算方法	电网间电力交换及进出口	气体种类	更新频率	是否进行时间序列回算
新西兰	企业自愿温室气体报告	所有电力类型的综合排放量	全国电网	消费电量	无电力进出口	CO_2、CH_4、N_2O	每年	是
清洁发展机制基准线	开发清洁发展机制项目	单位火电排放量	6个区域电网,内蒙古完全并入华北电网	供电量	考虑区域电网间交换,未考虑进出口	CO_2	每年	否
WRI	核算企业外购电隐含排放量	所有电力类型的综合排放量	同上	供电量	考虑区域电网间交换,未考虑进出口	CO_2、CH_4、N_2O	仅2013年发布过一次,包括2006—2011年数据	否
我国全国、区域和省级电网CO_2排放因子	核算外购电隐含排放量	所有电力类型的综合排放量	全国电网,区域电网,省级电网	发电量	考虑跨区域电力交换及省份进出口	CO_2	每年	是

响；此外，各国国内区域电网间也存在电力交换，只有澳大利亚将其纳入区域电网温室气体排放因子计算。⑤英国和加拿大除计算当年电网温室气体排放因子外，还采用最新数据来源和计算方法对历史年份电网排放因子进行了回算，IEA、澳大利亚和新西兰每年发布的时间序列电网排放因子中对历史年份排放因子结果也进行了调整。⑥IEA计算的各国电网温室气体排放因子与美国、澳大利亚、加拿大、英国和新西兰等计算的本国电网排放因子相比，主要区别为计算数据来源不同，IEA采用的各国化石燃料消费量及发电量数据来源于IEA世界能源平衡表，燃料排放因子采用《IPCC2006指南》缺省值，而各国计算本国电网排放因子时则主要采用国家温室气体清单数据及国内官方统计数据等，部分国家还考虑了电力进出口及区域间电力交换情况，因此因子计算结果略有差异，例如澳大利亚2010—2019年间电网排放因子两者差距为5.4%～11.4%。我国国内相关的电网排放因子包括中国区域电网基准线排放因子（OM和BM），但区域电网基准线排放因子主要用于开发清洁发展机制项目和温室气体自愿减排项目，不适用于估算电力消费的间接温室气体排放。为满足政府、机构、企业和个人等核算电力消费所隐含的温室气体排放量的需求，规范不同主体核算参数选取，确保结果的可比性，国家应对气候变化主管部门组织国内研究机构，结合国内外电网因子研究和实践经验，根据数据可获得性开展了全国、区域和省级3个层级电网CO_2排放因子计算，供不同主体核算电力消费隐含碳排放时参考使用。与其他国家方法相比，我国3个层级电网CO_2排放因子特点是：①采用了发电量计算方法，将发电排放量分摊到了所有发电、输电、变电、配电和用电环节，有利于激励各环节采取减排措施；②考虑了电力进出口及跨区域/省份电力交换情况，更接近于国内单位电力消费产生的实际排放量；③燃料品种排放因子除参考国家温室气体清单及《IPCC2006指南》缺省值外，还采用了全国碳市场电力企业报送的燃煤机组实测参数。

目前，全国、区域和省级3个层级电网温室气体排放因子在控制温室气体领域应用广泛，包括全国和试点省碳排放权交易企业温室气体排放数据报告、省级人民政府控制温室气体排放目标责任考核、省级温室气体清单编制等，为不同地区、企业和机构等核算电力消费所隐含的CO_2排放量提供了重要的基础技术参数。但同时在以下三个方面还有进一步完善之处：

（1）扩大覆盖的温室气体种类

由于 CO_2 气体占火力发电燃料燃烧产生的温室气体的 99%左右，CH_4 和 N_2O 气体仅占 1%，且后两种气体的数据基础相对薄弱，因此目前计算和官方发布的外购电温室气体排放因子仅包括 CO_2 一种气体。但从数据准确性角度来看，未来随着对电力工业 CH_4 和 N_2O 排放研究的进一步深入，相关基础数据更为丰富和扎实之后，我国外购电温室气体排放因子也应纳入 CH_4 和 N_2O，从而更全面地反映单位电力消费所隐含的温室气体排放量。

（2）计算电网排放因子时考虑绿电交易的影响

2021 年，我国开展了首次绿电试点交易，未来绿电消费的规模有望逐步加大，电网排放因子计算将不可避免地需要考虑绿电交易影响，当绿电被单独区分出来不计算碳排放时，全国电网剩余电量的平均排放因子应为全国发电行业碳排放总量与全网剩余电量的比值，应比原先计算的全国电网平均排放因子更高。现阶段绿电交易规模还比较小，对全国电网平均排放因子影响微弱。当新能源电量占比到达一定比例且全面参与市场交易时，对电网排放因子的影响将再难忽略。在这一过程中，应适时调整全国电网排放因子的计算方式以做好与绿电交易的政策衔接。

（3）建立定期更新发布机制

外购电温室气体排放因子的基础参数是以年为单位，且计算所需的基础数据都能够做到每年更新，建议参考美国、澳大利亚、加拿大、英国和新西兰等国经验，开展电网因子年度核算和发布。另外，当外购电温室气体排放因子计算方法发生变化，或者增加了新的气体，出现了新的、更准确的活动水平或排放因子数据时，还应根据最新可获得的数据对历史年度排放因子进行重新计算。但需要注意的是，重新计算结果仅适用于相关的时间序列政策分析，企业碳排放权交易等年度温室气体报告应继续按照每年发布的外购电排放因子计算，无须采用重新计算的排放因子结果回算，以免造成配额交易等的混乱。

参 考 文 献

马翠梅，2020. 中国外购电温室气体排放因子研究[M]. 北京：中国环境出版集团.

马翠梅，李士成，葛全胜，2014. 省级电网温室气体排放因子研究[J]. 资源科学，36（5）：1005-1012.

马翠梅，徐华清，苏明山，2013. 美国加州温室气体清单编制经验及其启示[J]. 气候变化研究进展，9（1）：55-60.

生态环境部，2020. 2019年度减排项目中国区域电网基准线排放因子[EB/OL]. [2020-12-29]. https://www.mee.gov.cn/ywgz/ydqhbh/wsqtkz/202012/t20201229_815386.shtml.

宋然平，朱晶晶，侯萍，等，2013. 准确核算每一吨排放：企业外购电力温室气体排放因子解析[R]. 北京：世界资源研究所. http://www.wri.org/publication/analysis-of-emission-factors-for-purchased-electricity-in-china.

郑爽，张昕，2014. 中国电力工业二氧化碳基准线排放因子[M]. 北京：中国环境出版社.

Australian Government，2007. National greenhouse and energy reporting act 2007[R/OL]. http://www.comlaw.gov.au/.

Australian Government，2008. National greenhouse and energy reporting（measurement）determination 2008[R/OL]. http://www.environment.gov.au/.

Australian Government，2021. National greenhouse accounts factors：2021[R/OL]. https://www.industry.gov.au/data-and-publications/national-greenhouse-accounts-factors-2021.

British Petroleum，2013. Sustainability review 2012：building a stronger，safer BP[EB/OL]. [2013-10-08]. https://www.bp.com/en/global/corporate/sustainability/reporting-centre/sustainability-report-archive.html#tab_2012-2010.

Department for Business，Energy & Industrial Strategy，UK Government，2022. Greenhouse gas reporting：conversion factors 2022[R/OL]. https://www.gov.uk/government/publications/greenhouse-gas-reporting-conversion-factors-2022.

Department of the Environment and Energy，Australicn Government，2017. Australian national GHG and energy reporting guidelines 2017[R].

Environment and Climate Change Canada，Government of Canada，2019. National inventory report 1990-2017：greenhouse gas sources and sinks in Canada[R].

Environment Canada，Government of Canada，2007. National inventory report 1990-2005：greenhouse gas sources and sinks in Canada[R].

ICF International，2013. Greenhouse gases and air pollutants in the city of toronto：toward a harmonized strategy for reducing emissions[EB/OL]. [2013-10-08]. http://www.toronto.ca/teo/greenhouse-emissions.htm.

ICLEI，2009. International local government GHG emissions analysis protocol（IEAP）version 1.0[R].

IEA，2020. CO$_2$ emissions from fuel combustion[DB/OL]. [2020-12-09]. https://webstore.iea. org/co2-emissions-from-fuel-combustion-2020-highlights.

IEA，2021. Emission factors 2021 database documentation[DB/OL]. [2021-09-15]. https://www. iea.org/data-and-statistics/data-product/emissions-factors-2021.

International Organization for Standardization，2006. ISO 14064-1 greenhouse gases-part 1：specification with guidance at the organization level for quantification and reporting of greenhouse gas emission and removal[S].

Ministry for the environment，New Zealand Government，2022. Measuring emissions：a guide for organisations：2022 summary of emission factors[R/OL]. [2022-05-20]. https://environment. govt.nz/publications/measuring-emissions-a-guide-for-organisations-2022-summary-of-emission-factors/.

Standard Chartered，2013. Sustainability review highlights 2012[EB/OL]. [2013-10-08]. https:// www.sc.com/sustainability-review/2012/servicepages/welcome.html.

UNEP，World UN-HABITAT，World Bank，2010. International standard for determining greenhouse gas emissions for cities（version 2.1）[R].

United States Environmental Protection Agency，2022. Emissions & generation resource integrated database（eGRID）[DB/OL]. [2022-01-27]. https://www.epa.gov/egrid.

World Resources Institute，World Business Council for Sustainable Development，2004. The greenhouse gas protocol：a corporate accounting and reporting standard，revised Edition[R].

第 11 章　国际典型碳数据库分析

目前，国际上持续发布、引用率高、影响力大的典型碳数据库发布机构包括《公约》秘书处（UNFCCC）、国际能源署（IEA）、欧盟委员会联合研究中心（JRC）和荷兰环境评估署（PBL）、美国橡树岭国家实验室 CO_2 信息分析中心（CDIAC）、美国能源信息署（EIA）、英国石油公司（BP）、全球碳项目（GCP）、世界银行（World Bank）、德国波茨坦气候影响研究所（PIK）、世界资源研究所（WRI）、以数据看世界（Our World In Data）网站等。上述机构均定期发布全球及国别的碳核算数据，部分为一手、原创数据如 IEA、BP 等，有些为引用、汇总数据，如 PIK 的 PRIMAP-hist 引自 CDIAC、UNFCCC、EDGAR 和 BP（Gütschow et al.，2021），WRI 的 Climate Watch 引自 PRIMAP-hist、UNFCCC 和 GCP 等（Climate Watch，2022）。国际碳数据库在全球应对气候变化进程中起到了一定的参考作用，但由于各数据库性质和定位不同，数据的边界、计算方法、基础参数来源也不同，相应的核算结果也不完全一致，参考使用时如不加以区分，极容易出现误用现象，从而导致分析结论错误等问题。本章按照国际公约、国际组织、美欧国家研究机构和跨国公司等分类国际碳数据库的发布机构，详细介绍上述机构发布的稳定、系统且原创的 6 个碳数据库，以期有助于政府、研究机构以及公众等参考引用。

11.1　国际公约 UNFCCC

《公约》秘书处全面收集整理了各缔约方提交的履约报告，包括各缔约方提交的国家信息通报、两年报告、两年更新报告、附件一缔约方（主要为发达国家）的国家温室气体清单报告，也包括《京都议定书》下规定的报告。此外，为方便公众查找各国的碳数据，《公约》秘书处还开发了按时间序列、国家集团、缔约方、气体类型、排放或吸收类别以及用户自定义分类的交互式碳数据查询方式（UNFCCC，2019）。准确地说，不同于 IEA 和 CDIAC 等 5 个数据库，《公约》秘书处不独立核算各国的碳排放和吸收，仅将各国提交的碳数据统一存储、管理以及公开，但由于《公约》秘书处是唯一一个全面汇总各缔约方官方碳核算数据的机构，因此本章将其与其他原创数据库一并介绍。

按照《公约》第 1 次缔约方会议的 3/CP.1 号决议要求，《公约》附件一缔约方需于每年 4 月 15 日提交 1990 年以来至提交年份前两年的历年国家温室气体清单。目前，发达国家清单核算方法遵循《IPCC2006 指南》，基础活动水平和关键类别排放因子数据主要来自各国官方统计、调查、测试和分析等。截至 2022 年 5 月，《公约》附件一缔约方的 43 个国家全部提交了 1990[①]—2020 年的国家温室气体清单。在报告气体方面，发达国家必须报告 CO_2、CH_4、N_2O、PFCs、HFCs、SF_6、NF_3 7 种温室气体，还可报告 CO、NO_x、NMVOCs、SO_2 等温室气体前体物。数据显示，1990—2019 年，发达国家温室气体排放总量（不含土地利用、土地利用变化和林业，LULUCF）下降 14.9%，包括 LULUCF 后下降 18.9%。受经济和社会剧变影响，东欧经济转型国家的温室气体排放总量分别下降了 41.0%（不含 LULUCF）和 49.6%（含 LULUCF），非经济转型国家下降 3.7%（不含 LULUCF）和 5.4%（含 LULUCF），降幅远低于经济转型国家。不含 LULUCF 情况下，土耳其、塞浦路斯、澳大利亚、冰岛、新西兰、加拿大、爱尔兰、西班牙、葡萄牙、奥地利和美国 11 个国家排放均呈上升态势，其中土耳其上升幅度高达 130.5%（图 11-1）。从气体类型来看，CO_2、CH_4、N_2O 和含氟气体占温室气体排放总量的比重依次下降，2019 年占比分别为 80.4%、11.1%、5.9% 和 2.6%。1990—2019 年，CO_2、CH_4 和 N_2O 排放量明显下降，但含氟气体增加了 47.6%（图 11-2）。从排放和吸收的部门来看，能源、IPPU、农业和废弃物为排放源，LULUCF 为吸收汇，1990—2019

---

① 根据《公约》缔约方会议第 9/CP.2 号和第 11/CP.4 号决定，保加利亚、匈牙利、波兰、罗马尼亚和斯洛文尼亚的基年分别为 1988 年、1985—1987 年的均值、1988 年、1989 年和 1986 年，上述 5 个国家除了包括 1990 年至滞后两年的清单，还包括基年清单。

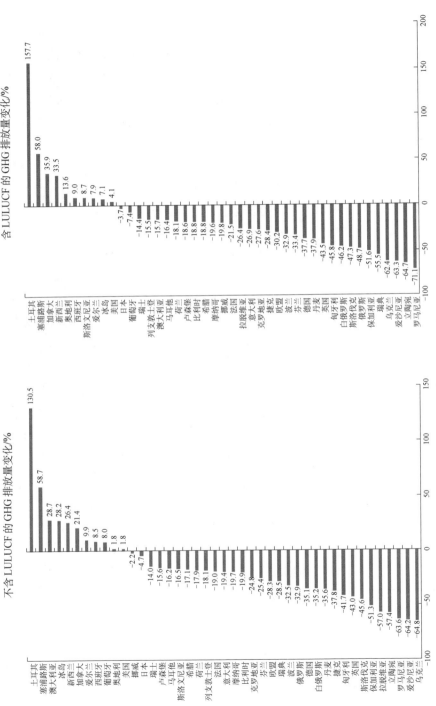

图 11-1 1990—2019 年各附件一缔约方温室气体排放量变化

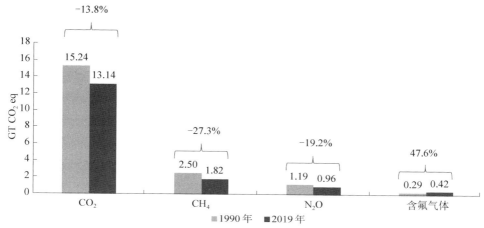

图 11-2　1990—2019 年附件一缔约方温室气体排放量变化
（按气体划分，不含 LULUCF）

年，四部门排放量分别下降 15.0%、15.6%、12.3%、20.2%，LULUCF 吸收量上升 42.1%（图 11-3）。在能源部门内部，排放量最大的为能源工业，1990—2019 年，除交通运输排放量上升外，其余行业都呈下降趋势（图 11-4）。此外，1990—2019 年发达国家的国际燃料舱排放明显上升，尤其是国际航空排放，上升幅度高达 127.0%（图 11-5）。

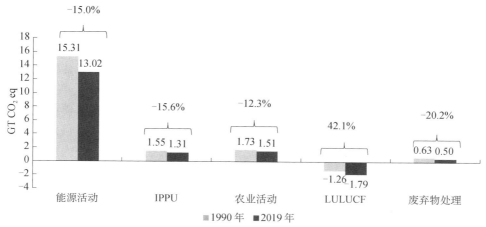

图 11-3　1990—2019 年附件一缔约方温室气体排放量变化（按部门划分）

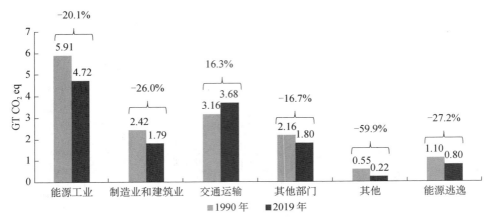

图 11-4　1990—2019 年附件一缔约方能源部门内部温室气体排放量变化

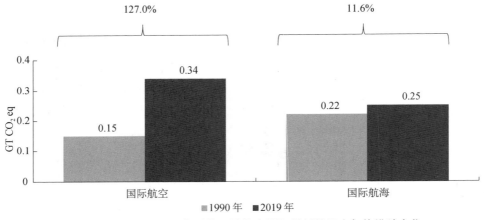

图 11-5　1990—2019 年附件一缔约方国际燃料舱温室气体排放变化

非附件一缔约方（主要为发展中国家）在得到发达国家资金、技术和能力建设的基础上提交国家信息通报或者两年更新报告，这两份报告中包括国家温室气体清单。发展中国家报告编写和清单编制的资金来源通常为全球环境基金（GEF），由于资金申请、批复以及到账的时间周期较长，外加基础能力相对薄弱，因此发展中国家报告频率较低，一般约为 5 年以上报告一次。截至 2022 年 5 月，共有 81 个《公约》非附件一缔约方报告了国家温室气体清单，清单数据年份参差不齐，最新清单年份一般滞后于发达国家。在时间序列方面，可以看出发展中国家初期提交的一般为单一年份清单，近年来连续时间序列占比越来越高（表 11-1）。不同于发达国家目前全部采用《IPCC2006 指南》，按照《公约》相关决议要求，2024 年前发展中国家温室气体清单可以采用《IPCC1996 指南》及相关优良做法指南。从各国实践来看，近年来已有部分发展中国家全部或部分采用《IPCC2006 指南》，逐步向《巴黎协定》强化透明度框架要求靠拢。

表 11-1　《公约》非附件一缔约方国家温室气体清单

序号	国家/集团	清单年份	序号	国家/集团	清单年份
1	阿富汗	2005 年，2012—2017 年	15	几内亚比绍	1994 年，2006 年，2010 年
2	阿尔巴尼亚	1990—2016 年	16	印度	1994 年，2000—2016 年
3	阿尔及利亚	1994 年，2000 年	17	印度尼西亚	1994 年，2000—2019 年
4	安道尔	1990 年，1995 年，2000 年，2005 年，2010—2019 年	18	伊朗	1994 年，2000 年，2010 年
5	安哥拉	2000 年，2005—2018 年	19	以色列	1996 年，2000 年，2007—2015 年
6	安提瓜和巴布达	1990 年，2000 年，2006 年，2015 年	20	吉尔吉斯斯坦	1990—2010 年
7	阿根廷	1990—2018 年	21	黎巴嫩	1994—2018 年
8	亚美尼亚	1990—2017 年	22	利比里亚	2000 年，2015—2017 年
9	阿塞拜疆	1990—2016 年	23	马达加斯加	1994 年，2000 年，2005—2010 年
10	巴哈马	1990 年，1994 年，2000 年	24	马来西亚	1990—2016 年
11	巴林	1994 年，2000 年，2006 年	25	马尔代夫	1994 年，2011—2015 年
12	孟加拉国	1994 年，2005—2012 年	26	毛里求斯	1990—2016 年
13	巴巴多斯	1990 年，1994 年，1997 年，2000—2010 年	27	墨西哥	1990—2015 年
14	伯利兹	1994 年，1997 年，2000 年，2003 年，2006 年，2009 年，2012 年，2015 年，2017 年	28	蒙古国	1990—2014 年

序号	国家/集团	清单年份	序号	国家/集团	清单年份
29	贝宁	1990—2015 年	47	摩洛哥	1994 年，2000 年，2004 年，2006 年，2008 年，2010 年，2012 年，2014 年，2016 年，2018 年
30	不丹	1994—2015 年	48	纳米比亚	1990—2016 年
31	玻利维亚	1990 年，1994 年，1998 年，2000 年，2002 年，2004 年，2006 年，2008 年	49	尼泊尔	1994—1995 年，2000—2001 年，2010—2011 年
32	波斯尼亚和黑塞哥维那	1990—2013 年	50	尼加拉瓜	1994 年，2000 年，2005 年，2010 年
33	博茨瓦纳	1994 年，2000—2014 年	51	尼日利亚	1994 年，2000—2017 年
34	巴西	1990—2016 年	52	巴基斯坦	1994 年，2008 年，2012 年，2015 年
35	文莱达鲁萨兰国	2010—2014 年	53	巴拿马	1994—2017 年
36	布基纳法索	1995 年，1997—2007 年，2015 年	54	菲律宾	1994 年，2000 年
37	布隆迪	1998 年，2005 年，2010 年，2015 年	55	韩国	1990—2018 年
38	佛得角	1995 年，2000 年，2005 年，2010 年	56	沙特阿拉伯	1990 年，2000 年，2010 年，2012 年
39	柬埔寨	1994—2016 年	57	塞尔维亚	1990—2014 年
40	喀麦隆	1994 年，2000 年	58	新加坡	1994 年，2000 年，2010 年，2012 年，2014 年，2016 年
41	中非	1994 年，2003—2010 年	59	南非	1990 年，1994 年，2000—2017 年
42	智利	1990—2018 年	60	索马里	2000—2015 年
43	中国	1994 年，2005 年，2010 年，2012 年，2014 年	61	巴勒斯坦	2011 年
44	哥伦比亚	1990—2018 年	62	塔吉克斯坦	1990—2014 年
45	库克群岛	1994 年，2006—2014 年	63	泰国	1994 年，2000—2016 年
46	哥斯达黎加	1990—2017 年	64	乌干达	1994 年，2005—2015 年

续表

序号	国家/集团	清单年份	序号	国家/集团	清单年份
65	古巴	1990—2016 年	74	阿联酋	1994 年，2000 年，2005 年，2014 年
66	朝鲜	1990—2002 年	75	坦桑尼亚	1990 年，1995—2005 年
67	刚果	1994 年，2000—2010 年	76	乌拉圭	1990 年，1994 年，1998 年，2000 年，2002 年，2004 年，2006 年，2008 年，2010 年，2012 年，2014 年，2016—2019 年
68	多米尼克	1994 年，2001—2017 年	77	乌兹别克斯坦	1990—2017 年
69	厄瓜多尔	1994 年，2000 年，2006 年，2010 年，2012 年	78	委内瑞拉	1999 年，2010 年
70	埃及	1990 年，2000 年，2005—2015 年	79	越南	1994 年，2000 年，2010 年，2013 年，2014 年，2016 年
71	赤道几内亚	2013 年	80	也门	1995 年，2000 年，2010 年，2012 年
72	埃塞俄比亚	1994—2013 年	81	赞比亚	1994 年，2000 年，2005 年，2010—2016 年
73	格鲁吉亚	1990—2017 年			

　　需要特别说明的是，在所有的碳数据库中，UNFCCC 数据库是唯一一个各缔约方政府认可，也即可以代表各国官方温室气体排放和吸收的数据库。在具有法律约束力的正式文件中，使用的均为 UNFCCC 数据库中的数据。比如，按照《巴黎协定》第二十一条，其生效需符合不少于 55 个，且其合计共占全球温室气体总排放量至少约 55% 的缔约方批准、接受、核准或加入文书。在评估《巴黎协定》生效时间时，采用的就是截至评估时间时各国提交《公约》秘书处的最新履约报告中的数据。因此虽然截至生效时间的 2016 年 10 月，IEA、BP 等数据库已发布中国 2014 年甚至 2015 年 CO_2 排放数据，但《公约》秘书处选用的中国排放数据仍然是我国提交《公约》的第二次国家信息通报中报告的 2005 年国家温室气体清单数据。

11.2 国际组织 IEA

IEA 脱胎于 1973—1974 年的石油危机，正式成立于 1974 年 11 月。IEA 成立的初衷是为确保石油的安全供应，现在的工作重点除能源安全外，还包括气候变化、空气污染和能源效率等。IEA 的成员国有 29 个，主要为经济合作与发展组织（OECD）国家，我国于 2015 年 11 月正式成为 IEA 的联盟国。IEA 计算各国碳排放量时，主要利用自己掌握的能源消费数据，其中 OECD 国家数据来自 OECD 成员国官方统计机构，非 OECD 国家数据来自这些国家的公开出版物，核算方法采用 IPCC 国家温室气体清单指南中的层级 1 方法、也即最为粗略的方法，排放因子采用指南中提供的缺省排放因子。因此，IEA 发布相关的碳排放数据为自己计算的结果，排放核算方法虽然远粗略于各国官方政府提交的国家温室气体清单，但优点是国家之间的方法学完全一致可比，各国的数据年份也基本相同，且由于其采用的能源消费数据主要来自各国官方统计机构，核算结果也相对接近于各国官方的国家温室气体清单数据，成为开展全球气候变化研究时引用频次较高的一个国际碳数据库。

2021 年之前，IEA 发布的为全球 100 多个国家和地区燃料燃烧的 CO_2 排放数据，其中 2015 年前采用《IPCC1996 指南》提供的核算方法，2015 年起改用《IPCC2006 指南》。自 2021 年起，IEA 排放数据覆盖范围扩展到全球 200 多个国家和地区，其中 OECD 国家和地区数据年份为 1960 年至滞后两年，如 2021 年发布的为 1960—2019 年排放数据，非 OECD 国家和地区以及全球数据年份为 1971 年至滞后两年，排放相关指标如排放强度数据年份则为 1990 年至滞后两年。排放数据也从之前的燃料燃烧 CO_2 排放进一步扩展至能源活动产生的所有温室气体排放。具体来说，包括燃料燃烧 CO_2 排放；燃料燃烧的非 CO_2，也即 CH_4 和 N_2O 排放；能源开采、运输、加工等过程的 CO_2 和 CH_4 逃逸排放。除此之外，还包括其他一些能源温室气体排放相关经济社会指标，如各国的人均排放、单位 GDP 排放等。非 CO_2 GWP 和发达国家温室气体清单中采用的数值一致，也即采用的为《IPCC 第四次评估报告》中数值，如 $1\,t\,CH_4$ 相当于 $25\,t\,CO_2$ 当量。以下详细介绍 2021 年 IEA 发布的能源活动各部分排放核算情况（IEA，2021）。

燃料燃烧 CO_2 排放：IEA 采用《IPCC2006 指南》的层级 1 方法核算，各国详细能源品种的实物量消费数据来自 IEA 能源统计，热值不同于指南提供的全球统一缺省系数，采用的是 IEA 年度更新的国别数据，单位热值含碳量为指南缺省值，碳氧化率也为指南缺省值，各能源品种全部为 100%。计算范围遵循《IPCC2006 指南》，各国燃料燃烧 CO_2 不包括非能源利用的 CO_2 排放，非能源利用相关排放报告在 IPPU 部门，同时各国航空和航海国际燃料舱排放单列，不计入各国排放总量。此外，为提高数据时效性，基于能源供应的初步数据，IEA 采用简化方法对上年度（y）燃料燃烧的温室气体排放数据和电热生产的 CO_2 排放数据做了快速估算。其中，燃料燃烧温室气体排放的简化计算方法为最新两年（$y-1$ 和 $y-2$）的单位能源供应（total energy supply，TES）温室气体排放量平均值乘上年度（y）的能源供应量，电热生产的 CO_2 排放简化计算方法为上年度（y）总电热产出（GW·h）乘上上年度（$y-1$）的电热 CO_2 排放因子［CO_2/（kW·h）］。

燃料燃烧的 CH_4 和 N_2O 排放：与 CO_2 不同，燃料燃烧的非 CO_2 温室气体排放强烈依赖于所使用的技术。即使同一个部门内部的技术类型也千差万别，如循环流化床锅炉的 N_2O 排放因子是燃煤锅炉的 40 余倍，移动源排放因子很大程度上取决于车辆技术类型（特别是污染物排放控制技术）和行驶工况等，因此指南中未提供基于燃料类型的缺省排放因子。IEA 基于分行业的层级 1 方法的缺省排放因子以及相关假设，如催化氧化和非控制车辆各占 50%等计算。因此，燃料燃烧的非 CO_2 排放核算结果不确定性远大于 CO_2。

能源活动的 CO_2 和 CH_4 逃逸排放：该部分排放数据主要基于 IEA 正在开展的 CH_4 相关工作，油气系统排放来源于世界能源模型，煤炭排放来自世界能源展望。煤炭和油气系统逃逸排放量采用"自下而上"方法计算，具体为各国不同环节的排放强度乘相应环节的能源生产和消费数据。对于油气系统，IEA 根据美国国家温室气体清单，计算得出美国石油和天然气生产（上游）和消费（下游）的逃逸排放强度，再基于 IEA 开展的企业和国别辅助数据调查结果，对美国各环节排放强度进行缩放以获得其他国家的特征排放强度，再结合各国上下游的生产和消费数据计算得出排放量。对于煤炭逃逸排放，主要基于美国国家环境保护局的温室气体强制报告计划中的各煤矿逃逸排放量数据，同时将各煤矿的加总数据同卫星监测数据进行验证，在此基础上，辅之以煤质、矿井深度和监管要求等信息得出各国煤炭的排放强度，再结合各国煤炭产量得到煤炭的逃逸排放量。2021 年 IEA 估算了 91 个国家的能源活动逃逸排放，这些国家排放量占全球逃逸排放总量的 95%，可以看出，由于缺少大部分国家的实测数据，能源活动的 CO_2 和 CH_4 逃逸排放计算结果不确定性也较大。

11.3 美国、欧洲研究机构

11.3.1 CDIAC

CDIAC 自 1982 年起为美国能源部（DOE）重要的全球变化数据和信息分析中心。数据库中包括各国化石燃料燃烧、水泥生产过程和天然气火炬燃烧 CO_2 排放。数据年份起始于第一次工业革命的 18 世纪 60 年代，是时间序列最长的一个碳数据库，其他数据库中较早年份排放数据基本都直接或通过数据衔接之后引自 CDIAC。但自 2017 年 9 月起该数据库停止更新，数据库中的 220 多个国家的最新数据年份为 2014 年。

CDIAC 数据库中，化石燃料燃烧 CO_2 排放采用的是类似于 IPCC 清单指南中的参考方法，利用不同能源品种（煤油气三大类）的表观消费量计算 CO_2 排放量。每类能源的表观消费量等于生产量加进口量减出口量、国际燃料舱和库存变化量。不同于 IEA 采用终端能源消费量数据，CDIAC 采用的为能源供应数据，数据来源于联合国统计办公室，并参考了各国官方统计资料。排放因子采用美国煤油气三大类平均排放因子，未区分到详细燃料品种。关于非能源利用 CO_2 排放，最新几年通过扣减用于非能源利用的液体燃料量、其他年份通过调低燃料燃烧碳氧化率来实现非能源利用 CO_2 排放量的扣减。关于国际燃料舱 CO_2 排放，CDIAC 与 IEA 一样，未将其列入各国排放总量，而是单列出来；数据库中水泥生产过程排放计算的是广泛使用的硅酸盐水泥，其 CO_2 排放来自石灰石高温煅烧生成氧化钙的过程，因此根据水泥产量、水泥中氧化钙含量以及氧化钙和 CO_2 的摩尔比即可计算得出 CO_2 排放量，水泥产量数据来自美国矿务局（U.S Bureau of Mines），水泥中氧化钙含量取值为 63.5%，数据来自专家判断和国别调查结果；数据库中还包括天然气火炬 CO_2 排放，天然气火炬是油田减少废气排放的一个方法，常用于缺乏天然气处理和回收能源的油田，以及设备意外故障或工厂紧急情况，数据主要来自联合国统计数据库以及美国能源信息署，数据库中共包含 57 个国家的天然气火炬 CO_2 排放数据（朱松丽，2013；Andres et al.，2012；曲建升等，2008；Boden et al.，1995；Marland et al.，1984）。综上可见，由于采用的为各国能源供应数据、各国排放因子均采用美国三大类平均排放因子等原因，CDIAC 数据库中的化石燃料燃烧 CO_2 排放核算结果准确性要低于 IEA。

11.3.2　EIA

EIA 是美国能源部的下设机构，负责收集、分析和发布能源信息，为政府、市场和公众提供能源以及能源相关的经济和环境决策参考。EIA 年度估算并发布 230 个国家的碳核算数据，目前除美国数据年份起始于 1949 年外，其余国家数据年份均起始于 1980 年，最新数据滞后两个年度，如 2021 年发布的各国最新数据年份为 2019 年。EIA 的核算范围为化石能源，即煤油气消费产生的排放，既包括化石燃料燃烧，也包括非能源利用的 CO_2 排放，但不包括天然气火炬或通风排放。对于国际燃料舱即国际航空和国际航海排放，EIA 将其排放计入加油国而非单列出来，如中国的总排放量包括中国出发终点为其他国家的国际航班或远洋轮船碳排放量（Andres et al.，2012）。

EIA 估算化石能源消费 CO_2 排放时采用的为各能源品种消费量乘以排放因子的核算方法，其中各能源品种的消费量数据来自 EIA 收集的数据，对于中国来说，数据来源包括中国国家统计局、中国电力企业联合会、国家电网、IEA 和 BP 等；单位热值含碳量和碳氧化率主要采用美国国家温室气体清单中数据，同时还做了一些调整，如用于燃烧的燃料品种氧化率全部采用 100%，沥青、润滑剂和石蜡等非能源产品认为全部固碳，即氧化率为 0，乙烷和石脑油等石化原料氧化率为 25%，75% 被固定到产品中。EIA 按煤炭、油品和天然气三个类别发布各国 CO_2 排放量，未细分到部门和行业。

11.3.3　EDGAR

全球大气研究排放数据库（EDGAR）由欧盟委员会联合研究中心（JRC）和荷兰环境评估署（PBL）联合开发。JRC 是欧盟委员会直属的科学和知识服务中心，成立于 1957 年，总部设在布鲁塞尔，分别在比利时、德国、意大利、荷兰和西班牙 5 个国家设有研究机构。JRC 为欧盟委员会及成员国提供全面、多学科和跨学科的政策支持，包括确定行动需求、制定和选择具体政策以及监测和评估政策实施效果，涵盖整个政策周期。其主要研究领域包括能源、环境、气候变化、交通、食品安全、核安全等。PBL 是荷兰基础设施和水资源管理部下属的研究机构，为荷兰不同的政府部门提供环境、资源和空间规划领域的政策支持。

EDGAR 是一个全球人为活动温室气体和空气污染物排放数据库，致力于提供一套各国可比且及时的碳排放数据，以弥补《公约》下发达国家和发展中国家官方数据在方法学、数据颗粒度不完全可比以及时效性差等方面的不足。EDGAR 采用与 IPCC 一致的方法学和国际统计数据开展独立的排放估算，可提供全球 220 多个国家碳排放数据以及分辨率为 0.1 m×0.1 m 的全球碳排放空间分布图。经过多年不断发展，2021 年，EDGAR 数据库已发布 6.0 版本，其中的碳核算数据内容已由 CO_2 扩展到 CO_2、CH_4、N_2O、HFCs、PFCs 和 SF_6 6 种温室气体，且由排放估算扩展到排放和吸收估算，如化石燃料 CO_2 排放、农业活动等领域产生的非 CO_2 排放以及 LULUCF 领域 CO_2 排放和吸收。与 IEA 一样，EDGAR 数据库还包括各国人均、单位 GDP 排放等指标，非 CO_2 全球增温潜势和发达国家的国家温室气体清单报告中数据一致，采用的为《IPCC 第四次评估报告》中的 GWP 数值。以下详细介绍 2021 年 EDGAR 数据库中各部分排放和吸收核算情况（Crippa et al.，2021）。

化石燃料 CO_2 排放：化石燃料 CO_2 排放包括化石燃料燃烧和天然气火炬，以及水泥、钢铁、化工等工业生产过程和产品使用（IPPU）的 CO_2 排放，时间范围为 1970 年至滞后一年，如 2021 年发布 1970—2020 年数据。各国化石燃料 CO_2 排放采用的为"自下而上"的核算方法。对于化石燃料 CO_2 排放来说，1970—2017 年排放量采用 2019 年 IEA 发布的各国能源平衡表数据核算，2018—2020 年 3 年排放量采用快速核算方法获得，具体为 2018 年排放量采用 IEA 发布的分主要燃料类型（煤炭、石油和天然气）能源消费数据，2019 年和 2020 年排放量根据 BP 统计的相应年份能源消费变化趋势估算。1994 年之后的油气开采火炬 CO_2 排放基于世界银行全球气体火炬减排伙伴关系（Global Gas Flaring Reduction Partnership，GGFR）和美国国家海洋和大气管理局（U.S. National Oceanic and Atmospheric Administration，NOAA）发布的各国火炬灯强度卫星观测数据估算，2020 年天然气火炬 CO_2 排放量通过 BP 发布的天然气火炬变化趋势估算。钢铁生产过程焦炭/煤炭作为还原剂以及石灰石使用 CO_2 排放估算时的粗钢产量统计数据来自世界钢铁协会（World Steel Association），2015 年之前的铁合金产量数据来自美国地质调查局（United States Geological Survey，USGS），2016—2020 年采用英国地质学会（British Geological Society，BGS）发布的生铁产量变化趋势数据估算。除中国和印度来自两国国内统计外，其他国家水泥熟料生产过程 CO_2 排放估算时的水泥产量数据均来自 USGS；2019 年前的熟料水泥配比系数来自各国提交《公约》的清单，美国该系数来自 USGS，中国该系数来自中国水泥研究院（China Cement Research Institute），巴西、埃及、菲律宾和泰国 4 国该系数来自全球水泥和混凝土协会（Global Cement and Concrete Association，GCSA）。其他碳酸盐使用如玻璃生产过程的 CO_2 排放采用 USGS 发布的石灰产量推算。尿素生产和消费数据来自国际化肥工业协会（International Fertiliser Industry Association，IFA），合成氨产量来自 USGS。

非 CO_2 排放：非 CO_2 排放包括能源活动、农业活动、IPPU 以及废弃物处理等产生的 CH_4、N_2O 和含氟气体，CH_4 和 N_2O 排放数据年份为 1970 年至滞后 3 年，如 2021 年发布 1970—2018 年数据，含氟气体数据年份为 1990—2018 年。其中，油气系统 CH_4 排放基于发达国家提交《公约》的清单数据、美国国家环境保护局发布的油气系统清单以及全球油气系统 CH_4 排放"自下而上"模拟估算。农业活动排放来自水稻种植、动物肠道发酵、粪便管理、肥料使用以及农业废弃物田间焚烧等，活动水平数据来自联合国粮农组织统计司（Statistics Division of the Food and Agricultural Organisation of the UN，FAOSTAT），排放因子采用《IPCC2006 指南》缺省值，奶牛和非奶牛肠道发酵 CH_4 排放更新至《IPCC2006 指南》层级 2 方法。废弃物处理排放来自废水处理、废弃物焚烧和填埋等，废水处理的 CH_4 和 N_2O 排放采用《IPCC2006 指南》方法估算，数据来源包括 FAO、可再生燃料协会（Renewable Fuels Association，RFA）和 UNDP 等；废弃物焚烧排放采用各国提交《公约》的清单数据以及《IPCC2006 指南》方法估算；废弃物填埋采用《IPCC2006 指南》的一阶衰减方法，发达国家数据来自各国提交《公约》的清单、联合国城市固体废物收集量和处理率以及《IPCC2006 指南》中提供的固体废物焚烧和填埋处理率，发展中国家人均废弃物填埋量采用最新可获取数据，由于一般假设发展中国家仅城市收集固体废物，因此计算过程采用联合国的城市人口统计数据。

LULUCF 的 CO_2 排放和吸收：EDGAR 数据库 2021 年首次纳入计算各国 LULUCF 领域的 CO_2 排放和吸收，数据年份为 2000—2015 年。LULUCF 领域的 CO_2 排放和吸收包括一直为林地的林地（存在至少 20 年的管理林地）、林地转化以及其他土地利用类型，其中一直为林地的林地是最大的碳吸收汇。EDGAR 数据库估算了各国一直为林地的林地碳吸收，其他土地利用类型碳排放和吸收数据来自各国提交给《公约》的清单数据，对于发达国家来说其他土地利用类型数据较为完整，而许多发展中国家没有报告相关数据。一直为林地的林地碳吸收采用的是《IPCC2006 指南》和《IPCC2019 指南》中层级 1 方法，1992—2015 年活动水平数据来自广泛使用的欧洲空间局（European Space Agency，ESA）气候变化倡议的土地覆盖数据集，2016—2018 年活动水平数据来自哥白尼气候变化服务中心（Copernicus Climate Change Service，C3S）框架，排放因子来自《IPCC 指南》缺省值、专家判断以及科研文献，由于不确定性较大，排放因子未来有较大改进空间。

11.4　跨国公司 BP

BP 是世界上最大的能源企业之一，业务范围覆盖全球能源体系。自 1952 年发布首份《BP 世界能源统计年鉴》（*BP Statistical Review of World Energy*）以来，截至 2021 年 7 月，BP 已发布至第 70 版，年鉴中包括不同能源品种的储量、产量、消费量、价格、贸易以及 CO_2 排放信息。由于数据连续性好、时效性强，BP 数据成为全球能源领域的重要信息来源之一，得到能源行业、政府和学术界等的广泛引用。

2021 版年鉴包括 83 个国家和地区的 CO_2 排放数据，范围包括化石燃料燃烧和天然气火炬排放，其中前者的数据年份为 1965—2020 年，后者的数据年份为 1975—2020 年。化石燃料燃烧 CO_2 排放量通过各能源品种消费量乘以《IPCC2006 指南》中化石燃料燃烧缺省排放因子计算得出，能源消费量来自 BP 根据各国国家统计机构、国际组织和其他专有资料整理的数据。各国天然气火炬排放量通过火炬量和《IPCC2006 指南》中天然气燃烧缺省排放因子计算得出，其中 2013 年以后火炬量通过科罗拉多矿业学院提供的夜间数据测算得出，包括油气系统的上游和下游火炬，2013 年以前火炬量来自法国国际天然气协会（Cedigaz），仅包括油气系统上游火炬（BP Statistical Review of World Energy，2021）。

11.5　小结

基于关注角度的不同以及自身基础数据获取方面的优势，国际公约秘书处、国际组织、研究机构以及跨国公司等持续开展全球和国别碳数据的收集、分析、计算以及信息发布，上述机构发布的碳数据在国内外应对气候变化研究以及进展评估时经常被引用。表 11-2 汇总了 6 个原创碳数据库在数据库性质和定位、核算边界、核算方法以及基础参数来源等方面的特点。

① 在数据库性质和定位上，仅 UNFCCC 数据库是各国政府提交联合国的清单数据汇总，代表着各国的官方碳核算结果，在具有法律约束力的联合国正式文件中使用的均为此数据库中数据。但该数据库存在数据起始年份不够早、发展中国家数据年份不连续、不及时以及同发达国家不完全可比等问题，现阶段难以完全支撑长时间序列的全球或国别对比分析。为弥补上述不足，IEA、EIA 和 BP 等机构基于自身相关统计数据基础，独立开展了各国的碳核算，这些数据库优点为不同国家的核算方法一致、数据颗粒度可比、数据及时性较强以及时间序列较长。由于 IEA 等数据库定位在为全球应对气候研究提供尽可能一致和及时的全球碳核算数据，而非代替各国官方数据，因此准确性并不是这些数据库的首要任务。

表 11-2 国际典型碳数据库特点汇总

序号	数据库	核算对象和边界	数据起始年份	最新数据年份	时间序列	核算方法	数据来源	其他
1	UNFCCC	1.《公约》缔约方; 2. 能源活动、IPPU、农业、LULUCF 和废弃物 5 个领域; 3. 发达国家均包括 CO_2、CH_4、N_2O、HFCs、PFCs、SF_6 和 NF_3 7 种温室气体,还报告 CO、NO_x、NMVOCs、SO_2 等温室气体前体物;发展中国家均包括 CO_2、CH_4 和 N_2O 3 种气体,选择性报送其他温室气体	1. 发达国家为 1990 年; 2. 发展中国家部分为 1990 年和 1994 年	1. 发达国家滞后两年; 2. 发展中国家参差不齐,最新大部分发展中国家滞后四年	1. 发达国家为长时间序列; 2. 发展中国家早期报送的为单个年份的为单个年份清单,近年份连续年份清单占比升高	1. 发达国家采用《IPCC2006 指南》; 2. 发展中国家大部分采用《IPCC1996 指南》,部分或全部采用《IPCC2006 指南》	《公约》各缔约方提交数据	唯一的各缔约方认可的官方碳数据,覆盖的温室气体种类最全,但是发达国家和发展中国家间在覆盖气体、数据年份以及核算方法上不完全一致
2	IEA	1. 200 多个国家和地区燃料燃烧 CO_2、CH_4 和 N_2O 排放; 2. 91 个国家的能源开采、运输、加工等过程的 CO_2 和 CH_4 逃逸排放	1. OECD 国家和地区为 1960 年; 2. 非 OECD 国家和地区为 1971 年	滞后两年	是	1. 燃料燃烧排放采用《IPCC2006 指南》层级 1 方法; 2. 逃逸排放采用 IEA 的模型,为自上而下上算法	独立核算。其中,能源实物量消费数据来自 IEA,热值用 IEA 国别数据,燃料燃烧 CO_2 排放因子为《IPCC 指南》缺省值,逃逸排放采用《IPCC 指南》逃逸排放因子基于美国数据国别情况再根据调整	国家之间的核算算方法学、数据来源以及排放因子一致。由于能源消费数据采用各国官方统计,因此核算结果接近于国家温室气体清单

续表

序号	数据库	核算对象和边界	数据起始年份	最新数据年份	时间序列	核算方法	数据来源	其他
3	CDIAC	220 多个国家和地区化石燃料燃烧、水泥生产过程和天然气火炬燃烧 CO_2 排放	不同国家起始年份不一，最早的开始于 18 世纪 60 年代	2014 年	是	1. 化石燃料燃烧 CO_2 排放采用类似于《IPCC 指南》中的参考方法；2. 水泥生产过程 CO_2 排放采用类似 IPCC 层级 1 方法	独立核算。其中，能源供应数据来源于美国统计办公室，燃料燃烧 CO_2 排放因子为美国平均值，分油、煤、气三大类；水泥产量排放因子来自美国矿务局，排放因子来自美国地质调查局，排放因子来自专家判断和国别调查	数据起始年份最早，时间序列最长的一个碳数据库，但该数据库停止于 2017 年更新。由于各国能源消费数据、各国非能源消费数据，各国煤、油、气平均排放因子，各国核算结果不确定性较大
4	EIA	230 个国家化石能源消费 CO_2 排放，既包括化石燃料燃烧，也包括非能源利用 CO_2 排放	1. 美国为 1949 年；2. 其余国家为 1980 年	滞后两年	是	化石能源消费 CO_2 排放量采用各能源品种消费量乘以排放因子方法核算，非能源利用排放通过调整各能源品种氧化率计算	独立核算。其中，能源消费量来自 EIA，排放因子来自美国国别清单	国际燃料舱排放计入加油国，其他数据如该库如排放一般单独分排放一个国家列，不计入国家排放总量

续表

序号	数据库	核算对象和边界	数据起始年份	最新数据年份	时间序列	核算方法	数据来源	其他
5	EDGAR	1.全球220多个国家和地区；2.化石CO_2排放，包括化石燃料燃烧和天然气火炬，以及水泥、钢铁、化工等IPPU过程CO_2排放；3.农业活动等领域产生的非CO_2排放；4.LULUCF领域CO_2排放和吸收	1.化石CO_2为1970年；2.非CO_2排放中的CH4和N_2O为1970年，含氟气体为1990年；3.LULUCF领域CO_2为2000年	1.化石CO_2为滞后一年；2.非CO_2滞后三年；3.LULUCF首次计算至2015年	是	1.化石CO_2采用IPCC中的排放因子法；2.非CO_2采用清单数据、已估算模型以及《IPCC2006指南》等；3.LULUCF中一直为林地碳吸收采用《IPCC2006指南》和《IPCC2019指南》中层级1方法	独立核算加各国清单数据。其中能源消费量主要来自IEA和BP，火炬量采用卫星观测度数据，IPPU中相关产品产量来自相关行业协会以及中国和印度的国内统计，非CO_2来自联合国粮农组织和国际林业研究协会，LULUCF活动水平数据来自欧洲空间局以及哥白尼气候变化服务中心，各领域排放因子大部分为IPCC缺省值	1.除UNFCCC数据库外核算内容最全的一个碳数据库，既包括排放，也包括吸收；2.尽量同各国官方清单数据衔接
6	BP	83个国家和地区化石燃料燃烧和天然气火炬CO_2排放	1.化石燃料燃烧为1965年；2.天然气火炬为1975年	滞后一年	是	采用《IPCC2006指南》层级1方法	独立核算。其中能源消费量来自BP整理，火炬量来自法国国际天然气协会和科罗拉多矿业学院	时效性最强

② 在核算边界上，UNFCCC 数据库覆盖全部的人为排放源、吸收汇以及温室气体种类，部门和领域的划分也较为细致，是核算内容最为全面的一个数据库。其他数据库早期大多聚焦于燃料燃烧 CO_2 排放，其原因一是虽然各国之间差异较大，但从全球来看能源活动排放占温室气体总排放量的 75%，能源活动排放量中绝大部又来自燃料燃烧 CO_2 排放（IEA，2021）；二是 IEA、EIA、BP 等机构本身长期从事能源生产、消费等统计，积累了丰富的核算全球燃料燃烧 CO_2 排放的基础数据；三是燃料燃烧 CO_2 排放核算方法相对简单。近年来，部分国际碳数据库不断扩展核算边界，如 2021 年 IEA 发布数据覆盖至能源活动产生的所有温室气体排放，既包括燃料燃烧 CO_2 排放，也包括燃料燃烧的 CH_4 和 N_2O 排放，还包括能源开采、运输、加工等过程的 CO_2 和 CH_4 逃逸排放；2021 年 EDGAR 数据库覆盖 CO_2、CH_4、N_2O、HFCs、PFCs 和 SF_6 6 种温室气体，且由排放核算扩展到排放和吸收，边界逐渐向国家清单靠拢。

③ 在核算方法上，UNFCCC 数据库中发达国家清单目前主要采用《IPCC2006 指南》、发展中国家主要采用《IPCC1996 指南》及相关优良做法指南，在各个排放源具体核算方法上，各国又根据本国的实际数据可获得情况选择不同层级的方法，因此国家间核算方法相差较大。其他数据库大多采用 IPCC 最低层级方法，方法层级越低所需要的基础数据就越粗略，满足核算需要的基础数据就越容易获取，国际机构才可能在较短时间内核算得出全球各国排放量。另外，这也与 IEA 等数据库定位于提供全球尽可能一致的数据相吻合，实现了同一数据库中不同国家碳核算数据具有较好的可比性。

④ 在基础参数来源上，UNFCCC 数据库中各国清单尤其是清单中的关键排放源会尽力采用高层级方法，基础数据来自各国官方统计、调查、测试和分析等，通常来说是一个国家现有经济和技术条件下能够获取的最准确和全面的碳核算数据。其他数据库数据来源复杂多样，如 IEA、EIA 和 BP 的能源数据主要来自各机构自身长期的收集和整理，包括各国的官方数据，也包括机构自身开展的研究等；工业产品如钢铁、水泥产量主要来自国际行业协会，火炬和土地类型变化大多来自卫星观测；排放因子大多采用 IPCC 缺省值，但 IEA 逃逸排放因子、CDIAC 化石燃料燃烧以及水泥排放因子和 EIA 能源消费排放因子采用的为美国相关研究（如国家清单）中数值。由于各数据库同一排放源的

核算方法、数据来源均不完全相同，从而导致核算结果也不完全一致，部分国家核算结果甚至同其官方数据相比有较大差距（朱松丽，2013）。

此外，根据近年 IEA 等国际碳数据库的发展趋势来看，国际碳数据库之间的趋同和融合越来越多。如为了提供长时间序列数据，IEA 采用 CDIAC 数据对 1751 年以来至 1960 年（OECD 国家）/1971 年（非 OECD 国家）的数据进行了补充，由于方法及采用的基础数据不同，两套数据相差幅度为 1%～10%，为了保持时间序列一致性，IEA 对两套数据做了衔接处理，即根据第一个重叠十年（大多数国家选择 1971—1980 年）两套数据的平均差异调整了 CDIAC 中各国的液体和固体燃料消费数据；为有效分配资源，JRC 与 IEA 达成一致意见，未来 EDGAR 数据库中的化石燃料燃烧 CO_2 排放采用 IEA 数据，JRC 重点核算 IPPU 领域的 CO_2 排放，从而使 IEA 和 EDGAR 两个数据库最大限度上保持数据一致性（Crippa et al.，2021）；为弥补 IEA 燃料燃烧排放数据时效性不足问题，EDGAR 还根据 BP 最新发布数据估算了上年度排放。目前，《IPCC 评估报告》中已多次采用 EDGAR 等国际碳数据库数据开展全球分析，随着国际碳数据库的不断发展，其应用范围和引用频次会继续上升。对于我国来说，参考引用相关国际数据库数据时要仔细区分核算边界，开展对比分析时需慎重甄别，不能简单地将不同数据库数据直接对比；更重要的是，要加强我国自身碳核算数据的生产和发布，这既可为政府和研究人员提供我国的权威数据，也在一定程度上会促进国际数据库更新我国碳核算结果，使更为真实准确的我国碳核算数据在全球范围内得到广泛利用。

参 考 文 献

曲建升，曾静静，张志强，2008. 国际主要温室气体排放数据集比较分析研究[J]. 地球科学进展，23（1）：47-54.

朱松丽，2013. 中国二氧化碳排放数据比较分析[J]. 气候变化研究进展，9（4）：266-274.

Andres R J，Boden T A，Breon F-M，et al.，2012. A synthesis of carbon dioxide emissions from fossil-fuel combustion[J]. Biogeoscience，9：1299-1376.

Boden T，Marland G，Andres R，1995. Estimates of global，regional，and national annual CO_2 emissions from fossil-fuel burning，hydraulic cement production，and gas flaring：1950-1992[R]. DRNL/CDIAC https://doi.org/10.2172/207068.

Climate Watch，2022. Which data sources does Climate Watch use[EB/OL]. [2022-06-05]. https://www.climatewatchdata.org/about/faq/ghg.

Crippa M，Guizzardi D，Solazzo E et al.，2021. GHG emissions of all world countries-2021 Report[M]. 2021，https://edgar.jrc.ec.europa.eu/report_2021eu.

Gütschow J，Günther A，Pflüger M，2021. The PRIMAP-hist national historical emissions time series（1750-2019）. v2.3.1[DB/OL]. [2022-06-05]. https://doi.org/10.5281/zenodo.5494497.

International Energy Agency（IEA），2021. Greenhouse Gas Emissions from Energy database [DB/OL]. [2022-06-05]. https://unfccc.int/process-and-meetings/transparency-and-reporting/greenhouse-gas-data/ghg-data-unfccc/ghg-data-from-unfccc.

Marland G，Rotty R M，1984. Carbon dioxide emissions from fossil fuels：a procedure for estimation and results for 1950-1982[J]. Tellus B，36：232-261.

United Nations Framework Convention on Climate Change（UNFCCC），2019. GHG data from UNFCCC[DB/OL]. [2022-06-05]. https://unfccc.int/process-and-meetings/transparency-and-reporting/greenhouse-gas-data/ghg-data-unfccc/ghg-data-from-unfccc.

第 12 章　碳核算发展趋势及展望

　　总体上，在应对气候变化背景下，20 世纪 90 年代以来国内外碳核算取得了长足进展。对我国而言，为满足应对气候变化国际履约要求，以及支撑实现我国提出的控制温室气体排放目标，国内在区域、企业、项目和产品碳核算层面开展了大量的工作，也取得了积极成效。国家和各省份都建立了应对气候变化统计指标体系，完善了与温室气体清单编制相匹配的基础统计制度；向《公约》秘书处提交了 1994 年、2005 年、2010 年、2012 年和 2014 年国家温室气体清单，接受了《公约》秘书处组织的两轮国际评审，清单质量得到国际专家认可；印发了《省级温室气体清单编制指南（试行）》，开展了多轮地方清单能力建设，先后组织了 31 个省（自治区、直辖市）开展 2005 年、2010 年、2012 年和 2014 年清单编制工作，针对上述年份清单开展了全覆盖的联审，各地区还自发开展了其他年份以及省级以下区域的温室气体清单编制；从“十二五”时期开展了全国及 31 个省（自治区、直辖市）年度碳强度下降率核算，支撑了国家碳强度下降约束性目标进展评估、省级碳强度考核以及形势分析等工作；分三批陆续发布了 24 个行业企业温室气体排放核算方法与报告指南，其中 11 个转化成了国家标准，印发和修订了发电设施核算方法和报告指南，组织了发电、石化、化工、建材、钢铁、有色、造纸、民航八大重点排放行业企业开展了年度碳排放数据报送，初步形成了企业按要求报告、技术服务机构开展核查、主管部门进行监督管理的工作机制；先后分 12 批共备案 200 个基于项目碳减排核算方法学，涵盖工业、电力、能源、农业等多个重点行业和领域，支持了 1 300 多个注册减排项目，签发减排量约为 7 700 万 t CO_2 当量；一些地区和机构发布了产品碳足迹核算的地方标准和团体标准，也有部分企业自发尝试开展了产品碳核算工作；培养了一批碳核算管理和技术人才队伍，初步建立了信息化的碳排放数据报送和分析管理系统。此外，我国还启动了碳监测试点工作，发布实施了《火电厂烟气二氧化碳排放连续监测技术规范》。

本章基于前文对当前国内外不同层级碳核算理论与实践的介绍，结合我国国内"双碳"工作的数据需求，以及未来国际履约要求、国际贸易在低碳领域的发展趋势等，分析了目前我国碳核算体系存在的不足，并展望了构建统一规范的碳核算体系的实现路径。

12.1　面临的挑战

虽然我国之前圆满完成了历次国际履约任务，也有力支撑了以碳强度下降目标为核心指标的控制温室气体排放工作，但在国内外新形势下，国内"双碳"和其他应对气候变化工作对碳核算数据准确性、及时性、一致性、可比性和透明性等提出更高需求，《巴黎协定》下强化的透明度框架以及后续实施细则对发展中国家碳核算报告和审评提出强化要求，以欧盟碳边境调节机制为代表的碳关税对出口行业碳核算提出紧迫要求，大型跨国公司从供应链及生命周期角度对产品碳核算产生倒逼效应，国际碳数据库影响力扩大对我国官方数据形成更大压力，外加我国全球首位的排放量体量、复杂多样的能源品种、门类齐全的工业体系和千差万别的工艺水平，原有的碳核算工作面临一系列挑战。

12.1.1　核算体系

一是碳核算方法在保持同国际指南同步以及各个层级的碳核算标准规范方面存在不足。IPCC 制定的国家温室气体清单指南，是各国开展国家级碳核算的基本参考。按照《公约》相关决议要求（UNFCCC，2015，2013，2011），目前发展中国家按照《IPCC1996 指南》、发达国家按照《IPCC2006 指南》编制国家温室气体清单，从 2024 年起发展中国家也需遵循《IPCC2006 指南》。2019 年 IPCC 第 49 次全会通过的《IPCC2019 指南》，对《IPCC2006 指南》做了进一步修订和完善，2021 年《巴黎协定》第 3 次缔约方大会上达成的相关决议中提及 2024 年后各缔约方可自愿使用《IPCC2019 指南》。我国国家清单目前主要参考《IPCC1996 指南》编制，部分排放源采用《IPCC2006 指南》（PRC，2019），因此在国家清单方法学方面需要做好全面升级的各种技术储备。同时，我国现行《省级温室气体清单编制指南（试行）》主要基于《2005年国家温室气体清单》编制经验编写，同最新国家温室气体清单的范围和方法等也存在一定差异。除上海、广东、浙江等建立了和本地管理方式相匹配的市（区、县）碳核算方法学规范外，我国大部分地区在省级以下区域碳核算方法规范方面还是空白（广东省生态环境厅，2020）。此外，目前的企业核算指南以及标准存在同一参数在不同行业要求宽松不一、实测参数要求较为笼统等问题，除火电设施外，全国碳市场下其他设施核算也缺乏专门的方法规范。CCER 减排项目碳核算方法学存在未能覆盖所有的减排项目领域、部分 CDM转化而来的方法学不完全符合我国减排项目实际情况、同碳市场下设施核算方法不完全衔接以及部分基准线设置同当前情况有一定出入等问题。在产品碳核算以及碳监测领域，目前仅部分地区或行业、团体开展了方法学以及技术规范方面的探索。

二是碳核算时效性滞后且缺乏较长时间序列数据。按照《公约》共同但有区别的责任原则，发展中国家在得到发达国家资金、技术和能力建设支持的条件下，应开展国家温室气体清单编制和报告工作。受国际资金申请流程复杂等影响，我国政府于 2019 年提交《公约》秘书处的最新年份清单为 2014 年数据（PRC，2019），远远滞后于国内工作需要。在省级层面，除国家统一要求的2005 年、2010 年、2012 年和 2014 年清单外，其余年份各地区清单编制情况参差不齐，在遇到经济普查等基础统计数据调整时，也没有及时对历史年份排放数据进行回算，因此虽然部分省份每年均开展了上年度的清单编制，但由于缺乏时间序列数据影响了清单在政策制定和评估考核等方面的应用。

三是碳核算所需的基础统计数据不够完善。现有基础统计难以完全满足碳核算工作需要，包括部分指标尚未纳入统计范围，部门行业分类不完全匹配，以及部分基础统计数据发布不够及时等，且区域越小、基础统计工作越薄弱。排放因子的工作基础也有待加强，之前我国仅在编制国家温室气体清单过程中、在国际资金支持下专门开展过排放因子调查和抽样实测工作；全国碳市场启动后，除由于惩罚性的高限值政策倒逼火电企业实测比例大幅上升外，其他重点行业极少有企业报送实测排放因子。此外，部分科研机构也开展过我国能源尤其是煤炭特征排放因子的调查、实测工作，但由于我国煤炭品种复杂多样，而实测样本量较为有限，导致排放因子结果不确定性较大（于胜民等，2015；滕飞等，2015）。

四是碳核算数据质量管理工作有待进一步加强。在地方层面，省级清单还缺少常态化的"自上而下"审核以及地区间联审机制，除 2005 年、2010 年、2012 年和 2014 年 4 个年度外，尚未对其他年份省级清单组织开展过统一的质量评估，省级清单在准确性以及地区间横向可比方面还存在上升空间。在企业尤其是碳市场设施层面，存在部分企业内部数据质量控制体系不健全，核查机构水平参差不齐，个别检测和咨询服务机构甚至存在编造、篡改以及伪造检测报告等严重的弄虚作假问题（生态环境部，2022）。在减排项目碳核算方面，项目业主自主购买经政府备案的审定与核证机构开展减排量核算方式也存在数据质量隐患。此外，相关研究机构独立开展了部分碳核算工作，但由于缺乏统一归口管理，研究成果未能充分发挥对碳核算业务可能的补充或校核作用。

五是碳核算数据尚未形成统一权威的发布渠道。在美国、澳大利亚等一些发达国家，应对气候变化主管部门官网上都专门设置一个碳核算数据发布板块，其中既有可供直接阅读或下载的碳核算数据报告、相关分析报告，也包括交互式数据查询界面，使用起来非常方便。国内数据发布较为零散，如国家温室气体清单一般于履约报告提交联合国后，由应对气候变化主管部门在官网相关业务工作板块公布，近年来的年度全国碳强度下降率结果发布于《中华人民共和国国民经济和社会发展统计公报》，自主贡献目标进展发布在《中国应对气候变化政策与行动年度报告》《中国生态环境状况公报》以及相关政府新闻稿等。与发达国家相比，我国目前还缺少权威、统一、专门、连续的碳核算数据发布窗口。

12.1.2　支撑保障

一是法律法规保障不到位。美国和欧盟等目前都出台了专门的碳核算相关法律法规，从法律层面明确了碳核算职责分工、核算方法、数据质量要求等。目前我国开展区域级碳核算时，主要通过主管部门发函方式向相关部门、机构以及企业等获取基础数据，在全国碳交易市场下，主管部门每年通过发布工作通知形式对企业碳排放数据报送提出要求。由于缺乏碳核算相关的法律法规，在协调跨部门的数据以及监管企业等过程中都缺乏坚实保障，当相关主体出现不报送或不及时报送、数据造假等情况时，主管部门面临处罚法律依据不充分、实施主体不明确以及处罚力度过低等问题。

二是工作机制不健全。大部分发达国家均成立了专门的国家温室气体清单编制管理机构，如澳大利亚应对气候变化主管机构下设专门的国家清单和国际报告部门，有十余人专职从事年度清单编制工作；日本在国家环境研究所下设立了国家温室气体清单办公室，负责组织编制国家清单以及接受国际审评等。我国国家温室气体清单编制之前较为依赖国际资金，外加项目制的管理方式对清单编制工作的连贯性、队伍稳定性以及清单质量改进等方面都造成一定影响，与有关部门和单位的基础数据沟通协调等方面也存在一些困难。

三是专业人员力量不充足。碳核算是一项综合性、专业性很强的技术工作。在区域层面，发达国家均配备有专业的核算技术队伍以履行年度清单报告义务，我国相关人员一般为"兼任"、同时承担大量的其他工作，地方上在人员力量配备方面问题更为突出。在企业层面，全国碳交易市场正式启动后，控排企业、技术服务机构等对碳核算相关的专业技术人员需求大于供应。此外，在数据质量政府监管方面存在类似问题，无论是欧盟委员会还是其成员国，均有几十人的专业队伍负责碳市场监管，相比之下我国管理和技术支撑团队规模均较小。

四是资金保障等不稳定。之前我国国家温室气体清单编制主要由全球环境基金（GEF）赠款项目支持，资金申请流程烦琐而漫长，且额度还存在不断被削减的问题。各地区清单编制资金投入情况参差不齐，仅少部分经济发达地区较为稳定，影响了碳核算工作的连续开展。在企业和设施层面，全国碳市场核查以及日常监管所需资金缺乏专项经费，地方工作经费保障也普遍滞后，甚至个别地方因经费投入不及时，造成年度核查工作滞后，影响了全国工作统一开展。

此外，信息技术是解决复杂的碳排放数据计算以及大量数据管理的重要工具，目前区块链、大数据等现代信息技术在我国数据采集以及监管等方面作用尚未得到充分发挥。

12.2　完善的路径

　　碳核算是一项重要的基础性工作，为科学制定国家政策、评估考核工作进展、参与国际谈判履约等提供必要的数据依据，数据的完整性、及时性、准确性、一致性和透明度至关重要。《中共中央　国务院关于完整准确全面贯彻新发展理念做好碳达峰碳中和工作的意见》和《2030 年前碳达峰行动方案》提出要建立统一规范的碳排放统计核算体系。为贯彻落实党中央、国务院部署，2022 年 4 月国家发展改革委、国家统计局、生态环境部印发《关于加快建立统一规范的碳排放统计核算体系实施方案》（以下简称《实施方案》）（国家发展改革委等，2022）。《实施方案》系统部署了"十四五"时期全国及地方、行业企业、产品碳核算等重点任务，强化碳核算工作的统一领导、明确相关主体的分工和责任、规范方法标准、强化政府数据权威性将是未来我国碳核算工作的重点。

　　为满足我国下一步工作需求，结合碳核算国际经验以及国内基础，建议我国碳核算体系主要包括区域、企业、项目和产品 4 个部分（图 12-1），其中区域层面包括滞后两年、细化到部门行业的温室气体清单和时效性更强、口径稍窄以及方法学略粗的初步碳核算。国家碳核算数据要兼顾国内"双碳"工作需要与国际履约需求，要实现清单与初步碳核算数据可衔接、不同年份数据可衔接。区域、企业、项目和产品碳核算相辅相成、相互依托，清单可为其他类别碳核算提供缺省排放因子，企业和设施核算和报告可提供实测排放因子等基础参数，但由于各类碳核算的核算范围不同，因此 4 个类别间不是简单加总关系，各类别碳核算独立开展，分别服务于不同的工作目标。同时，完善核算方法标准、加强统计调查和监测基础、规范数据质量管理，以及健全碳核算相关法律法规、工作机制，研发和推广应用先进技术，强化人员和资金保障等贯穿全程。以下从核算体系以及支撑保障等方面提出具体完善建议。

12.2.1　核算体系

　　一是健全完善不同层级的碳核算方法技术规范。目前《公约》要求发展中国家自 2024 年起应遵循《IPCC2006 指南》编制国家温室气体清单，但对最新

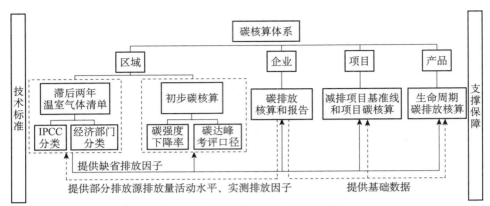

图 12-1 我国碳核算体系构建思路

《IPCC2019 指南》的使用还没有强制要求。考虑到国内推进碳达峰、碳中和工作需要以及国际上有关科学认识的发展情况，建议我国提前充分评估国际方法学升级对我国的影响，在确保科学合理的前提下尽量向新版国际指南过渡。更新完善省级温室气体清单编制指南，促进其与国家清单编制方法、口径尽可能地保持一致。建立和不断完善国家和省级地区初步碳核算方法，做好与清单在方法学和数据方面的衔接。鼓励各地区建立符合本地区管理需求的省级以下区域碳核算方法。结合已有行业企业实践经验，以及我国下一阶段对甲烷等非CO_2温室气体控制要求，统筹兼顾准确性、可操作性以及监管成本等多个维度，进一步修订和发布企业以及设施排放核算方法指南标准。修订完善 CCER 减排项目碳核算方法学，制定适合我国企业和国情的产品碳核算标准，制定碳监测的监测点位设置、连续监测以及标准气体配制、监测运维等方面的技术规范。

二是强化碳核算和报告要求。在国家和省级层面，基于国内"双碳"工作需求、国际履约要求以及基础统计数据可获得性，可考虑参考发达国家经验，采用一致可比方式开展滞后两年的温室气体清单编制以及上年度的初步核算，确保国家和省级区域具有上年度及时间序列的碳核算数据，其中清单应覆盖能源活动、IPPU、农业活动、LULUCF 以及废弃物处理 5 个领域，上年度初步核算先期可聚焦于碳达峰口径的 CO_2，之后逐步扩展范围。同时，为满足部门行业达峰工作需要，同步开展碳达峰部门行业范围口径的碳排放数据核算。如遇经济普查等基础数据调整，及时对历年排放数据开展回算，确保具有长时间序列的国家和地方排放数据。企业和设施数据是其他层级碳核算如区域级清单本地化排放因子、产品碳核算上下游各环节直接排放等的重要基础，应建立完善企业温室气体报告制度，逐步降低企业报告门槛，扩大行业覆盖度和报告内容，除目前已有的全国碳市场八大行业外，还应将煤炭生产、油气生产、垃圾填埋场、大型种植/养殖场等更多企业纳入报告范围。此外，随着延伸排放核算的发展，不同层级碳核算都涉及间接排放，尤其是数据基础较好的电力间接排放，应定期开展电网排放因子的核算，并根据最新可获得的数据对历史年度排放因子进行重新计算。

三是加强统计、调查和监测基础。为配合碳核算工作需要，亟须进一步完善现有的基础统计制度，包括新增统计指标，如增加对水泥熟料产量、电极消耗量、作为熔剂的碳酸盐消费量等涉及 IPPU 领域排放的碳核算基础参数统计，增加建筑物运行以及不同类型交通工具能耗等的调查统计；进一步细化统计分类，如进一步区分各行业能源消费中燃料燃烧和非能源利用部分等。进一步提高有关统计工作时效性，推进国家和地区层面统计数据更好衔接。加强我国关键排放源特征参数的统计调查和排放因子的定期监测，结合全国碳市场企业数据报送，建立权威的我国官方排放因子数据库，为不同层级碳核算提供技术参数，降低我国碳核算成本以及提高我国碳核算的准确性。

四是规范碳排放数据质量管理。制定国家和省级区域碳核算的质量保证和质量控制程序，在传统质控手段外探索增加大气浓度反演排放量等校核方法，实现国家对省级、省级对州（市、区、县）等的分级数据质量评估和联审。建立国家碳核算交流平台，使不同的碳核算研究成果能够充分、正确地服务于国家碳核算官方数据，助力我国碳核算数据质量提升。在企业尤其是碳市场设施层面，不断细化核算指南中对各参数的数据质量要求，推动将碳排放核查机构纳入认证机构管理范围，加强对控排企业数据质量的日常监督执法管理，对主观数据造假等知法犯法的行为，应重点加大处罚力度。在项目碳核算层面，第三方审定与核证机构是确保减排项目质量的关键环节，可以借鉴 CDM 的经验，定期抽查和走访第三方审定与核证机构，查阅管理制度、人员能力、审定与核证项目存档，做好事后监督工作，发挥第三方审定与核证机构的积极作用，以确保 CCER 减排项目的数据质量。

五是做好碳核算数据发布、信息公开和解读。建立权威的碳核算数据发布渠道，在主管部门官网设置专门的碳核算数据发布板块，随着碳核算数据内容和质量的逐步完善，应合理设置不同类型碳核算数据的发布频率。基础统计数据调整后及时公开重新核算的碳核算数据，并相应做好解释说明。加强国内碳达峰相关排放核算数据同提交《公约》的履约数据之间的衔接，促进国际碳核算数据库不断更新我国数据，增强我国自身碳排放数据的话语权。对于全国碳市场重点排放单位以及 CCER 减排项目，应督促其做好碳排放信息公开，自觉接受公众监督，对于核查技术服务机构以及第三方审定与核证机构的从业业绩评价也应做到定期公开。

12.2.2 支撑保障

一是健全碳核算相关法律法规。推动应对气候变化法等上位法出台，在其中提出开展碳核算的相关要求，明确不同主体在碳核算和报告方面的义务，从法律层面为碳核算发展提供制度保障。加快出台《碳排放权交易管理暂行条例》和司法解释以及温室气体自愿减排交易管理办法，规定企业、技术服务机构、检测机构相关主体的责任，明确弄虚作假和恶意造假的处罚细则，为规范化碳市场企业排放数据质量管理提供法律授权，为相关方开展常态化监督管理工作提供坚强的法律依据。

二是完善碳核算工作机制。明确区域、企业、项目和产品等碳核算工作中相关主体（如发展改革委、生态环境、统计、市场监管等政府组成部门）以及国家、地方、企业、项目业主、核查机构、检测机构和咨询服务机构的分工和职责，包括方法制定、统计、调查、监测、核算、审核和发布等，做到不同类别、不同环节碳核算间数据流通顺畅、相辅相成、相互衔接。作为各类核算工作中最重要基础之一的区域碳核算，要从项目制模式转变为业务化工作。

三是积极研发和推广先进技术和方法。推进大数据、云计算、5G、区块链等信息技术应用，完善数据采集、处理、存储、分析应用以及数据质量控制方式，强化信息系统对碳核算的支撑作用。支持排放监测技术研发以及碳计量应用于数据质量控制，鼓励研究机构开展区域投入产出等消费端核算方法学、大气温室气体浓度反演排放量模式等研究工作，探索走航、卫星遥感等大尺度高精度监测手段的应用。

四是强化人员和资金保障。加强碳核算人员队伍建设，打造专职工作人员及专家队伍，并加大专业培训和考核力度，提升从业人员的业务水平和工作能力。在继续积极申请 GEF 赠款项目支持的同时，将碳核算及质量管理工作经费纳入政府财政资金预算，合理加强财政资金支持，改变过去碳核算工作开展严重依赖国际资金的情况。

参 考 文 献

广东省生态环境厅，2020. 广东省市县（区）级温室气体清单编制指南（试行）.

国家发展改革委，国家统计局，生态环境部，2022. 国家发展改革委　国家统计局　生态环境部印发《关于加快建立统一规范的碳排放统计核算体系实施方案》的通知[EB/OL]. https://www.ndrc.gov.cn/xxgk/zcfb/tz/202208/t20220819_1333231.html?code=&state=123.

生态环境部，2022. 生态环境部公开中碳能投等机构碳排放报告数据弄虚作假等典型问题案例（2022 年第一批突出环境问题）[EB/OL]. https://www.mee.gov.cn/ywgz/ydqhbh/wsqtkz/202203/t20220314_971398.shtml.

滕飞，朱松丽，2015. 谁的估计更准确？评论 Nature 发表的中国 CO_2 排放重估的论文[J]. 科技导报，33（22）：112-116.

于胜民，马翠梅，王田，等，2015. 对"降低中国化石燃料燃烧和水泥生产过程碳排放估算"一文主要结论的初步分析[J]. 中国能源，37（9）：27-31.

浙江省生态环境厅，2020. 浙江省温室气体清单编制指南（2020 年修订版）.

Revision of the UNFCCC reporting guidelines on annual inventories for Parties included in Annex I to the Convention. FCCC/CP/2013/10/Add.3[EB/OL]. [2022-06-05]. https://unfccc.int/sites/default/files/resource/docs/2013/cop19/eng/10a03.pdf.

The People's Republic of China（PRC）. Second Biennial Update Report on Climate Change [EB/OL]. [2022-06-05]. https://unfccc.int/documents/197666.

United Nations Framework Convention on Climate Change（UNFCCC）. Decision 2/CP.17. Outcome of the work of the Ad Hoc Working Group on Long-term Cooperative Action under the Convention：Annex III biennial update reporting guidelines for Parties not included in Annex I to the Convention. FCCC/CP/2011/9/Add.1[EB/OL]. [2022-06-05]. https://unfccc.int/resource/docs/2011/cop17/eng/09a01.pdf#page=39.

United Nations Framework Convention on Climate Change（UNFCCC）. Decision 24/CP.19.

United Nations Framework Convention on Climate Change（UNFCCC）. Decision 1/CP.21. Adoption of the Paris Agreement. FCCC/CP/2015/10/Add.1[EB/OL]. [2022-06-14]. https://unfccc.int/resource/docs/2015/cop21/eng/10a01.pdf#page=2.